高等学校风景园林专业“十三五”推荐教材
高等学校风景园林专业特色推荐教材

居住区景观设计（第二版）

THE RESIDENTIAL LANDSCAPE DESIGN

苏晓毅　编著

中国建筑工业出版社

图书在版编目（CIP）数据

居住区景观设计 / 苏晓毅编著 . —2 版 . —北京：中国建筑工业出版社，2019.12（2024.6 重印）
高等学校风景园林专业“十三五”推荐教材
高等学校风景园林专业特色推荐教材
ISBN 978-7-112-24498-0

Ⅰ . ①居… Ⅱ . ①苏… Ⅲ . ①居住区－景观设计－高等学校－教材 Ⅳ . ① TU984.12

中国版本图书馆 CIP 数据核字（2019）第 283762 号

责任编辑：杨 琪 陈 桦
责任校对：焦 乐

为了更好地支持相应课程的教学，我们向采用本书作为教材的教师提供课件，有需要者可与出版社联系。
建工书院：http://edu.cabplink.com
邮箱：jckj@cabp.com.cn 电话：（010）58337285
教师QQ群：912817877

高等学校风景园林专业“十三五”推荐教材
高等学校风景园林专业特色推荐教材
居住区景观设计（第二版）
苏晓毅 编著
*
中国建筑工业出版社出版、发行（北京海淀三里河路9号）
各地新华书店、建筑书店经销
北京方舟正佳图文设计有限公司制版
天津裕同印刷有限公司印刷
*
开本：889×1194毫米 1/16 印张：18¼ 字数：424千字
2019年12月第二版 2024年6月第十四次印刷
定价：99.00元（赠教师课件）
ISBN 978-7-112-24498-0
（35117）

前　言

本书第一版是在2010年出版的，九年过去了，经过2012年以前房地产的高速增长到2013年至2015年的稳中有降，随后再以迅雷不及掩耳之势爆发的地产狂热，居住区景观设计目的及宗旨始终没有改变。近年来，居住区景观由原来以不同主题、生态等理念的引入，转向更加关注具体人为活动空间的营造，数字化时代的生活方式更加需要促进人们交往的户外景观和空间。人是居住的主体，好的景观设计应该体现以人为核心的空间营造，以促进邻里交融、营造和谐氛围为宗旨。

此次再版，所做的修订和内容增补工作包括：

一、结合2018年新颁布的《城市居住区规划设计标准》GB 50180—2018，将原来的住区规划结构修订为居住街坊、五分钟生活圈、十分钟生活圈和十五分钟生活圈，与之相对应将儿童及运动活动场地标准进行了全面调整。

二、第4章增加了庭院绿化和建筑与城市过渡空间的绿化设计内容。

三、第5章增加了居住区慢行系统的内容，补充了儿童空间、适老空间和休闲空间的类型、设计原则以及设计方法。

四、第6章增加了无障碍设计和自行车存放设施的内容。

五、第7章在装饰水景中增加了静水水面的设计方法及案例。

六、第8章完善了景观桥、木栈道的设计方法及案例，增加了社区托儿所和托老所的设计内容。

七、第10章增加了开放式住区、海绵住区、空中花园、可食用类田园景观、可体验的康养景观和住区文化景观的内容。

八、第11章案例进行了更新，保留了第一版的3个案例，同时增加2016年以后的代表性案例。

九、图片进行了较大的调整和替换。

此次再版保留了第一版的基本构架，同样围绕居住区景观的几个主要要素，从居住区景观设计的任务、原则、方法与步骤入手，详细论述了居住区的绿化种植景观、功能性场所景观、硬质景观、水景景观、建筑景观和照明景观，同时分析研究了居住区景观设计的发展方向，最后结合较为成功的实际案例加以分析说明，以加深读者对本书相关理论和方法的理解。

本书写作涉及众多的工程实例，资料翔实，图文并茂，既有理论指导性，又有实践性，既涉及工程技术要求，又具有人文关怀的探索，是一本有实用价值的参考书，适合相关专业的教师、景观设计师、学生和研究人员使用。

此次再版过程中得到深圳奥雅设计股份有限公司、云南山川园林有限公司、云南木森城市景观规划设计工程有限公司、云南华夏阳光地产有限公司、上海水石建筑规划设计股份有限公司云南分公司的大力支持，在此表示衷心感谢。同时要感谢我的大学同学们在图片资料收集中提供的热心帮助，感谢我的研究生李婷婷、邵旻煜、马丹阳和张丹婷在本次修订中所做的编校工作。

目 录

第1章

居住区景观设计概述

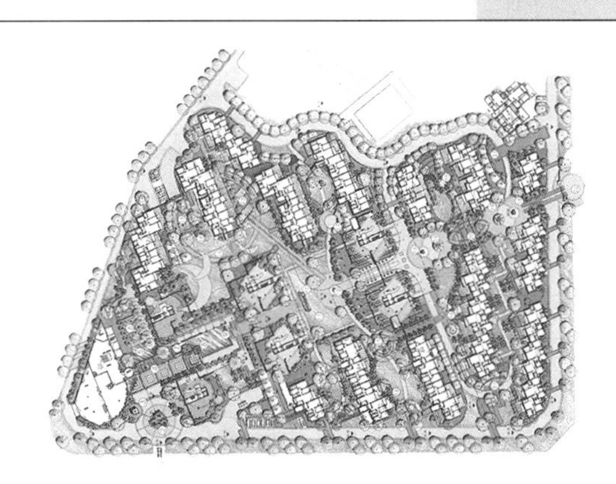

城市化进程的不断加快和房地产产业的飞速发展使得居住区在城市建设中占有越来越重要的地位，同时，消费观念和居住理念的不断改变，也使人们对居住环境的要求日益增高。在这种情况下，居住区的景观设计必然受到人们愈来愈多的关注和重视。

良好的居住区景观设计能够促进城市发展、改善城市生态、丰富城市景观、体现城市文化，同时可将自然环境、社会环境和人文环境等有机地结合起来，为人们创造出安全、卫生、便捷、舒适、优雅、和谐的生活空间，如昆明市"湖畔之梦"住宅小区景观，便利用了原有地形形成小区的中心湖景，创造了良好的经济、社会、景观和生态效应（图 1–1）。

1.1　国外居住区景观设计的历史与现状

1.1.1　国外居住区景观设计的历史回顾

居住区景观设计最早起步于欧洲的一些发达国家。18 世纪工业革命爆发，迅速推动了欧洲城市化的发展。但由于工业和城市的过快发展，带来了一系列的严重后果，工业化造成的环境污染和破

图 1–1　昆明市"湖畔之梦"住宅小区良好的景观和生态环境

坏使人类生存和居住条件受到了影响，技术的进步是以环境作为代价的，这引起了各个国家的深刻反思，也开始重视和研究居住环境的问题。

1909 年，英国制定了“住宅与城市规划法”（简称 09 年法），并提出了“舒适性”概念。自 19 世纪 30 年代初开始出现利用植物改善环境的报道。第二次世界大战以后，欧美各国都投入到战后的家园重建当中，受生态学理论的影响，许多国家都将生态学的理论知识应用于社区建设中，大力拓建绿化。20 世纪 30 年代，美国人西萨·佩里提出了“邻里单位”（Neighborhood Unit）的概念，深入考虑了交通安全与居住区的规模，提出在较大范围内统一规划居住区，使每一个“邻里单位”成为居住的“细胞”，并把居住区的安静、朝向、卫生和安全置于重要位置。这个概念对之后世界各国的居住区发展都有着重要的影响。19 世纪末英国社会活动家 E·霍华德在《明天的花园城市》一书中提出“花园城市”的构想。霍华德认为，治愈工业城市主要社会问题的方法是使人们回到小规模的、经济开放和社会均衡的社区中去，即建立能将“积极的城市生活同乡村的美丽结合在一起”的经济自给的花园城市，他的“花园城市”模式图是一个由核心、六条放射线和几个圈层组合的放射状同心圆结构，每一个圈层由中心向外分别是：绿地、市政设施、商业服务区、居住区和外围绿化区，然后在一定距离上配置工业区，整个城市区被绿带网分割成不同的城市单元，每一个单元都有一定人口容量限制。这个理论不仅深深影响了西方，也影响了东方一些国家。

20 世纪 50 年代初，苏联形成了自己的理论体系，提出了“住宅生态学”，认为居住环境牵涉的内容和部门十分广阔，既包含研究对象与外界的相互关系，又包含研究对象自身内部的各种成分及其相关关系。其研究对象除了住区与人的关系，还有住区与和外部空间的关系，研究的目的是获得生态平衡，保证居民健康，在满足住区的功能要求的同时，创造一个安全、舒适、优美、健康的环境。

随着生活水平的不断提高，许多国家对居住环境都已经开始越来越关注，并制定出了各自的居住区绿地设计导则。如日本在 20 世纪 70 年代初，便制定了改善居住环境的方针政策，提出了居住环境设计要达到安全、舒适、卫生、方便的基本要求，从居住环境中来体验生活、领悟生活和享受生活。日本景观设计还把风景作为人的生存空间、认识空间来评价，强调风景对人的认识及情感反应上的意义，试图用人的认识及需要去解释人对风景的审美过程，日本的景观设计在一定程度上强调了人在风景审美评判中的主观作用。美国景观设计则几乎把人的这种作用提到了绝对高度，把人对风景审美评判看作是人的个性及其文化、历史背景、志向与情感的外在表现。美国住宅区景观通常绿化面积大，植物种类多，设计自然、简洁、舒畅，景观有自然野趣与精心养护和谐结合的特点，体现出美国人开放热情、自然奔放却又不失细腻的个性。1981 年国际建筑师协会第 14 届大会上《华沙宣言》指出：“认识人类——建筑——环境三者之间的密切相关性是建筑师、规划师在形成人类环境过程中的历史责任”。20 世纪 90 年代初期，美国、澳大利亚、日本等国家开始提出生态型城市建设，其中包括了提供健康与安全的生活条件、多样的社区服务、倡导社区生态文化建设及居民生态意识等相关的人居环境建设理论。同时每年一度的国际人居环境研讨会也不断推动着住区环境设计的理论研究。1992 年联合国环境与发展大会，正式确立了可持续发展的概念，许多国家开始从人性化、生态化和可持续发展角度对居住区景观环境进行思考和设计。

1.1.2 国外居住区景观设计的现状

进入21世纪以来，随着经济全球化、信息高速化的发展，居住区景观设计已经成为全世界共同关注的话题。人性化、生态化、多元化、可持续性等原则已经被融入居住区景观设计中，而各国景观设计的不断交流，又衍生出了新的设计理念和方式。尤其是欧洲、美国等国家，已经形成了自己的设计风格，并在不断地完善和发展。

近年来英国在新城和居住区建设中，提出“生活要接近自然环境”的设计原则，景观设计强调人与自然环境的融合。美国在城市规划和建设中，提出“为了改善人们的居住环境，要使整天在大城市工作的人有机会接触自然。”景观设计以各种可能性加强人与自然的结合，除了自然清新的户外空间，住宅区贴近自然的健身空间也越来越受到重视并成为住区景观设计的主题。一些新的设计原则、规划思路和理论在不断丰富着景观设计的内容。

国外多元化、多层次的健康居住理论，总的研究是从两个方面进行探讨，一个是身体健康，另一个是心理健康。所谓身体健康内容就是考虑环境中与人体直接相关的因素，如室外的温、湿度环境、光环境、风环境、灯光环境等，营造随处可自然健身的场所；心理健康探讨的是如何利用外界环境，通过改善住区的环境质量降低现代人生活中的压抑感。

通过对西方居住景观环境历史发展的研究，可以发现，在西方居住区景观环境发展过程中始终贯穿着以下两方面的思考：一是对自然的态度，二是对公共领域与私属领域之间关系的态度。

对自然的态度即对自然与城市、居住关系的理解，国外许多住宅充分利用自然景观，营造田园般的生活，使人与自然的关系极为和谐融洽。20世纪90年代后许多国家在居住景观环境中更加倡导公共空间，摆脱了战后郊区化时期过分强调私人领域，忽视公共空间的做法，并扩展了公共环境概念的外延。近年来的住区公共环境建设中更加强调营造社区内人与人交往的空间，提高人的社会参与性，以增强社区凝聚力。

1.2 国内居住区景观设计的历史与现状

1.2.1 国内居住区景观设计的历史回顾

我国对人居环境的研究和建设历史悠久，并通过上千年的生活实践经验和不断地研究，形成了自己的发展体系，体现一种“天人合一”的理念。中国人对居住环境的选择自古就很重视，也包含了现代景观设计的许多因素：如地质地貌、采光通风、水体、植被、人文要素等。在古代，我国的居住环境主要是两种形式：一类是以具有特色的传统民居为主，主要是解决“居住”的问题，景观只是建筑的简单的点缀，甚至没有；还有一类则是王公贵族的府邸宅院，对居住环境的要求是相当高的，充分体现了中国造园的艺术气息和文化特点。

中华人民共和国成立初期，除了一些保留下来的传统民居以外，我国的居住形态由于缺乏经验，主要借鉴了西方邻里单位理论，形成了居住区——居住小区——组团的模式。由于当时我国经济发展比较落后，居住区规划设计理论体系匮乏，又急需解决“住”的问题，因此主要是照搬苏联的经验，居住区的布置形式以周边式、行列式街坊布局为主，仅只是满足简单的居住功能要求，对景观考虑得很少，忽略了提供人们休憩的场所。到 20 世纪 60、70 年代，受“文化大革命”的影响，社会经济发展受到严重制约，城市的发展也受到了影响，居住区的建设也仅仅是为满足人们基本的居住和生活需求，基本谈不上什么景观设计。随着 80 年代的改革开放，社会经济逐步得到发展，人们开始对居住质量提出了要求，居住区景观设计也应运而生，在规划设计中开始考虑到居住区的功能，空间的营造，植物的栽植等，出现了简单的景观设计，但这种景观设计主要是以园艺绿化为主，在居住区规划设计中往往是建筑设计的附属，总体水平较低。进入 90 年代，伴随房地产市场的不断成熟和市场经济的迅速发展，居民除了满足居住功能的要求外，也已经对精神文化的有所追求，开始注重居住环境中的绿化栽植、休憩空间等问题。居住环境已成为开发商和设计师以及居住者共同关注的重点，居住区的景观设计也呈现出多元化的发展趋势。

1.2.2 国内居住区景观设计的现状与不足

近年来，随着经济的发展和社会的进步，人们对居住景观质量要求的不断提高，居住观念逐渐从简单的“生存性居住”转向“高质量居住”，对居住条件的要求，从只注重实用、价格等因素发展到对居住区的景观环境的高质量追求。对居住环境认识的更加全面，对保护自然意识的更加深刻，使得居住区景观已经被提到一个前所未有的新高度，新的生活方式已经越来越深入人心，人们对居住区景观从单纯的关心绿化面积的大小转向更多的人文关怀和环境方面的关注，如强调景观的共享性、文化性和艺术性，注重以人为本等。居住区景观设计更多关注的是居民的使用，使居民可以贴近和享用这些景观设施，同时结合地方特色与地域特征，创造出许多既具有历史文化又具有地方特色的优秀景观。

然而，由于我国的居住区景观设计起步较晚，已有一些较为成功的案例，但仍然存在一些不足之处，归纳起来，目前居住区景观设计中存在的主要问题有：

（1）景观与建筑设计风格不一致，在追求个性化设计的同时忽略了居住区整体的和谐性。由于景观设计与建筑设计一般由两个设计公司完成，加上彼此之间的沟通协调不够，常导致景观与建筑形成两个孤立的体系，两种不同的风格存在于同一居住区内，或表现为景观完全被动地适应建筑，景观元素在设计好的建筑四周零散地分布，影响了居住区整体景观的协调性。

（2）空间布局单调，不能满足不同人群尤其是特殊人群如老年人、儿童、残疾人等的视觉和心理需求。部分居住区功能空间分隔不明确，如开放空间和私密空间的界定不明显，缺乏场所感，不能满足人们需要的多种活动空间氛围；另外，大部分活动空间都是以健康的成年人为对象，没有考虑特殊人群和弱势人群的特殊需求。

（3）景观缺乏人的参与和互动，很多景观设施可看而不可近、不可摸，社区缺乏应有的活力。很多景观设施由于选材方面的一些问题，常常只能观看，不能触摸；或是由于做工方面的问题，走近易显粗糙，导致人景分离。社区没有了人的参与和互动带来的只能是有景无神的寂寥。

（4）人性化设计重视不够，景观缺乏对居民行为、心理的关怀，缺乏人与人之间交流空间的营造。喧嚣都市生活之余，人们渴望着与自然的对话和与其他人的交往，一些居住小区，不注重人与人、人与自然的户外交往空间的营造，缺乏亲地、亲水、亲绿和亲子空间，缺乏供人交流的户外休息和锻炼场所。

（5）植物栽植一味地追求绿地率，追求视觉感受，不注重科学搭配的合理性，生态性原则考虑较少。高绿地率是目前居住区景观设计追求的指标之一，很多居住区在满足规划规定绿地率的同时，为了吸引消费者，通过移植大树来丰富景观效果，不注重植物景观的多样化，没有乔、冠、草立体搭配的植物群落，忽视了植物配置的生态性原则。同时大树移植也是对被移植地区的一种生态平衡的破坏。

（6）景观设计及绿化种植过于注重构图和形式，忽略了功能性。景观设施的设计和绿化种植的设计都需要遵从形式美的基本原则，以满足人的视觉和精神需求。但是任何设计的最终服务对象都是人，忽视了人的使用，忽视了功能性，再美的构图和形式也就失去了其本身的意义。

（7）景观小品缺少个性化设计，市场成品的泛滥使景观千篇一律，失去特色。近年来，由于房地产的迅速发展，带动了包括小品设施在内的很多相关产业，工业化成品已经形成规模，价格的优势使其快速占领市场，很多居住小区的景观小品设施趋于雷同，没有个性。

（8）过多人工的痕迹掩盖了自然环境，生态性考虑欠缺。许多景观公司为营造好的景观效果，展示设计能力，往往过多地加入一些人工造景元素，改变原有的自然环境，过多地干预自然因素并不是一种科学的做法，因为这往往打破了自然生态系统自身的平衡。

（9）强调景观性，不关注人的生理及心理健康需求。很多景观设施设计过多强调观赏性，忽视了人的心理和生理的健康需求。居住区内的全民健身器材都过于机器化、人工化，没有与景观融为一体进行整体设计，另外，社区活动空间的营造也不够，导致人与人之间的漠然。

（10）2012 年以后，随着居住区品质的不断提高，景观设计也开始越来越“高大上”起来。尤其是样板区的设计，为了吸引眼球增加卖点，用材极为奢华，设计手法浮夸，景观已然成为很多设计公司和开发商的实验场。放眼全国，景观的趋同性严重，没有地域特色，也背离了我国经济发展现状，影响了人们对于景观价值的正确判断。

1.3 居住区景观设计的内容及任务

1.3.1 居住区景观设计的内容

居住区景观设计的内容是依据居住区的功能特点和环境景观的组成元素划分的，设计元素根据不同特征分为绿化种植景观、场所景观、硬质景观、水景景观、建筑景观和照明景观等。在居住区景观设计中，这些设计内容应按一定的规律和设计理念组合成整体的环境景观系统：

（1）绿化种植景观　绿化是景观环境最基本的构成元素，包括居住区各级绿地植物配置、架空层绿化、屋顶绿化、停车场绿化等。绿化种植设计时，不仅要注重乔、灌、花、草的结合，还要考虑植物搭配的生态性，以及植物配置营造的空间关系，注重绿化设计的实用性、生态性与艺术性的结合。

（2）场所性景观　场所景观是居民主要户外活动空间，包括健身运动场、游乐场和休闲广场等。设计时，应考虑不同的使用对象和使用功能，满足不同使用人群的要求。

（3）硬质景观　硬质景观主要是包括栏杆、坡道、挡土墙、台阶、座椅、树池、雕塑、铺地等兼具功能性和艺术性的景观小品。在对硬质景观小品进行设计时，应考虑其与整体环境的协调，并根据不同景观小品的功能体现其特点。

（4）水景景观　包括自然水景、泳池水景、庭院水景、装饰水景和景观用水等。水能给人一种亲切感，在水景景观设计时，要尽量体现水景给人带来的协调、舒适的感觉，良好的水景设计可以提升居住景观的品质，加强人与自然的沟通。

（5）建筑景观　建筑景观包括大门、亭、廊、景墙、托儿所、托老所等，是居住区环境中不可或缺的、具有明确使用功能的空间。建筑景观在设计时要考虑功能、尺度、心理感受等多方面因素，为居民提供一个温馨惬意的休憩空间。

（6）照明景观　包括车行照明、人行照明、场地照明、安全照明和特写照明、装饰照明等，景观设计时应注意不同环境的照明特点和灯具选择，营造温馨宜人的照明景观。

1.3.2　居住区景观设计的任务

居住区的景观质量直接影响着居民的生活品质，景观设计的任务，就是使整个居住区景观在满足功能性的同时兼具观赏性，并充分考虑景观的生态效应，为居民创造经济上合理、生活上舒适、心理上安全的和谐优美的居住空间。居住区景观设计的主要任务综合起来有以下几点：

（1）居住区景观设计首先应“以人为本”，满足人们日常的生活要求，满足人们居住、休闲、游憩、交通等功能需求，营造安全、卫生、方便、舒适、和谐的居住环境。

（2）其次，居住区景观设计要满足人们精神层面的要求，通过景观设计给人们带来视觉上和精神上的综合体验，从而提升生活品质，如昆明市“湖畔之梦”住宅小区中心湖区景观给人带来的良好的视觉感受（图 1–2）。

（3）居住区景观设计要做到合理利用自然资源，保护自然环境，以可持续发展为指导思想，使人与自然和谐共存。

图 1–2　昆明市“湖畔之梦”住宅小区中心景观

1.4　居住区景观设计的影响因素

居住区景观设计涉及的内容广泛，综合性较强，影响居住区景观设计的因素也很多，主要有以下几个方面：

1.4.1　居住区规划的影响

居住区景观设计要按照居住区规划设计的要求，在满足居住区规划指导原则和各类经济技术指标，如住宅用地、道路用地、公共建筑用地、绿地等指标的前提下进行的，因此，景观设计常常受到各种指标和用地的限制。

1.4.2　经济方面的影响

居住区的景观建设需要投入大量的资金，资金投入的多少往往对居住区的品质及定位有很大影响。因此在景观设计中合理分配资源、降低成本也就显得十分重要。

1.4.3　自然环境的影响

自然环境是影响居住区景观设计的重要因素之一，其中包括了如气候、地形地貌、地质条件、抗自然灾害的能力、季相变化、光照、风向、空气湿度、原有地被植物及水体等。自然环境会给设计带来一定的制约，同时也能为设计师提供灵感，利用好自然环境条件会使设计更富个性化，突出景观特色。

1.4.4　人文要素的影响

不同地域的居民有自己的生活习惯，对居住区环境的要求也是不尽相同，因此审美标准也有所差异。在居住区景观设计中，要尊重当地的人文要素和地方特点，将其充分融入景观设计中，以体现不同的地域文化特色。

设计时应综合考虑各影响因素，在充分调查各要素的基础上进行设计。

第2章

居住区景观设计的原则、方法与步骤

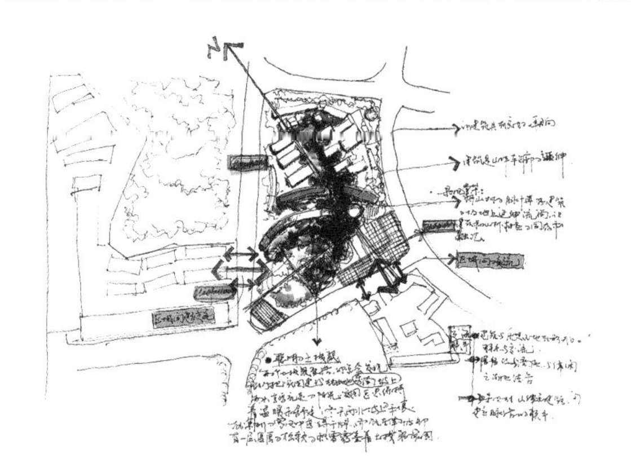

2.1　居住区景观设计的原则及方法

近年来，我国的居住区景观设计已经逐步走向成熟，有许多值得借鉴的经验和方法。在进行居住区景观设计时，应多方面考虑并注重以下原则：

2.1.1　景观设计与建筑设计有机结合原则

当前大多数居住区设计的一般过程是：居住区详细规划—建筑设计—景观设计，设计的三个阶段往往相互脱离或者联系很少，设计常常表现为景观适应建筑，导致各景观元素零散地分布在建筑四周。好的设计方法应该在提出景观的概念规划开始时，就把握住景观的设计要点，包括对基地自然状况的研究和利用，对空间关系的处理和发挥以及与居住区整体风格的融合和协调等，甚至先规划好整体环境，再用建筑去巧妙地分隔和围合空间，经过从建筑到景观再到建筑的多次反复，实现建筑与景观的和谐共生。

2.1.2　多方协调原则

首先，在居住区景观设计初期，景观设计师、建筑工程师、开发商要经常进行沟通和协调，使景观设计的风格能融在居住区整体设计之中，景观设计应遵从开发商、建筑师、景观设计师三方互动的原则。其次，在景观具体的设计过程之中，景观设计师还应该与结构工程师、水电工程师等各专业工程师配合，确定景观元素中的技术因素，保证景观效果。最后，在施工过程中，景观设计师还要与负责施工的园林绿化单位以及各供货商协调，保证景观建设工程的进度和实施效果。只有通过各方的通力合作，才能为居民创造出整体、和谐并能体现居住品质的居住环境。

2.1.3　社会性原则

社会性原则本质上就是体现“以人为本”，景观设计既要满足人们对景观使用功能的需求，又应该考虑到景观设计给人们带来的视觉及心理感受，并要体现景观资源的均好性，力争让所有的住户能均匀享受优美的景观环境；同时，深化“以人为本”的设计理念，强调人与景观有机融合，充分营造亲地空间，亲水空间，亲绿空间和亲子空间，兼顾特殊人群，注重无障碍和人性化设计，以形成温馨舒适的居住空间。

2.1.4　经济性原则

居住区的景观设计，还应在满足景观功能性及实用性的同时尽可能降低成本。在设计阶段，要注重方案实施的可行性和建成及使用后的管养成本。设计方案应尽量考虑就地取材，减少不必要的运输环节和由此产生的人工费用。

2.1.5 地域性原则

我国地域辽阔，不同的地域和民族有着自己独特的地理条件、气候条件和文化习俗。在设计时，要立足于当地的自然条件、文化背景和生活习俗，因地制宜，在适应当地自然条件的基础上将地方文化融入其中，才能更好地展示地域文化特色带来的景观独特性。

2.1.6 生态化原则

居住区景观设计的目的之一就是改善和保护自然生态环境。在设计时，可运用景观生态学的原理，分析场地原有的自然资源，使设计后的人工景观与自然环境有机地结合起来，形成更为良好的生态格局。设计时还应充分考虑生态环保材料的选择和可再生能源的利用，使居住区景观尽可能达到绿色环保的要求，同时，通过资源的循环再利用和能源的节约也可以达到降低成本的目的。在遵循经济性原则和生态化原则的基础上，景观设计还要体现可持续性，在设计时要考虑景观的长期持续性和便于管理、使用、更新等。

2.2 居住区景观设计的程序

2.2.1 概念设计阶段

概念设计的第一阶段，首先是对场地进行详细的实地考察，分析场地的自然条件、外部环境和文化背景等，同时要了解居住区规划自身的限制条件和业主的想法，提出设计立意，并用简单而直观的方法把设计意图表达出来，配以简要的文字说明和重点景观的手绘图（图 2–1、图 2–2）。

概念设计的第二阶段，即对方案进行修改完善，通过与业主和建筑设计师的反复沟通和交流，形成较为成熟的景观概念设计。这一阶段应明确各功能空间、道路广场以及中心景区的设计，概念设计的效果图应突出所需表达的主体，局部平面可放大细化（图 2–3、图 2–4）。

设计图纸包括：

（1）区位图

主要表达居住区在城市中的位置，反映与周边道路或地块的关系。

（2）场地现状分析图，常用比例 1 ： 500 ～ 1 ： 1000

主要表达居住区场地外围建筑与景观的现状，包括有利或不利的自然或地形条件的分析。如原有地形、植物状态；原有水系、范围及走向； 原有古树、名木及文物的位置和保护范围；需要保

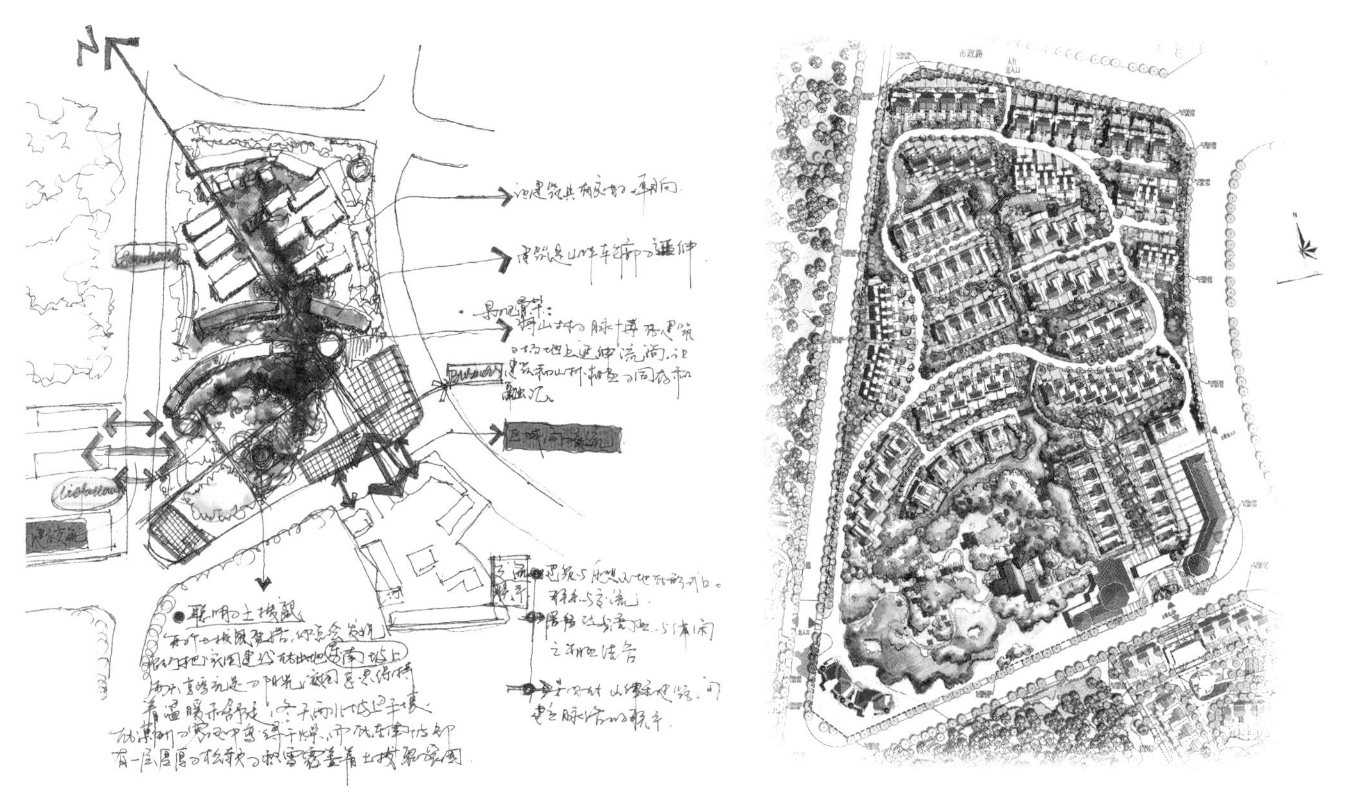

图 2–1　概念设计第一阶段方案的草图表达

图 2–2　概念设计第一阶段方案的草图表达

图 2–3　主要景观节点手绘效果图

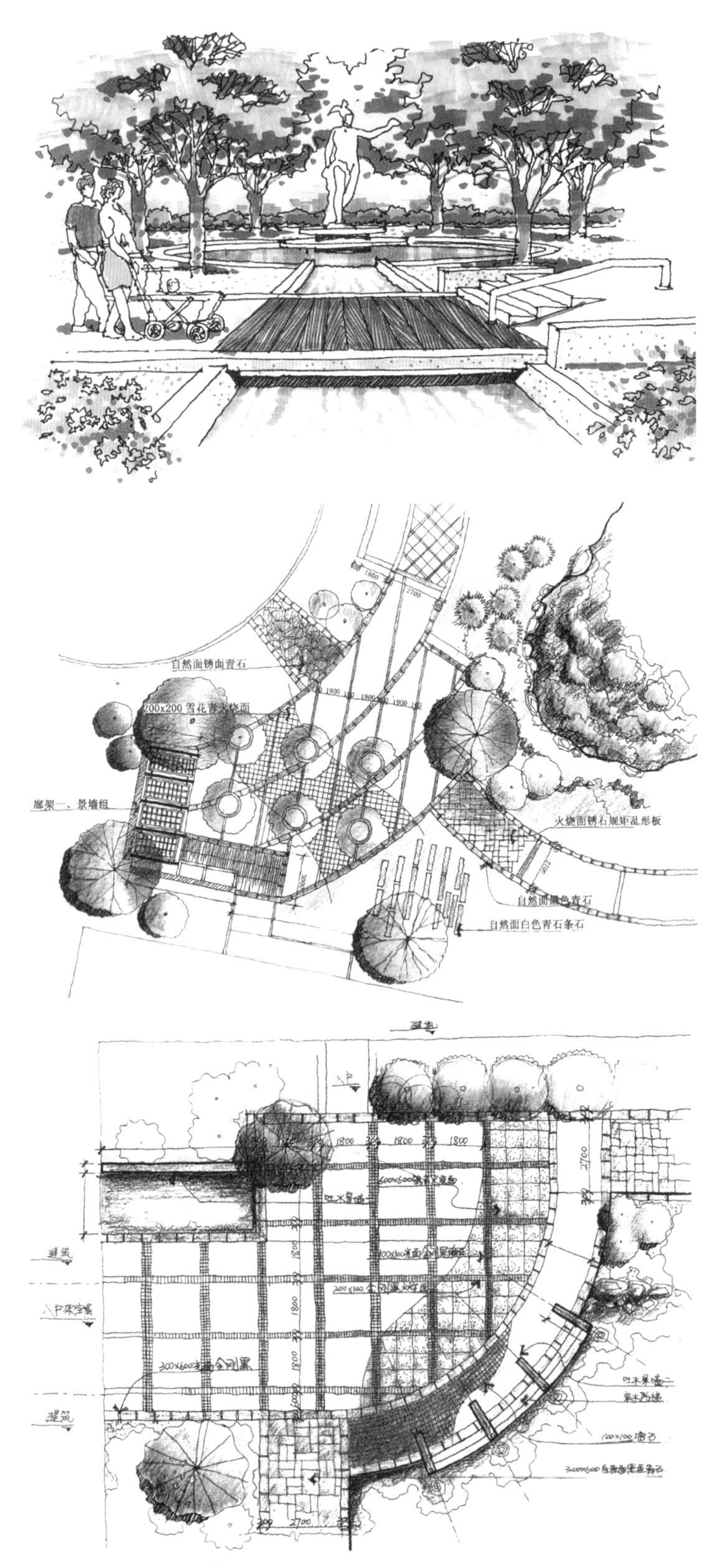

图 2–4　主要景观节点放大平面图

留的其他地物（如市政管线等）。

(3) 总平面图，常用比例 1 ：500 ～ 1 ：1000

包括居住区范围内的整体景观内部的布局及与周边环境的示意，水系及道路系统的分布。如植物配置，场地内道路系统，地上停车场位置；各景观组成元素的位置、名称（如水景、铺装、景观建筑、小品及种植范围等）；主要地形设计标高或等高线等（图 2–5）。

(4) 景观功能分析图，常用比例 1 ：500 ～ 1 ：1000

主要表达居住区内整体景观的功能分区情况，突出标明各类功能分区，如供观赏的主要景点、供休闲的各类场地，及儿童游戏场、运动场、停车场等不同功能的场地。通常以不同色块区分不同的功能区。

(5) 道路结构分析图，常用比例 1 ：500 ～ 1 ：1000

主要表达居住区主、次入口的位置，主、次道路及人行步道的分级、宽度和线形，包括各广场、回车场和消防通道的位置等。

(6) 景观视线及空间节点分析图，常用比例 1 ：500 ～ 1 ：1000

主要表达各景观节点之间的相互关系，如视线和道路是否通达，常以线和面的组合方式表达。主要节点的效果还可通过手绘或是电脑绘制的方法表达（图 2–6 ～图 2–8）。

(7) 植物种植设计

主要提出居住区的植物配置方案，以居住区所处的地理环境和当地的地域特色为基础，确定居住区内的行道树、各功能区的树种选择方案，标明主要树种名称、种类、主要观赏植物形态（可给出参考图片），用立面或剖面表达树种配置的效果（图 2–9、图 2–10）。

(8) 主要或局部剖面图，常用比例 1 ：100 ～ 1 ：300

若居住区景观中地形变化较大，或是地下车库顶

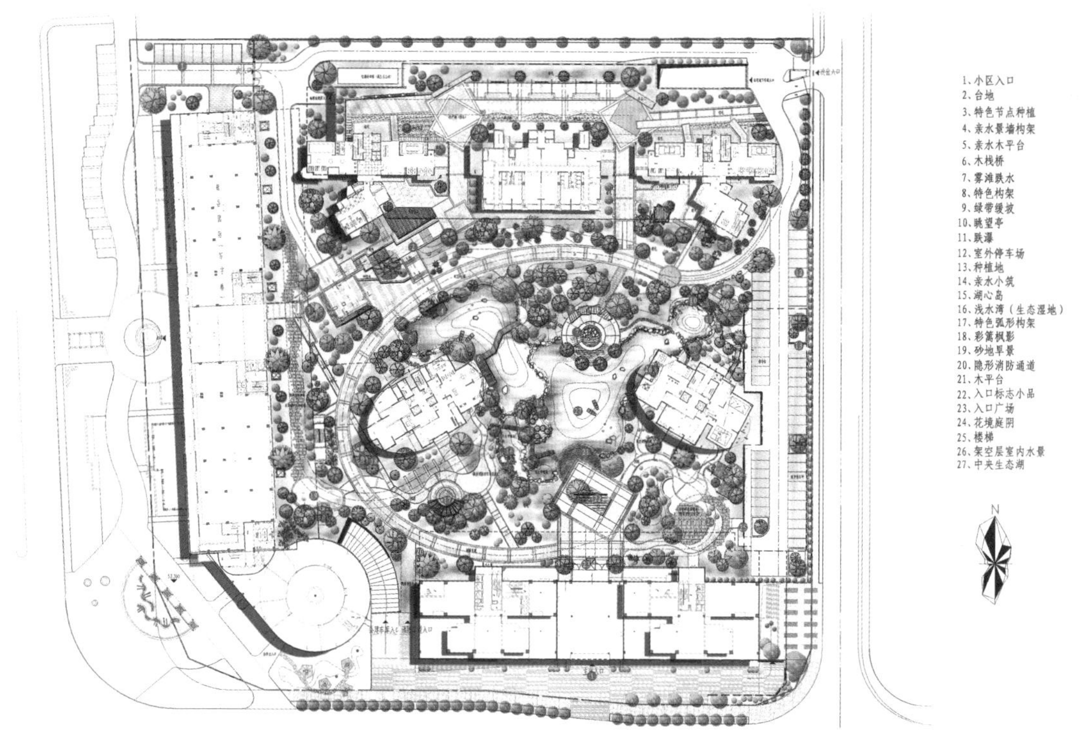

图 2–5　概念设计总平面图

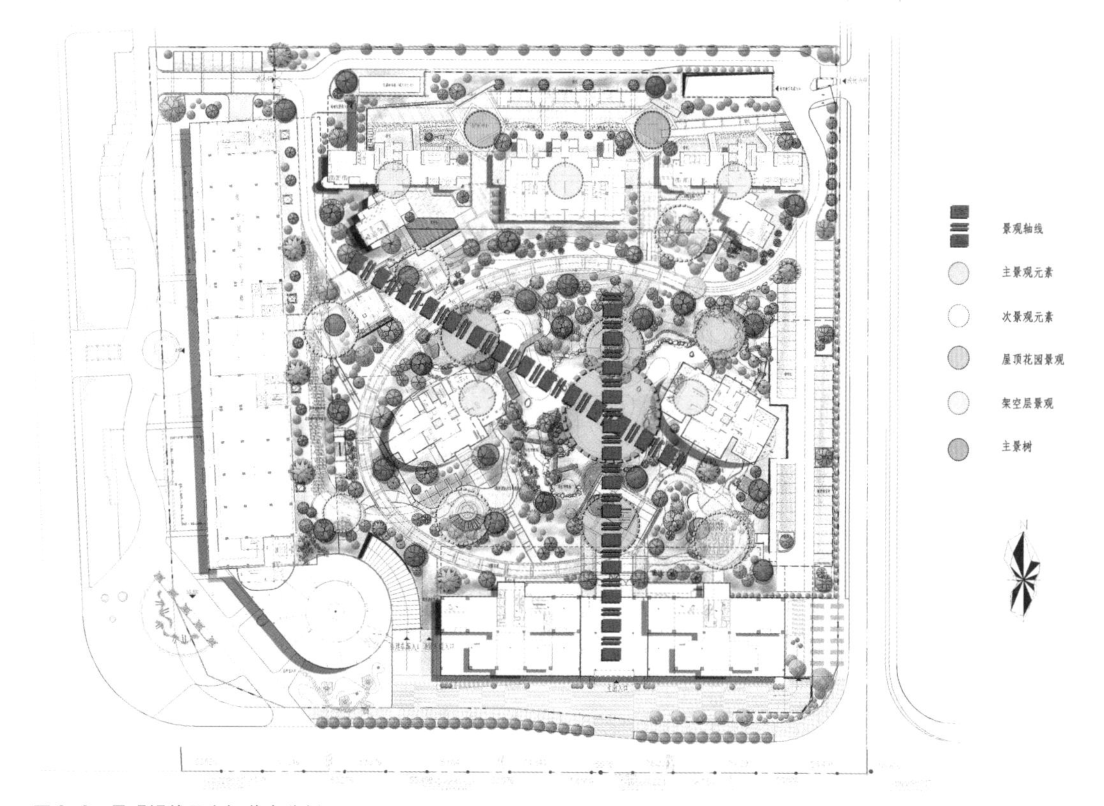

图 2–6　景观视线及空间节点分析图

图 2–7　主要景观节点效果图（一）

图 2–8　主要景观节点效果图（二）

图 2–9　植物种植示意图（一）

图 2–10　植物种植示意图（二）

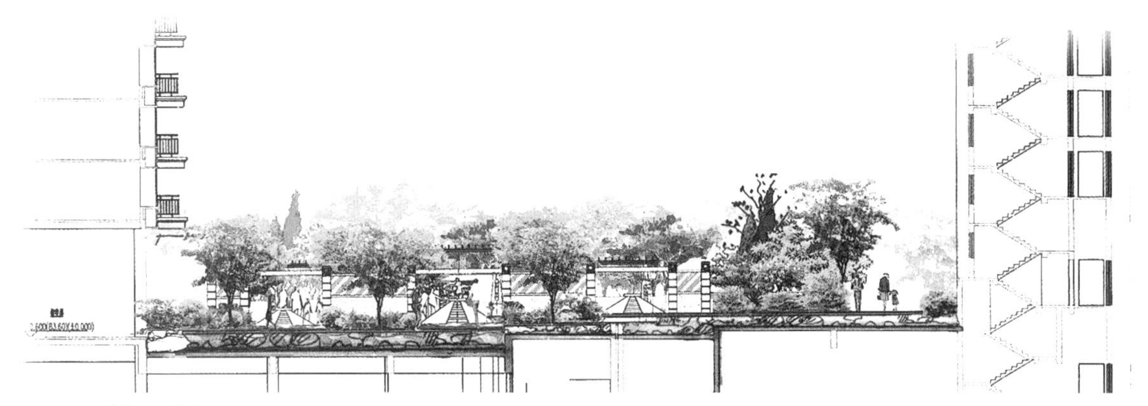

图 2–11　总体景观剖面图

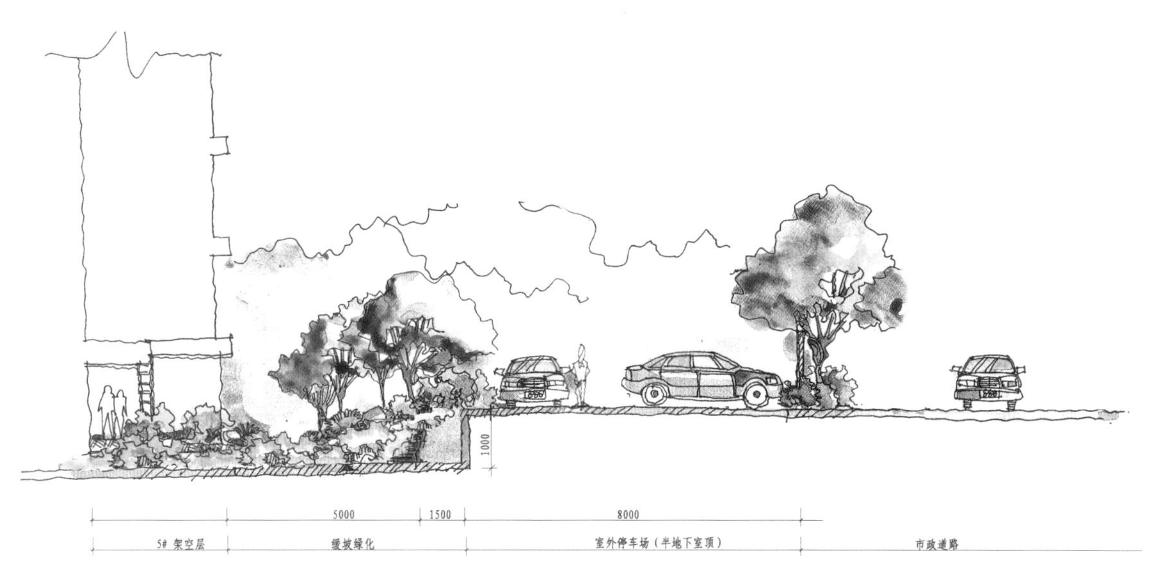

图 2–12　局部景观剖面图

的特殊处理，要画出剖面，示意高差及特殊处理的方案（图 2–11、图 2–12）。

（9）局部立面图，常用比例 1 ：100 ～ 1 ：300

对于特殊的处理，可将其与建筑和道路的关系通过绘制局部立面的方式表达出设计的层次和细部（图 2–13）。

（10）主要构、建筑物的平、立、剖面图，常用比例 1 ：100

对于居住区中心广场或是主要景观节点的重要建、构筑物，应画出平、立、剖面图，包括材料和尺寸，以表达其特色（图 2–14）。

（11）水、电设计图

主要表达景观用水和景观照明的设计意图。包括雨水和中水的利用，灯具的选择和景观照明方案的设计等。

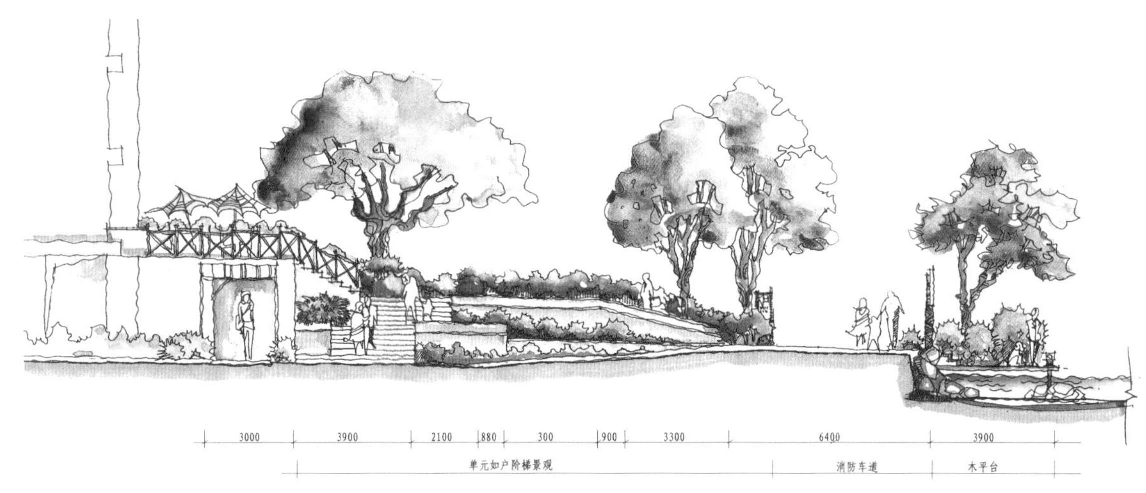

图 2–13　局部景观立面图

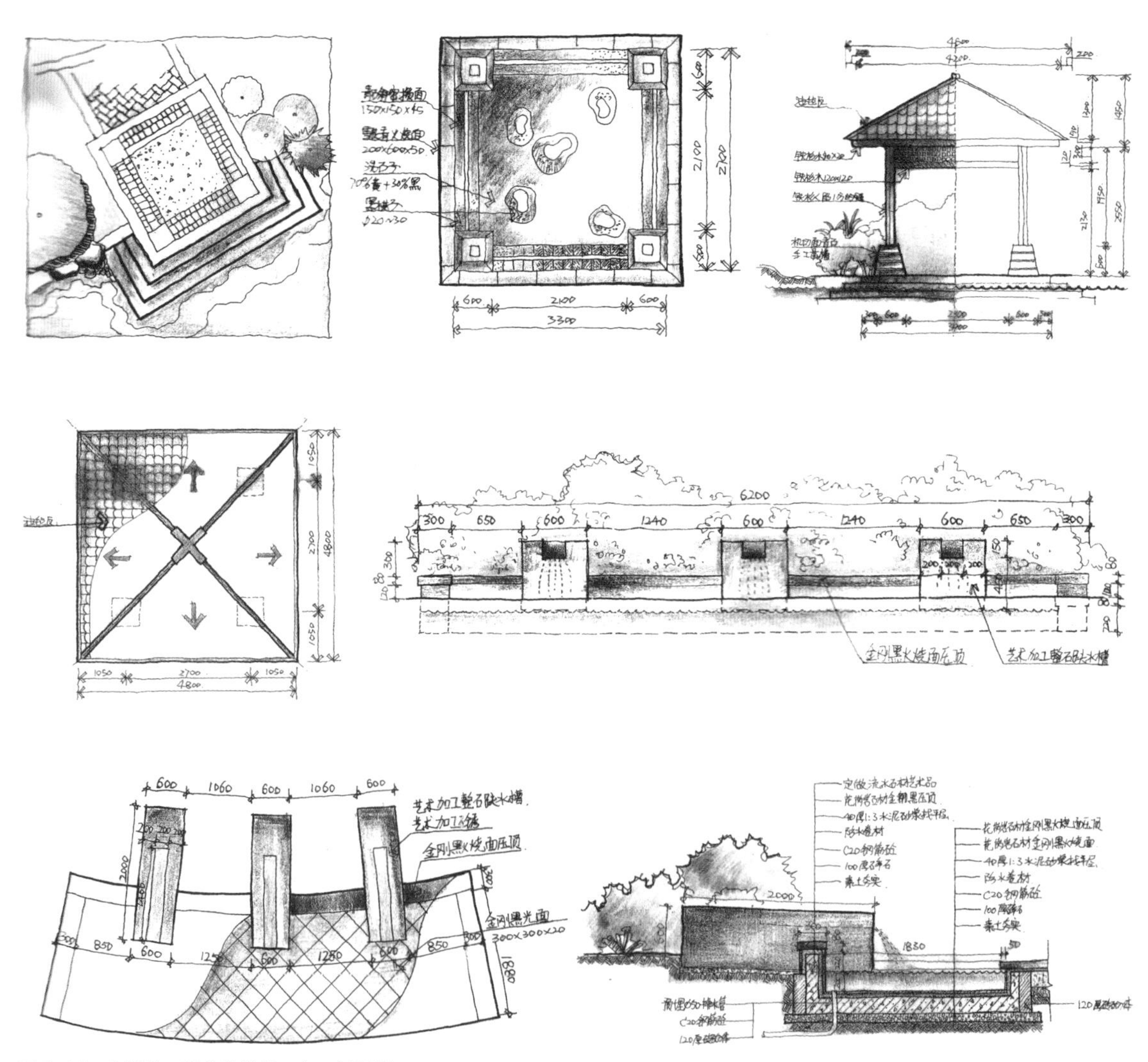

图 2–14　主要构、建筑物的平、立、剖面图

（12）设计说明

主要用于阐明设计意图、构思和设计要点。具体包括分析居住区的现状条件；确定设计主题、立意及特色，确定设计依据及原则；其他各项说明可结合设计图纸分项说明。

概念设计阶段除了要求有设计创意外，还应从多学科如建筑学、环境心理学、生态学知识入手，用多元化的设计理念使景观设计更加科学合理。

2.2.2　初步设计阶段

初步设计阶段也称技术设计阶段。在概念方案完成并获得业主书面认可的基础上，根据业主提供的初步设计的必要资料，即可进行初步设计。初步设计应尽可能遵循原方案拟定的基本原则，在与原方案保持基本一致的基础上，允许有一定的改动。这一阶段，景观设计师需要与建筑、结构和水、电工程师协调以确定植物种植及覆土范围、覆土厚度、结构构件的承载力以及地下管线和设施的位置及水、电用量等。初步设计阶段文件包括：设计说明、设计图纸和工程概算书。

设计说明的内容包括设计依据及基础资料、场地概述及各专业设计的具体说明、经济技术指标、主要设备表和需提请在设计审批时解决或确定的主要问题。

设计图纸包括：

（1）总平面图：根据工程需要，可分幅表达，常用比例 1 ： 300 ～ 1 ： 1000

主要表达种植范围；标明自然水系、人工水系、水景；广场铺装要表达外轮廓范围（可根据工程情况表示大致铺装纹样），标注名称和材料的质地、色彩、尺寸；园林景观建筑（如亭、廊、榭等）以粗线表达外轮廓，并标注尺寸、名称；小品均需标明位置、形状、庭园路的走向、名称；标注主要控制坐标；根据工程情况表示园林景观无障碍设计。

（2）竖向布置图，常用比例 1 ： 300 ～ 1 ： 1000

表达与场地景观设计相关的建筑物室内 ±0.00 设计标高（相当绝对标高值）、建筑物室外地坪标高；与园林景观设计相关的道路中心线交叉点设计标高；自然水系、最高、常年、水底水位设计标高、人工水景控制标高；地形设计标高、坡向、范围；主要景点的控制标高（如下沉广场的最低标高、台地的最高标高），场地地面的排水方向；根据工程需要，做场地设计地形剖面图并标明剖线位置；根据工程需要，做景观设计土方量计算。

（3）种植平面图，常用比例 1 ： 300 ～ 1 ： 1000

分别表达不同种植类别，如乔木（常绿、落叶）、灌木（常绿、落叶）及非林下草坪，重点表示其位置、范围；屋顶花园种植，可依据需要单独出图； 苗木表，标明名称（中名、拉丁名）、种类、胸径、冠幅、树高。

（4）水景设计图，常用比例：1 ： 10、1 ： 20、1 ： 50、1 ： 100

主要表达人工水体剖面图，重点表现各类驳岸形式；各类水池（如喷水池、戏水池、种植池、养鱼池等）平面图、立面图和剖面图，重点表达位置、形状、尺寸、面积、高度，水深及池壁、池底构造、材料方案等。

（5）铺装设计图，常用比例：1 ：10、1 ：20、1 ：50、1 ：100

重点表达铺装形状、材料；重要铺装设计还应表达铺装花饰、色彩等。

（6）园林景观建筑、小品设计图（如：亭、廊、桥、门、墙、树池、标志、座椅等），常用比例 1 ：10、1 ：20、1 ：50、1 ：100

包括平面图、立面图和剖面图，重点表达建筑及小品的形状、尺寸、高度、构造示意及材料等；同时标出建筑及小品的照明位置。

（7）景观配套设施初步选型表

根据甲方需要，可初步列表表示包括座椅、垃圾桶、盛花器、儿童游戏及健身器材等在内的配套设施，文字说明安放的位置及数量等，并可配以图片示意。

（8）给水排水图，常用比例：1 ：500 ～ 1 ：1000

给水、雨水管道平面位置，标注出干管的管径、水流方向、阀门井、水表井、检查井和其他给水排水构筑物的位置； 场地内的给水、排水管道与建筑场地及城市管道系统连接点的控制标高和位置。局部平面图（比例可视需要而定），如游泳池、水景等平面布置图；绘制水景的原理图，标注干管的管径、设备位置的标高。

（9）电气图，常用比例：1 ：500 ～ 1 ：1000

表示出建（构）筑物名称、容量，供电线路走向，回路编号，导线及电缆型号规格，架空线杆位，路灯、庭院灯的杆位（路灯、庭院灯可不绘线路），重复接地点等。

技术设计阶段的竖向设计可视工程的具体情况与总平面图合并，场地或局部剖面图可视具体情况增减，根据工程的具体情况可增加景点平面放大图及景点透视图。

2.2.3 施工图设计阶段

这一阶段首先需要由甲方（业主方）提供景观施工设计的必要资料，如建筑、给排水、电气、电信和燃气专业的总平面图，建筑架空层和一层平面，地下室平剖面图和地下室顶板结构图。景观设计师除了需要与结构工程师、给排水工程师等协调专业问题外，还需要负责施工的园林公司和各种供货商协调所选植物或灯具、室外设施的种类和规格。在做施工图设计前，还要结合施工现场和实际地形对图纸进行校对、修正和补充。施工图设计阶段内容包括：施工图设计说明、必要的设备、材料、苗木表、工程预算书和设计图纸。

施工图设计说明包括设计依据、工程概况、材料说明、防水、防潮做法的说明、种植设计说明和配合各类施工图进行的必要的文字说明等。

设计图纸包括：

1）总平面图：根据工程需要，可分幅表达，常用比例 1 ：300 ～ 1 ：1000

主要表达园林景观设计元素，以图例表示或以文字标注名称及其控制坐标。

（1）绿地宜以填充表示，屋顶绿地宜以与一般绿地不同的填充形式表示；

（2）自然水系、人工水系、水景应标明；

（3）广场、活动场地铺装表示外轮廓范围（根据工程情况表示铺装纹样）；

（4）园林景观建筑、小品，如亭、廊、桥、门、墙、园路等需标明位置、名称、形状，园路要标明走向及主要控制坐标；

（5）根据工程情况表达景观的无障碍设计。

2）竖向布置图，常用比例 1 ：300 ～ 1 ：1000

（1）表示出与居住区景观设计相关的建筑物一层室内 ±0.00 设计标高（相当绝对标高值）及建筑四角散水底的设计标高；

（2）表示出场地内车行道路中心线交叉点设计标高；

（3）标注自然水系常年最高及最低水位；人工水景最高水位及水底设计标高；

（4）表示人工地形设计标高及范围（宜用设计等高线表示）；

（5）标注园林景观建筑及小品的主要控制标高，如亭、廊等标 ±0.00 设计标高，台阶、挡土墙、景墙等标顶、底设计标高；

（6）标注主要景点的控制标高（如下沉广场的最低标高，台地的最高、最低标高等）及主要铺装面控制标高；

（7）标明场地地面的排水方向，雨水井或集水井的位置；

（8）根据工程需要，做场地设计剖面图，并标明剖线位置、变坡点的设计标高，并结合实际情况进行土方量的计算。

3）种植总平面图，常用比例 1 ：300 ～ 1 ：1000

（1）场地范围内的各种种植类别、位置，以图例或文字标注等方式区别乔木、灌木、常绿或落叶植物等。

（2）苗木表：乔木重点标明名称（中名及拉丁名）、树高、胸径、定干高度、冠幅、数量等；灌木、树篱可按高度、棵数与行数、修剪高度等计算；草坪标注面积、范围；水生植物标注名称、数量；

4）平面分区图，常用比例 1 ：300 ～ 1 ：1000

在总平面图上表示分区及区号、分区索引。分区应明确，不宜重叠，用方格网定位放大时，标明方格网基准点或基准线的位置坐标、网格间距尺寸、图纸比例等。

5）各分区放大平面图，常用比例 1 ：100 ～ 1 ：200

表示各类景点定位及设计标高，应标明分区网格数据及详图索引、图纸比例。具体定位原则如下：

（1）亭、榭一般以轴线定位，标注轴线交叉点坐标；廊、台、墙一般以柱、墙轴线定位；标注起、止点轴线坐标或以相对尺寸定位；

（2）道路以中心线定位，标注中心线交叉点坐标；庭园路以网格尺寸定位；

（3）人工湖不规则形状以外轮廓定位，在网格上标注尺寸；

（4）水池规则形状以中心点和转折点定位标注坐标或相对尺寸；不规则形状以外轮廓定位，在网格上标注尺寸；

（5）铺装规则形状以中心点和转折点定位标注坐标或相对尺寸；不规则形状以外轮廓定位，在网格上标注尺寸；

（6）观赏乔木或重点乔木以中心点定位，标中心点坐标或以相对尺寸定位；灌木、树篱、草坪、花境可按面积定位；

（7）雕塑以中心点定位，标中心点坐标或相对尺寸；

（8）其他均在网格上标注定位尺寸。

6）详图

（1）种植详图，常用比例 1 ∶ 20 ～ 1 ∶ 100

主要包括植栽详图，植栽设施详图（如树池、护盖、树穴等）平面、节点材料做法详图及屋顶种植图。

其中屋顶种植图应表示出建筑物的幢号、层数、屋顶平面，绘出分水线、汇水线、坡向、坡度、雨水口位置以及屋面上的建构筑物、设备、设施等位置和尺寸，标出屋顶面的绝对标高。表示种植土要求、覆土厚度、坡度、坡向、排水及防水处理，各类植物种植的位置、尺寸及详图，植物防风固根处理等特殊保护措施及详图索引。

（2）水景详图，常用比例 1 ∶ 10 ～ 1 ∶ 100

①人工水体：包括各类驳岸构造、材料、做法（湖底构造、材料做法）；

②各类水池的平、立、剖面图，标明定位尺寸、细部尺寸、水循环系统构筑物的位置尺寸、剖切位置、立面细部尺寸、高度、形式、装饰纹样、水深、池壁、池底构造材料做法及节点详图。其中喷水池应表示喷水形状、高度和数量；种植池应表示培养土的范围、组成、高度、水生植物的种类和水深要求。

③溪流的平、剖面图，表示溪流的源和尾，并以网格尺寸定位，标明不同宽度、坡向、坡度、底及壁等构造材料做法、高差变化及详图等。

④跌水、瀑布的平、立、剖面图，表示其形状、细部尺寸、落水位置、形式、水循环系统构筑物位置尺寸、宽度、高度、水流界面细部纹样及构造、跌水高度、级差，材料、做法、节点详图及索引等。

⑤旱喷泉的平、立、剖面图，包括定位坐标，铺装范围、喷射形式、范围、高度、铺装材料、构造做法（地下设施）、节点详图及索引等。

（3）铺装详图，常用比例 1 ∶ 20 ～ 1 ∶ 100

各类广场、活动场地等不同铺装应分别表示。包括铺装纹样放大细部尺寸，标注材料、色彩、剖切位置及构造详图（构造详图常用比例 1 ∶ 5 ～ 1 ∶ 20），也可直接引用标准图集。

（4）景观建筑、小品详图，1 ∶ 10 ～ 1 ∶ 100

①亭、榭、廊、膜结构等有遮蔽顶盖和交往空间的景观建筑。

a. 平面图：表示承重墙、柱及其轴线（注明标高）、轴线编号、轴线间尺寸（柱距）、总尺寸、外墙或柱壁与轴线关系尺寸及与其相关的坡道散水、台阶等尺寸、剖面位置、详图索引及节点详图；

b．立面图：立面外轮廓，各部位形状花饰，高度尺寸及标高，各部位构造部件（如雨篷、挑台、栏杆、坡道、台阶、落水管等）尺寸、材料、颜色，剖切位置、详图索引及节点详图；

c．剖面图：单体剖面、墙、柱、轴线及编号，各部位高度或标高，构造做法、详图索引。

②景观小品，如墙、台、架、桥、栏杆、花坛、座椅等。

a．平面图：平面尺寸及细部尺寸，剖切位置，详图索引；

b．立面图：式样高度、材料、颜色、详图索引；

c．剖面图：构造做法、节点详图。

施工图设计阶段景观设计平面的分区图及各分区放大平面图，可根据设计需要确定增减。对于简单的园林景观建筑、小品等需配相关结构专业图的工程，可以将结构专业的说明、图纸在相关的景观设计图纸中表达，不再另册出图（但需要计算书）。

7）景观标识系统设计图

根据具体情况，可以对需要特殊设计的标识系统，包括名称标志（如楼牌号、树木名称牌）、环境标志（如小区组团示意图、停车场导向图）、指示标志（如出入口标志、定点标志）、警示标志（如禁止入内、提醒水体），绘制出详细的平、立、剖面图，并画出具体布置的平面图。

8）景观配套设施选型表

根据具体情况，可以配合甲方完成景观配套设施包括盛花器、座椅、灯具、垃圾桶、儿童玩具、健身器材等的选型工作，列表表示其型号及数量，并根据确定的内容绘制布置平面图。

9）给水排水专业

在施工图设计阶段，给水排水专业设计文件应包括施工图设计说明、设计图纸、主要设备表和计算书。设计说明包括设计依据简述和给水排水系统概况，凡不能用图示表达的施工要求，均应以设计说明表述清楚；有特殊需要说明的可分别列在有关图纸上。

设计图纸包括以下几个方面。

（1）给水排水总平面图

①绘出全部建（构）筑物、道路、广场等的平面位置或坐标、名称、标高，并绘制方格网；

②绘出全部给水排水管网及构筑物的位置或坐标、距离、检查井及详图索引号；

③对较复杂工程，应将给水、排水总平面图分开绘制，以便于施工（简单工程可合并）。

④给水管注明管径、埋设深度或敷设的标高，宜标注管道长度，并绘制节点图，注明节点结构、闸门井尺寸、编号及引用详图（一般工程给水管线可不绘节点图）；

⑤排水管标注检查井编号和水流坡向，标注管道接口处，建筑场地雨水排出管网位置，市政管网的位置、标高、管径、水流坡向。

（2）排水管道高程表

将排水管道的检查井编号、井距、管径、坡度、地面设计标高、管内底标高等写在表内；简单的工程，可将上述内容直接标注在平面图上，不列表。

（3）水景给水排水图纸

①绘出给水排水平面图，注明节点；

②绘出系统轴测图或系统原理图，标明管径、坡度；

③详图：应绘出泵坑及泵房布置图，喷头安装示意图。

（4）主要设备、仪表及管道附、配件可在首页或相关图上列表表示

10）电气专业

在施工图设计阶段，电气专业设计文件应包括施工设计说明、设计图纸主要设备表。施工设计说明包括工程设计概况、各系统的施工要求和注意事项（包括布线、设备安装等）、设备订货要求（亦可附在相应图纸上）、防雷及接地保护等其他系统有关内容（亦可附在相应图纸上）、本工程选用标准图图集编号及页号等。

设计图纸包括以下几个方面

（1）电气总平面图

①标注建（构）筑物、标高、道路、地形等高线和用户的安装容量；

②标注变、配电站位置、编号；变压器台数、容量；发电机台数、容量；

③室外配电箱的编号、型号；室外照明灯具的规格、型号、容量；

④架空线路应标注线路规格及走向，回路编号，杆位编号，档数、档距、杆高、拉线、重复接地、避雷器等（附标准图集选择表）；

⑤电缆线路应标注线路走向、回路编号、电缆型号及规格、敷设方式（附标准图集选择表）、人（手）孔位置。

（2）变、配电站

高、低压配电系统图应表明母线的型号、规格；变压器、发电机的型号、规格；标明开关、断路器、互感器、继电器等型号和规格、敷设方法、用户名称等，并作相应的图纸说明；

（3）配电、照明

①配电箱系统图

应标注配电箱编号、型号、进线回路编号；标注各开关（或熔断器）型号、规格、配出回路编号、导线型号规格；对有控制要求的回路应提供控制原理图；对重要负荷供电回路宜表明用户名称。若配电箱（或控制箱）系统内容在平面图上标注完整的，可不单独出配电箱系统图。

②配电平面图

布置配电箱、控制箱，并标明编号、型号及规格；控制线路始、终位置（包括控制线路），标注回路规格、编号、敷设方式等。

（4）照明灯具选型表

包括车行照明、人行照明、场地照明、安全照明、特写照明和装饰照明的灯具选择，应列表表明所选灯具的名称、特型、型号和数量。

（5）背景音乐系统设计图

根据需要，做出背景音乐系统设计图。包括系统图和设备配置清单，清单应标明所采用设备的

的名称、型号和数量。

11）与建设单位密切配合，在施工图完成的基础上，提供景观工程的设计概算书。

施工图设计阶段任务繁重，技术性强，需要各专业之间的密切配合以及与施工单位和供货商的沟通协调，要求设计师既要具有较强的专业技术能力，又要有沟通协调的能力，只有在此基础上，才能将施工图做细做好，为施工阶段的工作奠定良好的基础。

2.2.4　施工配合阶段

在施工配合阶段，设计和施工要有机紧密地结合，如发现有图纸和现场不符，需要调整变动时，应注意图纸内容的变更既要遵循既定的基本原则，更要以现场客观条件为主，从施工现场的实际情况出发，及时反馈，更正图纸，保证图纸变更与施工进度同步。在工程完成后，施工单位还要配合各专业设计师完成竣工图。

设计从理论转变为现实，就是施工的过程，这是实现景观效果的最后也是最重要的一个过程。这一过程，需要设计师与甲方、园林施工单位和供货商多交流、多沟通，把设计意图落实到位，才能使实际营造的景观更加富有生机。

第3章

居住区景观环境的营造

居住区的景观环境包括总体环境、建筑环境、人文环境、视觉环境、光环境、风环境和声环境等。设计应从大的景观背景出发，在充分考虑地区特点的基础上，结合住宅周边的小环境，通过一定的人工的手段营造良好的建筑和亲切的人文环境、优美的视觉环境、温雅的光环境、怡人的风环境、动听的声环境，以保证居住的舒适性和健康性。

3.1　总体环境

对总体环境的把握是确立居住区景观特色的基础。这种特色来自于对当地气候、环境、自然条件、历史和文化等的尊重与发掘，是通过对居住生活功能和规律的综合分析，对自然条件的系统研究，对生态技术的科学把握，进而提炼、升华并创造出一种与居住活动紧密交融的景观特征，形成精神与物质协调统一的和谐居住景观。

我国地域广大，气候特征从南到北各不相同，按照建筑气候区划标准，我国一级区划共分为七个区。从严寒、寒冷、温和、夏热冬冷到夏热冬暖地区在规划、建筑和环境设计上都各有不同。

严寒和寒冷地区由于冬季较为漫长，气候干燥，风沙较大，规划时要注意使建筑物充分满足冬季防寒、保温、防冻等要求，夏季部分地区应兼顾防热。规划应使建筑物满足冬季日照和防御寒风的要求，可采用较为封闭的围合式布局以减少冬季风沙对居住区的干扰。景观设计时水景不宜过多，构筑物及道路也应考虑冬季抗冻。居住区内部的休闲活动区应该尽量布置在冬季无风的阳光地带，同时为利于水管和暖气管的铺设，住宅不宜采用架空层。

夏热冬冷地区一般四季分明，雨量适中。居住建筑的朝向宜采用南北向或接近南北向，规划布局要有利于夏季主导风向的引入和自然通风，景观设计时可结合地区特点，水景和植物都可较为自由地布局和应用，但应注意冬季大部分植物落叶带来的萧条感，可考虑冬季盆花和常绿树种的穿插以丰富景观环境。

夏热冬暖地区夏季长，气候炎热。居住建筑的朝向也应尽量采用南北向或是接近南北向，规划布局要有利于夏季主导风向的引入，架空层对于自然通风和住宅内部的小气候的调节十分有利，另外架空层还可安排各种娱乐休闲空间，或是将植物引入架空层以扩大绿化空间。由于气候炎热，可多设置水景以调节气候，行道树和庭院树种宜选择冠幅大，遮阴效果好的大、中型乔木。夏热冬暖的气候特点使得人们户外活动的频次增高，因此，户外活动场地及设施的面积及种类应增加。良好的气候环境是这个区域植物品种繁多，生长态势良好，花期也较长，设计时应充分利用五彩缤纷的植物色彩来丰富景观环境。

温和地区立体气候特征明显，大部分地区冬温夏凉，干湿季分明，太阳辐射强烈，部分地区冬季气温度偏低，规划设计时应注意使建筑物满足湿季防雨和通风要求，可不考虑防热，主要房间应有良好朝向。由于气候冬温夏凉，景观设计时植物和水景的应用也非常广泛和自由，架空层的使用也较为普遍，植物讲求乔、冠、草的合理搭配，落叶树种和常绿树种可根据视觉要求穿插使用。

除了自然气候对居住区规划和景观设计的影响外，居住区内部的自然要素也会给景观设计带来明显的特征和特色。如在景观设计中，可以运用借景、组景、分景、添景等多种手段，留设景观视线通廊，将自然山水、历史古迹、古树名木等特色景观资源融入居住区景观当中，使其具有鲜明的地方特征和基地的自然特色。

另外，还可依据高层住区、多层住区、低层住区和综合住区等不同住区类型，采用不同特征的景观环境布局形式（表 3–1）。

住区环境景观结构布局 **表 3-1**

住区分类	景观空间密度	景观布局	地形及竖向处理
高层住区	高	采用立体景观和集中景观布局形式。高层住区的景观总体布局可适当图案化，既要满足居民在近处观赏的审美要求，又需注重居民在居室中向下俯瞰时的景观艺术效果。	通过多层次的地形塑造来增强绿视率。
多层住区	中	采用相对集中、多层次的景观布局形式，保证集中景观空间合理的服务半径，尽可能满足不同年龄结构、不同心理取向的居民的群体景观需要，具体布局手法可依据住区规模及现状条件灵活多样，不拘一格，以营造出有自身特色的景观空间	因地制宜，结合住区规模及现状条件适度地形处理
底层住区	低	采用较分散的景观布局，使住区景观尽可能接近每户居民，景观的散点布局可结合庭园塑造尺度适人的半围合景观	地形塑造的规模不宜过大，以不影响低层住户的景观视野又可满足其私密度要求为宜
综合住区	不确定	宜根据住区总体规划及建筑形式选用合理的布局形式	适度地形处理

资料来源：建设部住宅产业促进中心．居住区环境景观设计导则（2006 版）[M]．北京．中国建筑工业出版社，2006.

3.2 建筑环境

建筑是室外景观的构成要素，景观设计时应充分考虑建筑的空间组合、造型及其与整体景观环境的结合。可利用建筑自身形体的高低组合变化与居住区内、外山水环境的组合，把自然与建筑和谐地结合在一起，塑造出具有个性特征和可识别性的居住区景观环境。

3.2.1 形体

建筑体量的设计和处理上应做合理的考虑，比如将体量过大而单一的建筑通过高低、长短、错位、退台等的变化和组合，改变其单调呆板的形体，达到丰富景观的目的。住宅单体设计时可将建筑顶部、底部、入口和阳台等各部分细节结合体量及造型进行优化整合，从而增强住宅的识别性。如昆明湖畔之梦小区的建筑形体处理便形成了有变化、有韵律、疏密有致的居住空间（图 3–1）。

图 3–1　丰富的建筑形体

3.2.2　材质及色彩

建筑立面宜选用美观、经济、环保的材料，可通过材料和色彩的变化及对比来丰富建筑景观空间。建筑底层部分外墙处理宜细致，以满足人的近距离视觉要求。居住区建筑景观的色彩宜以淡雅、明快为主，同时应反映出当地的色彩喜好（图 3–2）。

图 3–2　明快的建筑色彩

3.2.3　生态性

景观设计应充分考虑生态环保性。体现在建筑设计上减少废水、废气、废物的排放，充分利用自然光和自然通风，减少噪声的干扰，外墙和屋顶采取降温隔热措施或是改善保温隔热性能，应用环保、可回收再生的材料等，例如太阳能发电材料，即利用光电电池板作为外墙和屋顶材料的技术也应逐步推广。建筑外环境则有采用中水系统和雨水的综合利用，运用渗水性良好的材料作地面铺装，打造屋顶花园、墙体绿化和小型湿地等。

3.3　人文环境

居住区景观的人文环境应从精神文化的角度去把握其内涵特征，从自然环境、建筑风格、社会风尚、生活方式、文化心理、审美情趣、民俗传统、宗教信仰入手，在空间形态、尺度、色彩和符号中寻找其代表性元素，寻求传统与现代的契合点，使优美的景观与浓郁的地域文化和美学有机统一，和谐共生。

同时，还要注意到居住区人文环境构成的丰富性、延续性与多元性，使居住区环境具有高层次

图 3–3　景墙遮挡视线的“实”空间

图 3–4　能通过视线的“虚”空间

图 3–5　水景、木亭、植物组合而成的“柔”空间

的文化品位与特色。人文环境的营造分为三个层次：

一是对当地自然环境的延续，比如种植乡土树种、保护古树名木，在满足功能需求的前提下保持当地地形地貌和自然风光等；

二是对当地文化的尊重，人文景观资源是历史文化财富，是宝贵的文化资源。可以采用写实或写意的手法，通过雕塑、文字、植物等实体元素及庭院街巷等空间元素来营造文化氛围，以体现地域文化特色。

最后，座椅、灯具、垃圾箱、标识牌、健身器材等设施，在满足功能需求的条件下，也应尽量体现地域文化特色，从形态、色彩、文化等隐含着的因素入手，通过细微的差异性设计来提升居住区的独特品位。

3.4　视觉环境

视觉景观环境是舒适型居住区的重要内容之一，视觉环境的好坏，会直接影响着人们的身心健康。优美的视觉景观环境会给人带来愉悦的心情，使人精神振奋，倍感舒适。

以对视线遮挡的感受来划分，居住区景观有三大要素空间，即实空间、虚空间和柔空间。视线全遮挡不能透过的为实空间，视线完全不受阻挡的为虚空间，视线被半遮挡的为柔空间，三者巧妙结合可形成居住区丰富多彩的景观空间（图 3–3 ～图 3–5）。

另外，对景、衬景、框景等设计手法可使景观视廊形成虚实相生的视觉效果（图 3–6）。

部分底层架空的处理手法，可以扩大和延伸视觉景观效果，利用绿化、水景、铺地、座椅等点缀于架空层，在丰富其使用功能的同时，可使建筑内、外空间相互渗透，起到丰富视觉景观和层次的效果。

要达到良好的视觉景观，还需要考虑景观的色彩、质感、比例、尺度、韵律等给人们带来不同的动、静态观赏效果。

图 3–6　框景可使实现高度集中，形成视觉焦点

图 3–7　光影变化形成的独特景观

3.5　光环境

光环境与居民的户外活动有着密切的联系，影响着居民的身心健康。为了促进居民的户外活动，居住区景观空间应争取良好的光环境。

良好的居住区光环境，不仅体现在最大限度地利用自然采光，还要从源头控制光污染的产生。如在选择景观材料时需考虑材料本身对光的不同反射程度，以满足不同的光线的要求，小品设施设计时应避免采用大面积的金属和镜面等高反射性材料，以减少居住区光污染，户外活动场地布置时，其朝向需考虑减少炫光。在气候炎热地区需考虑树冠大的乔木和庇荫构筑物，以方便居民交往活动；阳光充足的地区宜利用日光产生的光影变化来形成独特景观。另外，居住区照明景观应尽可能舒适、温和、安静和优雅，照度过高不仅浪费能源，也无法营造温馨宜人的光环境（图 3–7 ～图 3–10）。

绿化作为景观的重要组成部分也跟光环境有着密切联系。如宅旁绿地宜集中在住宅向阳的一侧，因为朝南一侧更具备易形成良好小气候的条件，光照条件好，有利于植物生长，但设计上需要注意不能影响室内的通风和采光，

图 3–8　夜幕下安静而优雅的休闲空间

图 3–10　利用明暗对比形成幽静而温馨的光环境

图 3–9　舒适温和的安全照明

如种植乔木，不宜与建筑距离太近，在窗口下也不宜种植大灌木。住宅北侧日光不足不利于植物生长，应采用耐荫植物，另外，建筑东、西两侧可种植较为高大的乔木以遮挡夏日的骄阳。

3.6　风环境

良好的风环境有利于建筑间的自然通风，夏季有效驱散热量，降低居住区内温度，有利于节能。良好的风环境还有利于空气污染物的扩散，通畅的气流流通可以避免烟尘、有害气体的滞留，维持区内良好的空气质量。

建筑布局的朝向对居住区的风环境有很大的影响作用，不同地区有相应的最佳朝向及适宜范围（表 3–2）。

我国部分地区建筑朝向表　　**表 3-2**

地区	最佳朝向	适宜范围	不宜朝向
北京地区	南偏东 30° 以内；南偏西 30° 以内	南偏东 45° 以内；南偏西 45° 以内	北偏西 30° ～ 60°
上海地区	南至南偏东 15°	南偏东 30°；南偏西 15°	北、西北
石家庄地区	南偏东 15°	南至南偏东 30°	西
太原地区	南偏东 15°	南偏东至东	西北
呼和浩特地区	南至南偏东；南至南偏西	东南、西南	北、西北
哈尔滨地区	南偏东 15° ～ 20°	南至南偏东 15°；南至南偏西 15°	西北、北
长春地区	南偏东 30°；南偏西 10°	南偏东 45°；南偏西 45°	北、东北、西北
旅大地区	南、南偏西 15°	南偏东 45° 至南偏西至西	北、西北、东北
沈阳地区	南、南偏东 20°	南偏东至东、南偏西至西	东北东至西北西

续表

地区	最佳朝向	适宜范围	不宜朝向
济南地区	南、南偏东 10°～15°	南偏东 30°	西偏北 5°～10°
青岛地区	南、南偏东 5°～10°	南偏东 15° 至南偏西 15°	西、北
南京地区	南偏东 15°	南偏东 25°；南偏西 10°	西、北
合肥地区	南偏东 5°～15°	南偏东 15°；南偏西 5°	西
杭州地区	南偏东 10°～15°	南、南偏东 30°	北、西
福州地区	南、南偏东 5°～10°	南偏东 20° 以内	西
郑州地区	南偏东 15°	南偏东 25°	西北
武汉地区	南偏西 15°	南偏东 15°	西、西北
长沙地区	南偏东 9° 左右	南	西、西北
广州地区	南偏东 15°；南偏西 5°	南偏东 22° 30′；南偏西 5° 至西	
南宁地区	南、南偏东 15°	南偏东 15°～25°；南偏西 5°	东、西
西安地区	南偏东 10°	南、南偏西	西、西北
银川地区	南至南偏东 23°	南偏东 34°；南偏西 20°	西、北
西宁地区	南至南偏西 30°	南偏东 30° 至南；南偏西 30°	北、西北
乌鲁木齐地区	南偏东 40°；南偏西 30°	东南、东、西	北、西北
成都地区	南偏东 45° 至南偏西 15°	南偏东 45° 至东偏北 30°	西、北
重庆地区	南、南偏东 10°	南偏东 16°；南偏西 5°、北	东、西
昆明地区	南偏东 25°～50°	东至南至西	北偏东 35°；北偏西 35°
厦门地区	南偏东 5°～10°	南偏东 22° 30′；南偏西 10°	南偏西 25°；西偏北 30°
拉萨地区	南偏东 10°；南偏西 5°	南偏东 15°；南偏西 10°	西、北

资料来源：《建筑设计资料集》编委会 . 建筑设计资料集 03（第二版）[M]. 北京：中国建筑工业出版社，1994.

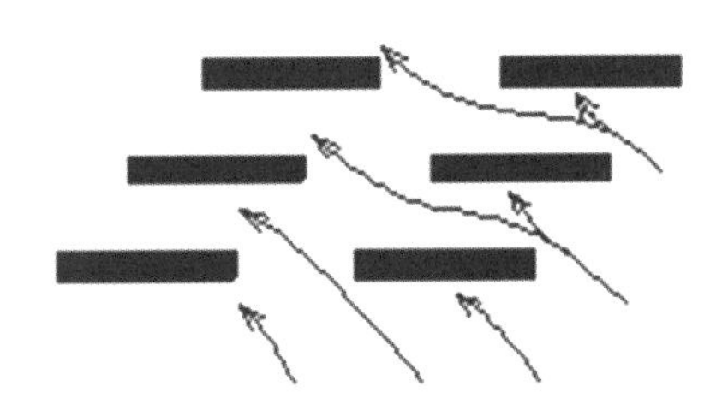

图 3–11　住宅错列布置增大迎风面利用山墙间距，将气流导人住宅群内部

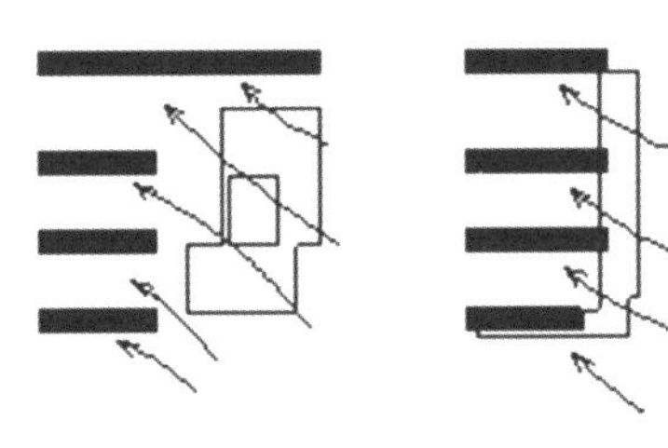

图 3–12　高低层住宅间隔布置，或将低层住宅或低层公建布置在迎风而一侧以利进风

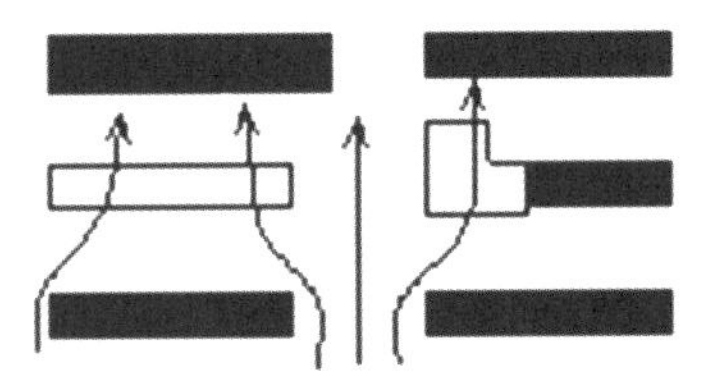

图 3–13　低层住宅或公建布置在多层住宅群之间，可改善通风效果

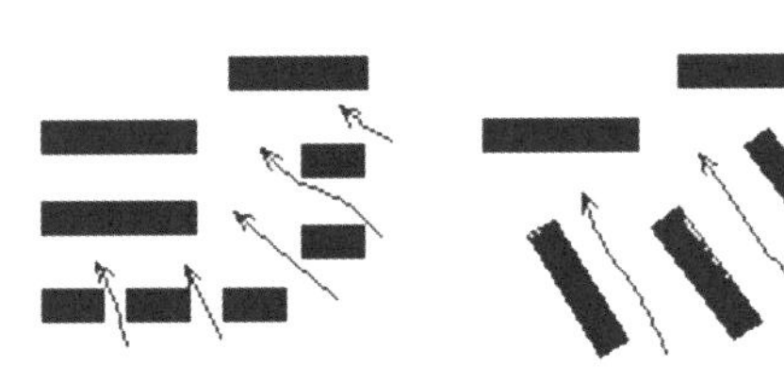

图 3–14　住宅组群豁口迎向主导风向，有利通风；如防寒则在通风面上少设豁口

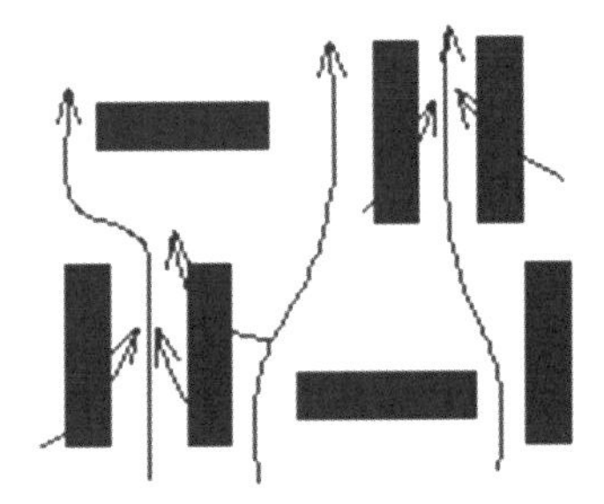

图 3–15　住宅疏密相间，密处风速大、改善通风

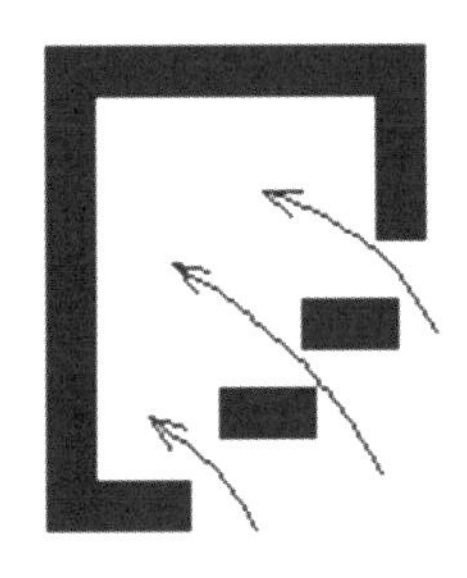

图 3–16　周边式布置，应局部敞开以利夏季主导风进入

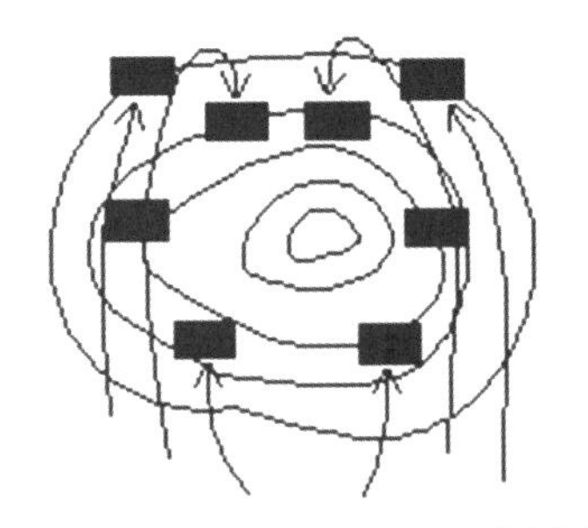

图 3–17　合理的建筑布局有利于形成小气候

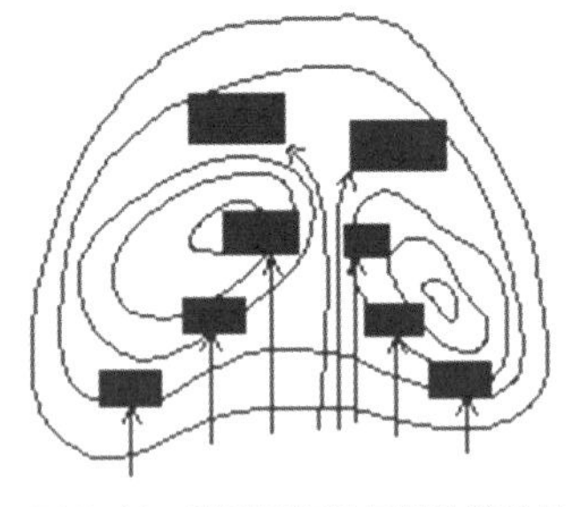

图 3–18　利用局部风气候改善通风

注：根据建筑设计资料集 03（第二版）重新绘制

人体的舒适性也与风环境有关，一般小于 5m/s 的风速对行人较为适宜，5 ～ 10m/s 人就开始感到不适甚至行动受影响，10m/s 以上人的行动严重受影响，居住区景观设计时应注意风速对人体的影响。

不同的建筑组群形式，有不同的自然通风效果：

(1) 行列式布置的组群：需调整住宅朝向引导气流进入住宅群内，使气流从斜向进入组群内部，从而减小阻力，改善通风效果。

(2) 周边式布置的组群：在群体内部和背风区以及转角处会出现气流停滞区，但在严寒地区则可阻止寒风的侵袭。

(3) 点群式布置的组群：由于单体挡风面较小，比较有利于通风，但建筑密度较高时也会影响群体内部的通风效果。

(4) 混合式布置的组群：自然气流较难到达中心部位，要采取增加或扩大缺口的办法，加入一些点式单元或塔式单元，改善建筑群体的通风效果。

为营造良好的居住区风环境，可采取以下的通风、防风措施：

(1) 非严寒和寒冷地区，建筑物和构筑物的布局应有利于自然通风，尽可能避免周边布置形式。为引导夏季气流进入居住区，建筑布局可以采用错列、长短结合布置或小区开口迎向主导风向的方法提高夏季通风效果。其次，采用高低建筑结合布置，将较低的建筑布置在夏季主导风向上，增加建筑迎风面，也可较好地改善居住区夏季的通风状况（图 3–11 ～图 3–18）。

(2) 为调节居住区内部通风排浊效果，应尽可能扩大绿化种植面积，非严寒和寒冷地区应适当增加水面面积，以有利于调节通风量。

(3) 户外活动场地的设置应根据当地不同季节的主导风向，通过建筑、植物、景观设计来疏导自然气流。

(4) 底层部分架空有利于居住区内部空间和各栋住宅之间的空气流通。

3.7 声环境

居住区的声环境是指住宅内外各种声源产生的声音对居住者在生理上和心理上产生影响，它直接关系到居民的生活、工作和休息。居住区规划设计中，必须保证住宅声环境的质量，为居民提供宁静的居住环境，这也是“生态住区”“绿色住宅”的重要标志。

城市居住区白天的噪声允许值宜控制在 45dB 以下，夜间噪声允许值在 40dB 以下。靠近噪声污染源的居住区应通过设置隔音墙、人工筑坡、植物种植、水景造型、建筑屏障等进行防噪。

当然，声环境也包括一些优美的自然声，如风声、虫鸣、鸟吟、蛙唱等都是现代都市难求的声音素材，保护这些富有特色的自然声，能更好地提升居住区的品质（表 3–3）。

居住区的声景 **表 3-3**

声源	发生时间	物理特性	心理特性
鸟鸣声	清晨	声压级较小，中、高频成分重	动听、令人愉快
轻松的背景音乐	清晨 / 傍晚	声压级适中，中频成分重	恬静、宜人

续表

声源	发生时间	物理特性	心理特性
微风吹过树叶间的摩擦	昼 / 夜	声压级小，中频成分重	安静、令人产生联想
孩子们的嬉戏	白天、傍晚	声压级适中，中、高频成分重	热闹、活泼
一部分昆虫的鸣叫 （夜间蟋蟀叫声）	昼 / 夜	声压级小，各频率的声音充分均较重	宁静、安逸
小区花园内喷泉、潺潺流水	白天	声压级小，中频成分重	安静、动听

资料来源：李国棋 . 声景研究和声景设计 [D]. 北京：清华大学，2004.

另外，还可以借鉴中国古典园林中诸如“种蕉邀雨”“植柳邀蝉”“剖竹引泉”“坐雨观瀑”等景观营造法则，它们既是听觉的声环境营造，也是良好的视觉的景观组织。作为景观设计者应将优美宜人的声环境作为设计的要素之一，更大范围地遵循使用者的需求与情感体现，运用多种设计手法对景观无处不在的细节加以雕琢，以体现环境的声景特色，营造更为自然和温馨的景观氛围（图3–19）。

图 3–19　花园水景

第4章

居住区绿化种植景观

居住区绿地是城市园林绿地系统中的重要组成部分，是改善城市生态环境的重要环节，也是城市居民使用最多的室外活动空间。随着人们对室外交往活动空间需求的提高，绿化种植景观已经成为衡量一个居住区品质的重要因素之一。

4.1　居住区绿化的功能

4.1.1　居住区绿化的功能性作用

居住区绿化主要是满足功能性景观和视觉美学景观两种需求，前者主要为构建居民户外生活空间，满足居民各种交往及活动的需要，如散步、休息、游览、娱乐等。后者则结合一定的人工手段和各种环境设施，如水体，人工建构筑物、铺地等创造出优美环境景观，满足人的视觉审美需求，同时，植物的姿态、色彩和光影等效果本身也是景观不可缺少的重要因素。

4.1.2　居住区绿化的作用

居住区的绿化可以起到遮阳、防尘、防风、隔声、降温及防火防灾等作用。

1）遮阳

在居住区绿化设计中，在路旁、庭院以及道路、房屋两侧种植树木植物，使其在炎热的季节里起到遮阳蔽日的作用，同时也可以大大降低太阳的辐射热，达到节能减耗的目的。

2）防尘

居住区地面由于被多种绿化植物所遮盖，可以避免在有风时种植土壤的卷起和飞尘。另外，可通过绿化植物的遮挡和过滤，减少空气中的灰尘含量，提高居住区空气质量。

3）防风

居住区绿地设计中在冬季迎风面，可以针对性地种植密集的乔木灌木防风林，以防止冬季寒风的侵袭，改善居住区的生态小气候。防风树种以适应性强、根系发达、抗倒伏、木质坚硬、寿命长、叶片小、树冠成尖塔形或柱状形为宜，常绿树比落叶树好，如黑松、水杉、池杉、落羽杉、木麻黄、榉树、乌桕、垂柳、假槟榔等。

4）防声

居住区在沿工厂、道路和闹市区一侧种植单排或多排行道树，可以有效地降低噪声，保持居住区的安静。较好的隔声树种有雪松、龙柏、水杉、悬铃木、樟树等。

5）降温

夏季居住区绿化中的植物所进行的呼吸作用和蒸腾作用可以一定程度上降低空气温度，营造较为良好的生态小气候。

6）防火防灾

居住区绿地所形成的空间可以作为地震等灾难来临时的救灾备用地，绿化用地是居民疏散的最佳场所。同时，有些植物不易燃烧，可起到有效的防火作用，这些树种多具有树脂含量少，体内水分多，叶细小且表皮厚，萌发再生力强，不易着火等特性。常用的树种有银杏、女贞、棕榈、青冈栎、朴树、苏铁、珊瑚树、山茶、八角金盘等。

4.1.3 居住区绿化的美学作用

1）视觉美感

居住区景观绿化是一种多维立体空间艺术，是以自然美为特征的空间环境，设计时应充分利用园林的美学原则和设计手法，使绿化景观丰富多彩，满足人的视觉感官需求，并通过高质量的绿化环境影响人的欣赏品位。

2）游憩交流

人们进入居住区景观绿地是为了游憩、运动和交流，从公共绿地到宅旁小游园，人们都可享受到植物景观所营造的阳光雨露、鸟语花香，新鲜的空气可使人身心愉悦，形成良好的交往空间和和谐的邻里氛围。

4.2 居住区绿化的植物配置原则及方法

居住绿化的植物配置，需要根据居住区总体景观设计，将不同生态习性和观赏特性的植物进行合理搭配和栽植，组成相对稳定的植物群落，使之充分发挥其个体及群体美的效果，从而创造出赏心悦目的植物景观。

4.2.1 绿化植物配置的原则

1）生态性原则

在植物种植设计中，设计者应当很好地把握各种植物的生命特征，充分考虑其种植环境中温度、水分、光照、土壤以及空气环境因素对其的影响。

（1）环境温度因素

温度是影响植物生长的最重要的生态因素，也是植物景观形成的主导因素。根据不同的温度环境，应选择适宜的植物种类进行配置设计。在寒带地区多选择针叶树种作为主要树种，如油松、雪松等；在温带地区多选择阔叶常绿或落叶树种，如广玉兰、桂花等；在热带地区多选择热带树种，如棕榈、蒲葵、椰子等，以营造不同地域风格的植物种植景观。

图 4–1　苔藓矮墙效果

（2）水分因素

水是万物之源，生命之本，其对植物景观的绿化植物生长发育情况起到决定性的作用。

①空气湿度　不同的植物材料，对于其生长环境空气湿度要求不相同，空气湿度对植物的生长起着很大作用。在植物景观设计时可根据不同的环境空气湿度特点进行相应的植物选择，合理搭配，不仅可以使植物材料生长迅速，还能创造出极具独特性的植物景观效果。比如可利用矮墙密布苔藓植物营造良好的生态景观效果（图 4–1）。

②土壤湿度　土壤中水分对于植物景观的影响更为重要，直接决定了植物材料的生存、生长发育过程。在植物景观设计中可根据不同植物对水分的要求创造不同的植物景观。根据植物与水的关系，可将植物分为水生、中生和旱生等生态类型。不同生态类型的植物在其外部特征、内部组织结构、耐旱、耐涝能力及植物景观效果上也有着各自的差异。水生植物可以营造良好的水岸植栽效果，而耐旱植物则能形成别样风情的荒漠景观效果。

（3）光照因素

在植物配置时，选择植物材料的关键还需要弄清楚各种植物对光的需求情况，进行合理配植，以利于所选植物的健康生长。

根据植物对光照要求的不同，一般可以将植物分成阳性植物、阴性植物和居于两者之间的耐阴植物。植物景观营造中常用的阳性植物主要有木棉、桉树、杨树、柳树、槐树、油松等；耐阴植物主要有八角金盘、蜘蛛百合、鸢尾、白芨、棣棠、夏鹃等；居于两者之间的植物有榕树、合欢、香樟、三角枫、鸡爪槭等。

（4）土壤因素

土壤酸碱度（pH 值）对植物的生长乃至存活起着至关重要的作用。根据我国土壤酸碱性情况，将土壤分为五级：pH 小于 5 为强酸性，pH 小于 5 ～ 6.5 为酸性，pH 在 6.5 ～ 7.5 之间为中性，pH 在 7.5 ～ 8.5 之间为碱性，pH 大于 8.5 为强碱性。相应的园林植物根据其生长土壤 pH 值也分为：酸性土植物、中性土植物和碱性土植物三类。在植物景观设计时，要根据植物种植土壤的土壤酸碱度（pH 值）选择适宜的植物种类进行种植。

酸性土植物最具有代表性的是铁芒萁，其他品种有云南山茶、白兰花、茉莉、枸骨、高山杜鹃、八仙花等；中性植物相对较多，范围也十分广；碱性土植物如新疆杨、合欢、文冠果、木槿、油橄榄、木麻黄等。

在植物选择、配置和具体栽植时要遵循“因地制宜，适地适树”的原则。应注意乔木与灌木、常绿与落叶、速生与慢生植物的搭配，考虑景观整体效果和自然群落的和谐。在植物选择和配置中应该充分了解当地的自然植被，使用乡土树种来突出景观的地域性。

2）美学原则

美是一种高层次的特殊思想活动。植物景观的本质就是以各种园林植物或由其组成的“景”来刺激人们的思维活动，从而引起人们舒适、快乐、愉悦等情感反应，并达到美的享受。

现代景观设计者应根据植物的不同特性，运用艺术手法来进行植物景观创作及合理搭配。在进行种植设计时应当灵活运用艺术设计中的色彩美与形式美原理，注重植物景观细部的色彩和形状的变化给人带来的不同心理感受。

植物的色彩美、形体美和自然美是构成景观视觉美感的重要因素。设计师要通过对不同植物材料的精心挑选和配置，利用不同植物的观赏特性，运用对比、衬托、均衡、起伏、韵律等艺术手法创造不同风格，或孤植、丛植、成林成片的种植，以达到展现各具特色的植物景观效果。例如：棕榈的挺拔飘逸、翠竹的青翠潇洒；鹅掌楸、银杏、乌桕的叶形叶色；月季、紫薇的繁花；米兰、桂花的芳香；梅、兰、竹、菊的神韵等都是植物造景的良好素材。

（1）植物造景中的色彩美原理

植物色彩的搭配分为相近色、对比色和单一色组合三种。在只有一个色相时，应该适当改变明度和彩度的组合，同时应把握植物本身的形状、排列、光泽和质感等，使之变化以破除单调乏味之感（图 4–2）。

采用相近色搭配时，易取得调和的效果，相邻色相的过渡较为自然，在统一中富有变化，能营造出和谐温馨的氛围，形成既统一又有

图 4–2　通过提高植物色彩的明度和彩度以丰富单一色相的植物组合效果

图 4-3　近色相在植物造景中的应用

图 4-4　植物的形状和体量对比

差异的景观效果（图 4-3）。

采用对比色相搭配来进行植物景观设计常常给人以现代、活泼、明快的效果，亦能使之成为视觉焦点。在进行对比配色时，要注意对比色的明度差、彩度与面积大小的关系，如对比色均为彩度较高的色彩时，应适当降低一方的彩度以达到更为良好的视觉。

（2）植物造景中的形式美原理

一个成功的植物景观设计，通常都是形式与内容的完美结合。形式美的基本规律也同样遵循统一、对称、比例、尺度、对比、调和、节奏、韵律等形式艺术美的规律。

①对比与调和：对比与调和是艺术构图的重要手法之一。在植物景观设计中应用对比，会使景观丰富多彩，富有活力，而调和则可求得整体效果的和谐统一。在植物景观设计中可采用形象的对比与调和、色彩的对比与调和、虚实的对比与调和、体量的对比与调和、明暗的对比与调和、质地的对比与调和等方法来达到营造不同景观效果的目的（图 4-4、图 4-5）。

②节奏与韵律：在植物景观设计中，可以利用植物单体的形态、色彩、质地等要素进行有节奏和规律的布置以形成韵律感。在道路绿化中常采用这种形式来表现植物景观的美感（图 4-6）。

③比例与尺度：在植物景观设计中，整体空间营造中应考虑植物比例尺度及与空间之间的关系，尽可能与人们赏景的视觉规

图 4-5　植物的体量对比

图 4-6　运用节奏与韵律的植物组合

律结合起来。如人们在赏景时，因为视线角度不同，可分为平视、仰视和俯视。不同的观赏姿势，也带给人们不同的感觉。平视令人平静、深远；仰视让人感觉雄伟，紧张；俯视则带给人们开阔、惊险之感。设计者可以巧妙地运用地形的变化、植物高低的起伏创造不同的观赏视角，达到步移景异、丰富植物空间的景观效果（图 4–7、图 4–8）。

④主从统一：主从关系即为重点和一般的对比与变化。在主从关系中突出重点、在变化关系中寻求统一是艺术设计中的共同法则。处理好植物景观设计中的主从关系，是决定能否取得良好的视觉景观效果的重要因素（图 4–9）。如在进行树丛设计时可以遵循一些原则：三株一丛构成不等边三角形，但树种的选择必须一致或形似；两种树种的设计，则单株不能为最大，且必须与最大的一

图 4–7　视野开阔的俯视

图 4–8　深远宁静的平视

图 4–9　采用主从统一手法进行的植物配置

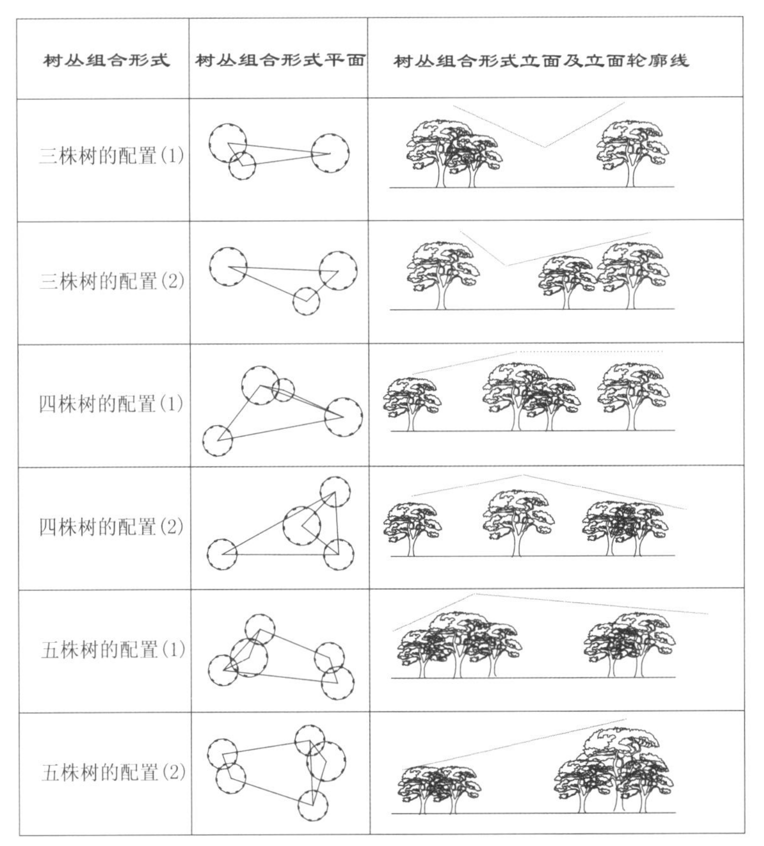

树丛组合形式	树丛组合形式平面	树丛组合形式立面及立面轮廓线
三株树的配置(1)		
三株树的配置(2)		
四株树的配置(1)		
四株树的配置(2)		
五株树的配置(1)		
五株树的配置(2)		

图 4–10　植物的空间组合形式及立面轮廓线

图 4–11　植物组合的均衡与稳定

株为同种，由此体现树种优势；四株和五株的树种基本遵循三株树丛的规律，但是要注意围合出一定的封闭空间以形成视觉的聚焦和逗留空间（图 4–10）。

⑤均衡与稳定：均衡是指构图在平面上的平衡，而稳定则是在立面上的平衡。园林植物景观可以利用各种植物在形体、数目、色彩、质地以及线条等方面的变化体现其均衡及稳定。这种均衡美可以是对称的，也可以是不对称的，或是竖向的（图 4–11）。

3）经济性原则

进行植物选择与配置时，要合理使用珍贵树种，可在重要的景观节点作为适当的点缀。在居住区的绿化树种选择与配置上，应大量采用乡土树种以体现景观的地方性。同时由于苗木材料容易得到，栽种成活率也较高，可在人力、物力及运输等方面大大节省开支，有较好的经济性。

4.2.2　植物配置的方法

居住区植物的配置从植物的组合方式、类别及应用和空间效果等方面都有不同，设计时应根据具体环境及条件加以应用。

1）植物组合的方式

植物配置的整体组合方式可分为规则式、自由式和混合式。

（1）规则式：规则式植物组合可以是对称的，也可以是不对称的。对称式是指在平面上大致依据一条或几条轴线的左右、前后对称地布置，植物按照一定的株间距或行距，以固定的方式排列，体现整齐、严谨的景观效果。不对称规则式植物组合主要是指修剪成规则形状，以简洁的方式营造出整齐大方的视觉效果。无论是对称的还是不对称的规则式植物组合方式，均在建筑物布局相对规整、地形较为平坦、道路系统相对规则的情况下适用（图 4–12）。

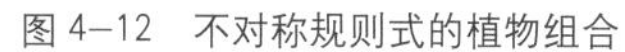
图 4–12 不对称规则式的植物组合

图 4–13 混合式植物组合

（2）自然式：在平面布局上没有轴线，植物栽植灵活、参差有序，变化多样，没有固定的株间距或行距，景观多样变化且富有情趣。在建筑物布局较为自由、地形较为复杂、道路系统相对自由的情况下适用（图 4–13、图 4–14）。

（3）混合式：是规则式和自然式栽植的衔接或补充，在与四周环境协调的同时营造整体的韵律和节奏感。混合式景观营造较为自由，对地形和道路具有较强的适应性。

植物配置的具体的种植方式有孤植、对植、列植、丛植和群植等组合方式（表 4–1 及图 4–15 ～图 4–19）。

植物种植组合方式 **表 4-1**

组合名称	组合形态及效果	植物种植方式	适用区位及树种特征	适宜树种
孤植	突出植物的个体，使之成为开阔空间的主景	独株栽植	小区入口，景观广场等 姿态优美或形体高大雄伟，冠大荫浓、叶色独特、花大色艳或果实美丽、树干颜色突出	朴树、桂花、黄连木、银杏、枫香、香樟、榕树、樱花、广玉兰、槐树、七叶树等
对植	突出树木的整体美，外形整齐美观，高矮大小基本一致	以乔灌木为主，在轴线两侧对称种植	建筑大门两侧、广场入口、住宅入口等 树干挺拔或修剪型绿篱	朴树、桂花、广玉兰、老人葵等

续表

组合名称	组合形态及效果	植物种植方式	适用区位及树种特征	适宜树种
列植	作园林景物的背景或隔离措施	以乔灌木为主，在轴线两侧对称种植	行道树、林带、灌木花径、绿篱	柏树、银杏、松树、小叶榕、棕榈科植物等
丛植	以多种植物组合成的观赏主题，形成多层次的绿化结构	以遮阳为主的丛植由乔木组成；以观赏为主的多由乔灌木混交组成	大草坪、林缘、小岛、园路弯曲处或交叉口等地	金竹、棕榈、樱花、梅花、散尾葵、海棠石榴、扶桑等
群植	以观赏树组成，表现整体造型美，产生起伏变化的背景效果，衬托前景或建筑物，具有多变的景观焦点	以数株同类或异类树种混合种植	多植于园中旷地	棕竹、海桐、蚊母、针葵等
草坪	主要种植矮小草本植物，通常成为绿地景观的前景			混播草坪、白三叶、马蹄金等

图 4–14　自然式植物组合

图 4–15　孤植

图 4–16　对植

图 4–17　列植

图 4–18　丛植

图 4–19　群植

2）植物类别及应用

景观环境中的植物可分为乔木、灌木、花卉、草坪、藤本及水生植物等。

（1）乔木

乔木有大、中、小之分，植株高度 20m 以上为大乔木，10 ～ 20m 为中乔木，5 ～ 10m 为小乔木。住宅区植物配置中，由于乔木高度超越人的视线，在设计上主要起分隔景观空间和围合空间的作用。小空间的营造则可与大型灌木的结合来组织一些私密性、半私密性空间或隔离不良视线。

（2）灌木

灌木可分高、中、低几种，植株高度 1200 ～ 2000mm 为高灌木，800 ～ 1200mm 为中灌木，200 ～ 300mm 为矮灌木。灌木在植物群落中属于中间层，起着乔木与地面、建筑与地面之间的过渡作用（图 4–20）。

由于灌木的平均高度与人的水平视线较为接近，很易形成视觉中心，因此常常成为主要的观赏植物，有观花、观果、观叶的，也有花果、果叶兼观的。可孤植、群植、列植，也可与其他园林植物如乔木、草坪、地被等结合配置（图 4–21）。大面积灌木花丛还可随季节变化形成花境。灌木以点、线、面的组合方式也常常成为园林建筑及小品或雕塑的衬景。

图 4-20　群植的灌木很好地起着连接乔木与地被的过渡作用

图 4-21　灌木与乔木草坪的组合形式

图 4-22　小区入口处的花坛

图 4-23　小区道路旁的花坛

图 4-24　花丛花坛

图 4-25　模纹花坛

（3）花卉

广义上的花卉是指姿态优美，花色艳丽和具有观赏价值的草本和木本植物，但通常多指草本植物。草本花卉是园林绿地建设中的重要植物材料，景观设计中常见的形势有花坛、花境、花丛和花群、花台、基座栽植、花钵等。

①花坛：一般多设置于广场、道路及建筑入口处，多采取规则式布置（图 4-22、图 4-23）。花坛中的地被应单一、花丛中相同花色的花卉应成组布置，不宜混种，花坛中心还可配置高大花卉。

花坛按照相态、观赏季节、植栽材料和表现形式可进行不同的分类

a. 按其形态可分为立体花坛和平面花坛两类。平面花坛又可按构图形式分为规则式、自然式和混合式三种。

b. 按观赏季节可分为春花坛、夏花坛、秋花坛和冬花坛。

c. 按栽植材料可分为一、二年生草花坛、球根花坛、水生花坛、专类花坛等。

d. 按表现形式可分为：花丛花坛，是用中央高、边缘低的花丛组成色块图案，以表现花卉的色彩美（图 4-24）；绣花式花坛或模纹花坛，以花纹图案取胜，通常是以矮小的具有色彩的观叶植物为主要材料，不受花期的限制，并适当搭配些花朵小而密集的矮生草花，观赏期特别长（图 4-25）。

图 4–26　花坛与座椅、铺装统一效果（一）

图 4–27　花坛与座椅、铺装协调处理（二）

不同的花坛也有不同的设计方法和要点：

a. 首先应从周围的整体环境来考虑所要表现的花坛的主题、位置、形式和色彩组合等。好的花坛设计必须考虑到由春到秋开花不断，设计出不同季节花卉种类的换植计划以及图案的变化，如杜鹃、百合春天开花，一串红、菊花等则秋天开花。

b. 花坛植物以花卉为主，要求色彩对比明显，以体现层次分明的景观效果。花坛用花宜选择株形整齐、具有多花性、开花整齐而花期长、花色鲜明、耐干燥、抗病虫害和矮生性的品种，如鸡冠花、金鱼草、雏菊、金盏菊、一串红、三色堇、百日草、万寿菊等。在植物选择上应优先考虑当地物种。

c. 个体花坛面积不宜过大，若圆形或椭圆形花坛，短轴以 5 ～ 8m 为宜，花卉花坛为 10 ～ 15m，草皮花坛可稍大一些。花卉植床可设计为平坦的，也可设计为起伏变化的。植床应高出地面 7 ～ 10cm，并围以缘石。

d. 设计时可将花坛与座椅、栏杆、道路铺装等结合统一处理，可达到游憩与景观功能相结合的效果（图 4–26、图 4–27）。

②花境：花境是指由多种花卉组成的带状自然式植物景观。配置各种花卉时要考虑同一季节时彼此的色彩、姿态的和谐与对比关系。花境图案应随季节变化而展现不同的季相特征，且能维持其完整的构图（图 4–28、图 4–29）。

③花丛和花群：是在园林中经过人工种植，形成自然风景野花散生的自然植物景观，可以增加环境的趣味性与观赏性。花丛和花群以茎干挺拔，不易倒伏，花朵繁密，株型丰满、整齐为佳。宜布置于开阔的草坪周围或河边山坡、叠石旁（图 4–30、图 4–31）。

④花台是指将花卉种植于高于地面的台座上，面积较花坛小，一般布置 1 ～ 2 种花卉（图 4–32）。

⑤基座栽植在建筑物、构筑物四周配置花卉，起烘托的作用。在基座布置花卉时其色彩要注意与建筑物、构筑物木身的内容与风格相和谐（图 4–33 ～图 4–35）。

⑥花钵：花钵也称为盛花器。花钵内可以直接栽植花卉，亦可按季放入盆花（图 4–36 ～图 4–39）。

图 4–28　色彩缤纷的花境（一）

图 4–29　色彩缤纷的花境（二）

图 4–30　花丛和花群（一）

图 4–31　花丛和花群（二）

图 4–32　面积较小花台

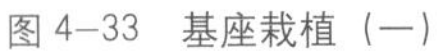

图 4-33　基座栽植（一）

图 4-34　基座栽植（二）

图 4-35　多种植物组成的墙基植物群落

图 4-36　造型各异的花钵（一）

图 4-37　造型各异的花钵（二）

图 4-38　造型各异的花钵（三）

图 4-39　造型各异的花钵（四）

（4）藤本

藤本植物是指植物植株本身不能直立，是需借助花架或其他辅助材料的支持，匍匐向上生长的植物。藤本植物多用于棚架式和花架式绿化及墙面绿化。

①棚架式和花架式绿化：棚架和花架绿化应根据不同的环境主题与养护条件进行藤本植物的选择，常用植物如紫藤、金银花、炮仗花、叶子花等（图 4-40）。

②墙面绿化：是指采用种植藤本植物的手法进行墙面绿化，不仅可以美化建筑物还可以减少阳光的照射强度，降低照射面的室内温度。粗糙的墙面可选择枝叶粗大的藤本植物，如地锦、钻地风等；较光滑的墙面宜选择叶形小的常春藤、爬墙虎、凌霄等（图 4-41 ～图 4-43）。

图 4–40　被藤本植物覆盖的棚架

图 4–41　与建筑浑然一体的墙面绿化

图 4–43　高层建筑墙面绿化

图 4–42　低层建筑墙面绿化

图 4-44　以混播草坪铺设的游憩草坪

图 4-45　以白三叶铺设的观赏草坪

图 4-46　混播观赏性的护坡草坪

（5）草坪

草坪分为观赏草坪、游憩草坪、运动草坪、交通安全草坪和护坡草坪等。草坪的种植应按草坪用途选择不同的品种。游憩草坪、运动草坪、交通安全草坪主要以种植耐践踏混播杂交草坪为主，如黑麦草 + 早熟禾 + 高羊茅混播草坪（图 4-44）；观赏草坪主要以观叶为主，如马蹄金、白三叶、红三叶、地毯草或是修建整齐的混播草坪（图 4-45）；护坡草坪以耐贫瘠，耐病虫害品种为主，如结缕草、野牛草等，也可采用白麦根、遍地黄金等混播形成富于观赏性的护坡草坪（图 4-46）。草坪一般容许坡度为 1% ~ 5%，适宜坡度为 2% ~ 3%。

3）植物组合空间效果

植物除了相互搭配可以产生不同的景观效果外，其本身的高度和密度都会影响空间的塑造。植物配置时应注意空间效果与植物高度之间的关系（表 4-2）

植物组合的空间效果　　表 4-2

植物分类	植物高度（cm）	空间效果
花卉、草坪	13 ~ 15	能覆盖地表，美化开敞空间，在地面上暗示空间
灌木、花卉	40 ~ 45	产生引导效果，界定空间范围
灌木、竹类、藤本类	90 ~ 100	产生屏蔽功能，改变暗示空间的边缘，界定交通流线
乔木、灌木、藤本类、竹类	135 ~ 140	分隔空间，形成连续完整的围合空间
乔木、藤本类	高于人水平视线	产生较强的视线引导作用，可形成较为私密的交往空间
乔木、藤本类	高大树冠	形成顶面的封闭空间，具有遮蔽功能，并改变天际线的轮廓

资料来源：建设部住宅产业促进中心 . 居住区环境景观设计导则（2006 版）[M]. 北京：中国建筑工业出版社，2006.

4.3　居住区绿化的类型

居住区绿化作为附属绿地主要分为：公共绿地、组团绿地、宅旁绿地、架空空间绿化、平台绿化、屋顶绿化、停车场绿化及局部小环境绿化等。居住区绿化在满足美化景观、为住区居民提供休闲娱乐场所等基本功能的前提下，应结合场地雨水排放进行设计，并宜采用雨水花园、下凹式绿地、景观水体、干塘、树池、植草沟等具备调蓄雨水功能的绿化方式（相关技术及方法详见本书 10.3）。

4.3.1　公共绿地

居住区公共绿地，其功能与城市公园不完全相同，它是城市绿地系统中最基本最活跃的部分，是城市绿化空间的延续，又是最接近于居民的生活环境。居住区公共绿地主要适合于居民的休息、交往、娱乐等，有利于居民身心的健康。

居住区公共绿地是居民的室外生活空间，也是衡量居住区环境的一个重要因素。公共绿地以植物材料为主，与地形、建筑小品等构成不同功能，变化丰富的公共或是半公共空间，为居民提供各种服务。居住区公共绿地按照 2018 年新出的《城市居住区规划设计标准》GB 50180—2018 又分为居住街坊、5 分钟生活圈绿化、10 分钟生活圈绿化和 15 分钟生活圈绿化四个层次。

（1）居住街坊尺度为 150 ～ 250m，相当于原来的居住组团规模，是居住的基本生活单元。按照 2018 新的设计标准，围合居住街坊的道路应为城市道路，开放支路系统，是“小街区、密路网”发展要求的具体体现。居住街坊的集中绿地是方便居民户外活动的空间，为保障安全，其边界距建筑和道路应保持一定距离，距建筑物墙脚不应小千 1.5m，距街坊内的道路路边不少于 1.0m。景观设计时需要结合开放式住区的特点，通过简洁的植物配置和地面铺装与城市道路衔接，同时在安全的区域安排休闲活动场地。

（2）5 分钟生活圈绿化，是居民最能够接近的绿地，主要供居住区内居民的日常使用。规划设计要特别关注老年人和儿童的休息和活动场地。面积一般不小于 1m²/人，布置方式较为灵活，可因街坊的大小、位置和形状的变化而变化，将环境空间布置成开敞式、半开敞式和封闭式的绿地，服务半径以 300m 左右为宜。如长沙某小区的绿化景观形成了开敞的水面空间，通过亭、廊、桥和临水平台的组合丰富了景观，形成了社区公共活动的中心和视觉焦点（图 4—50 ～图 4—55）；昆明市“湖畔之梦”住宅小区则以植物、小品和水景为主要景观要素，形成了满足各年龄层次人群的休息活动场地（图 4—47 ～图 4—52）。

图 4—47　昆明某小区生活街坊节点景观

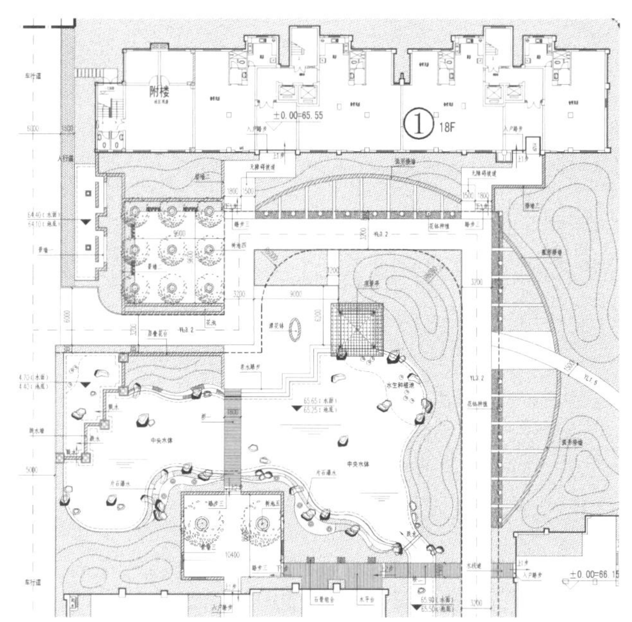

图 4–48　长沙某小区五分钟生活圈景观绿化内庭平面

图 4–49　长沙某小区五分钟生活圈景观节点实景效果（一）

图 4–50　长沙某小区五分钟生活圈景观节点实景效果（二）

图 4–51　昆明某小区五分钟生活圈景观节点实景效果（一）

图 4–52　昆明某小区五分钟生活圈景观节点实景效果（二）

（3）10 分钟生活圈绿化，主要供居民就近使用，内部可设简单的休憩和文体娱乐设施。绿地最好能和居住小区的公共中心结合，在突出小区形象的同时方便居民使用。10 分钟生活圈绿化面积不小于 1m^2/ 人，服务半径为 500m。

（4）15 分钟生活圈绿化（居住区级公共绿地）主要服务于居民区，等同于城市的小型公园。公园可结合居住区的商业文化和休育设施布置更为丰富多彩的活动空间，如小型展览、图书阅览、茶餐厅、咖啡店等。15 分钟生活圈绿化面积不小于 2m^2/ 人，服务半径为 800 ~ 1000m。各级生活圈居住区公共绿地（居住区各级中心公共绿地）设置规定详见表 4–3。

居住区绿地设置规定　　**表 4-3**

绿地名称	设置内容	设计要求	设施要求	最小规模（ha）	最小宽度（m）	（最大）服务半径（m）
居住街坊	儿童及老人活动场地、健身器械、散步道以及桌椅等休憩设施	充分考虑安全和便捷性	儿童、老年人为主	/	/	/
5 分钟生活圈绿化	树木草坪、桌椅、休息亭廊及娱乐活动设施、景观小品、体育活动场地等	可灵活布局，尽可能地增加地块的休憩功能	安全，满足不同年龄段人群的休憩和娱乐要求	0.4	30	300
10 分钟生活圈绿化	花木草坪、花坛水面、雕塑、小卖茶座、儿童活动设施、景观小品、体育活动场地等	布局简洁明快，特点鲜明，小中见大，充分发挥绿地的作用，同时考虑无障碍设计		1	50	500
15 分钟生活圈绿化	花木草坪、花坛水面、凉亭雕塑、广场及文化活动、停车场地、体育活动场地等	园内布局应有明确的功能划分，以人为本，体现人文景观，同时考虑无障碍设计	安全，满足不同年龄段人群的休憩和娱乐要求	5	80	800 ～ 1000

4.3.2　宅旁绿地

宅旁绿地是居住区中居民活动最频繁的室外空间，最贴近居民生活，因此设计时应突出其通达性、观赏性和实用性的特点。

宅旁绿地的设计要点：

（1）单元入口的设计应增强其可识别性，用不同的观花、观果植物，结合简单的置石小品等，营造出不同的入口氛围（图 4—53、图 4—54）。

（2）宅旁绿地除了设计方便居民行走及滞留的硬质铺装外，还应配置耐践踏的草坪，如混播草坪。住宅周围常因建筑物的相互遮挡而造成阴影区，因此宜种植一些耐阴植物，如罗汉松、珍珠梅、麦冬等，以保证植物的正常生长。

（3）宅旁绿化的种植应考虑建筑物的朝向，如在华北地区，建筑物南面不宜种植过密过大的植物，

图 4—53　不同栽植形式的宅旁绿地营造出不同的入口氛围（一）

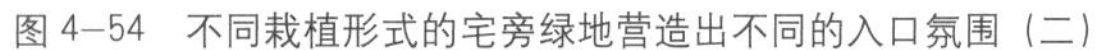

图 4–54　不同栽植形式的宅旁绿地营造出不同的入口氛围（二）

图 4–55　丰富的宅旁基角绿化可以软化建筑的生硬线条

近窗不宜种植高大乔木与灌木等。而在建筑物的西面，需要种植高达阔叶乔木，对夏季降低温度有明显的效果。

(4) 注意与建筑物之间的关系。墙基和角隅可采用低矮的植物软化建筑线条的生硬感，南天竺、八角金盘、杜鹃、小叶黄杨、棕竹等都是很好的选择（图 4–55）。同时还应注意植物与墙面之间的距离，不要形成藏污纳垢的垃圾死角。

(5) 注意墙基外的地下管线的避让。在绿化种植时要考虑地下管线的避让，以减少对管线的影响并方便管线的维护。

(6) 注重亲绿空间的营造。宅旁绿地是最贴近住宅的绿地空间，也是人们每天必经的场所，设计时应注意形成良好的亲绿空间，在营造自然景观氛围的同时可缓解现代住宅单元楼带来的封闭隔离感。

4.3.3　道路绿化

居住区道路绿化起着连接各类绿化的作用，并且对居住区内的雨水还有收集、排水、输送的功能，就像一个绿色的网络系统仟佰相连。

居住区道路绿化设计时应该注意以下几点：

(1) 为了营造温馨宜人的居住区氛围，植物配置应不同于城市街道。可将乔木、灌木、草地、花卉结合起来，种植形式可多样化，使景观环境丰富多彩。

(2) 可根据道路不同的断面选择不同的种植形式，一个街区或是一条路尽量选择一到两种行道树，以免过于混杂（图 4–56）。

(3) 注意适地适树原则，尽量选用地方树种以保证经济性及管养的便捷性。

(4) 行道树应按照规范满足与建、构筑物，地下管网等的距离。

图 4-56　单一乔木的道路绿化效果

图 4-57　植物种类多样，形式优美的幼儿活动场地绿化

4.3.4　专用绿地

专用绿地是指居住区内各类公共建筑及设施的绿化用地。常见的如会所、托儿所和幼儿园、商业服务中心等。各种公共建筑的专用绿地要符合不同的功能要求，且与整个居住区绿地综合考虑，使之成为一个有机的整体。

1）托儿所和幼儿园的绿化

托儿所和幼儿园的绿化要针对幼儿的特点来进行设计。在植物选择上宜多样化，多选择树形优美、少病害、颜色鲜艳、季相变化明显的植物，如红枫、椰子、海藻、红花檵木、金叶女贞、春羽等。另外还要考虑不能选择有刺、有毒的树木，如夹竹桃、构骨等树木。同时不宜种植占地面积过大的灌木，以防止儿童在活动中发生危险。在主要出入口可配置儿童喜爱的色彩、植物造型及易被识别的植物（图 4-57）。

2）　会所绿化

居住区会所周围应种植四季植物，尽可能做到三季有花，四季有景，乔木、灌木、地被植物合理搭配，如日本黑松、华盛顿葵、加纳利海藻、榕树桩、冬樱花、八月桂、广玉兰、红叶石楠、竹、银杏等，植物设计可以结合水面使整个景观在时间和空间有相应的变化，造成强烈的视觉冲击，使植物、水体和建筑共同组合而成为居住区的视觉中心（图 4-58）。

图 4-58　植物和水体共同形成具有视觉冲击力的外环境

图 4-59　架空层植物软化了建筑的硬线条

图 4-60　多种植物营造的自然空间氛围

图 4-61　平台绿化

4.3.5　架空空间绿化

对于夏热冬暖地区，住宅底层架空是常用的设计手法。优美的底层架空绿化景观有利于院落之间的通风和小气候的调节，在为居民提供更多的户外活动场地的同时，也使景观空间相互渗透并得到延伸。设计时应注意以下几点：

（1）底层架空空间存在许多墙体和柱子，且还有一些生活、市政管道。结合墙柱进行适当的垂直绿化，既能柔化墙柱的生硬线条，营造架空层内自然空间氛围，又能较好地掩盖钢筋混凝土的框架结构，将管道隐藏。在配置植物时，应考虑到管道的日常维修问题。如常春藤、美树油麻藤、爬墙虎等（图 4-59）。

（2）底层架空空间环境条件相对较差，植物配置上可选择耐阴、耐旱、生长慢、宜养护的花草灌木品种，局部不通风的地段可布置枯石山水景观。底层架空空间可栽植的植物有八角金盘、洒金珊瑚、麦冬、虎耳草、垂盆草、玉簪、大吴风草、贯众、肾蕨、蜘蛛兰等（图 4-60）。

（3）架空层作为户外活动的半公共空间，可结合功能配置一定的休闲活动设施形成泛会所。如休闲桌椅、健身器材、游戏空间等，以丰富各年龄层次居民的活动内容（具体详见本书 8.6 泛会所部分）。

4.3.6　平台绿化

平台绿化要结合实际情况及使用要求进行设计，平台下部空间可以作为停车库，辅助设备用房、商场或者活动健身场地等，平台上部空间则作为行人活动场所，应尽量做到安全美观。

设计时根据需求应满足以下几点：

（1）应遵循“人流居中，绿地靠边”的原则，即将人流限制在平台中部，以防止对平台首层居民的干扰，绿地靠窗及墙边设置，种植时应有一定数量的乔木和灌木，以减少活动人流对住户的视线干扰（图 4-61）。

（2）平台绿化应当根据平台结构的承载力及小气候等

条件进行植物种植设计，解决好排水及草木浇灌的问题，同时要考虑平台下部的采光问题，可在平台上设置采光井或采光口。

平台上绿化种植土厚度必须满足植物生长的需求（一般参考控制厚度见表 4–4），对于较为高大的树木，可在平台上另设树池进行栽植。

平台上绿化种植土厚度 **表 4-4**

种植植物	种植土最小厚度（cm）		
	南方地区	中部地区	北方地区
花卉草坪地	30	40	50
灌木	50	60	80
乔木，藤本植物	60	80	100
中高乔木	80	100	150

资料来源：建设部住宅产业促进中心 . 居住区环境景观设计导则（2006 版）[M]. 北京：中国建筑工业出版社，2006.

4.3.7 屋顶绿化

建筑屋顶自然环境与地面有所不同，随着建筑物高度变化，日照、温度、风力和空气成分等都有所不同（图 4–62）。 同时屋顶绿化可以净化和净化雨水，减少地表径流；在夏季起到遮荫、吸收太阳辐射的同时，还能为昆虫、鸟类等提供居所，丰富了城市生态系统生物的多样性。

图 4–62 屋顶平台绿化及休息空间

1）屋顶绿化的特点

（1）屋顶接受太阳辐射强，光照时间长，对植物生长有利。

（2）屋顶温差变化大，夏季白天温度比地面高 3 ～ 5℃，夜间又比地面低 2 ～ 3℃。冬季屋面温度比地面高，有利于植物生长。

（3）屋顶风力比地面大 1 ～ 2 级，对植物发育不利。

（4）相对湿度比地面低 10% ～ 20%，植物蒸腾作用强，更需保水。

2）屋顶绿化的功能

（1）降低热岛效应

屋顶绿化后，由于植物的遮阳效果，屋面的辐射热会大大降低，同时因为植物的蒸腾作用也将大大降低周围空气的温度。

（2）提高建筑的节能效果

屋顶植物在夏天由于减少辐射起到隔热的作用，而冬天植物及土壤的空气层则可减缓热传导以利节能，避免建筑的冬冷夏热。

（3）为居民提供舒适的生活环境

优美的屋顶绿化能够提供品质良好的休息环境，改善景观环境，提升居民的生活品质。

3）屋顶绿化的原则

（1）屋顶种植植被可有规则式、自然式和混合式。规则式屋面植物及步道均构图对称而严谨。自然式布局可设微地形，植物种植顺应自然，讲求疏密有致，空间开合自然。混合式则兼具人工与自然美。

（2）根据植被特点的不同，可将屋顶花园的种植植物分为禾草类、景天类、宿根花卉类、低矮小灌木类等，也可以是各种类型的结合，栽培基质还应具备渗水性好、轻质、富含有机质和矿物质等特点。

（3）屋顶绿化可分为坡屋顶绿化和平屋顶绿化，应根据具体气候及生态条件种植耐旱、耐移植、生命力强、抗风力强且外形较低矮的植物，如矮生紫薇、常夏石竹、南天竹、八角金盘等。坡屋面则可多选择贴伏状藤本和攀缘植物，如长春油麻藤、爬墙虎、凹叶景田等。

平屋顶以种植观赏性较强的花木为主，如玫瑰、月季、百里香，大花金鸡菊等，可配置小型水景，花架，景墙或亭廊等小品，形成成片种植式、周边式或庭院式绿化，以美化建筑屋顶，丰富第五立面（图 4—63）。

图 4—63　平屋顶式屋顶花园

（4）屋顶绿化可以采用人工浇灌，也可以采用小型喷灌系统和低压滴灌系统。屋顶多采用屋面找坡，用排水沟或排水管的方式解决排水问题，避免积水造成植物根系腐烂，导致植物死亡。

4）屋顶花园的做法

屋顶花园因其特定的位置环境，其做法较平地也有一定的特别之处。屋顶花园的基本构造与一般平地不同（图 4–64），需采取多种方法回填不同深度的种植土壤才能塑造如若平地的种植地貌地形（图 4–65），在屋顶花园营造时，必须考虑屋顶荷重、种植土厚及排水层厚及排水层的做法（图 4–66 ～图 4–68）。

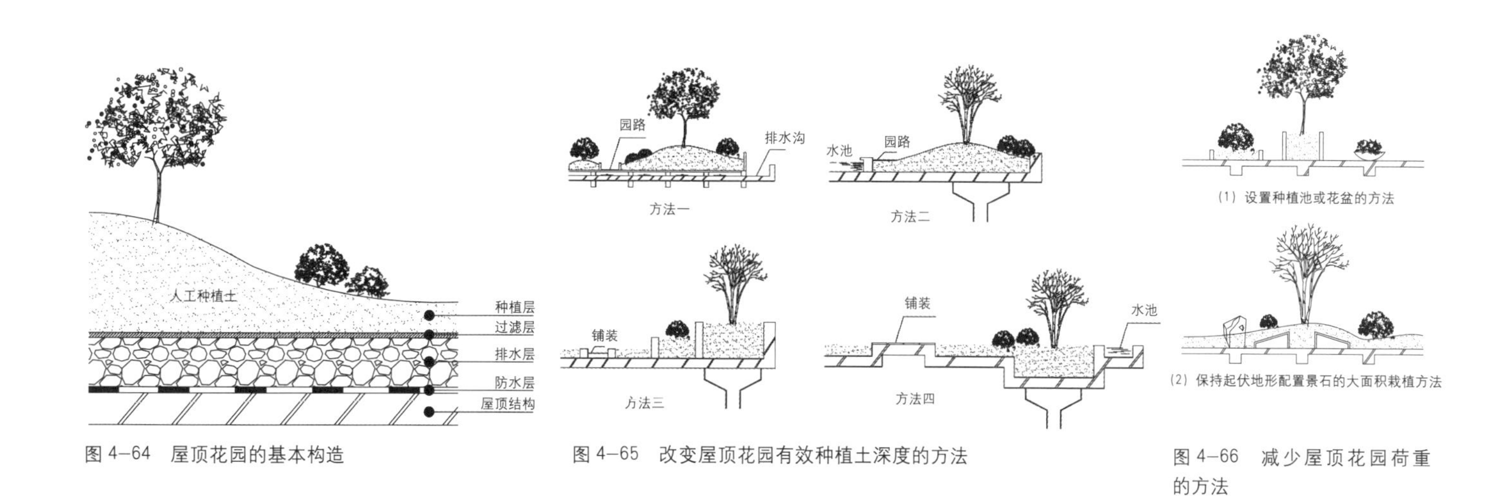

图 4–64　屋顶花园的基本构造

图 4–65　改变屋顶花园有效种植土深度的方法

图 4–66　减少屋顶花园荷重的方法

草本	A	C	C	C	C	C
小灌木	—	A	C	C	C	C
大灌木	—	A	B	C	C	C
浅根性乔木	—	—	A	B	C	C
深根性乔木	—	—	—	A	B	C
种植土厚	~15cm	30cm	45cm	60cm	90cm	150cm
排水层厚	—	10cm	15cm	20cm	30cm	30cm

注：— —— 植物栽植困难，不可能成活
A —— 增加水分及经常管理，植物有可能生存
B —— 台阶式种植，有利于植物生存
C —— 一般的管理，植物即能生存

1.5%~2.0%排水坡度

图 4–67　屋顶花园种植土厚及排水层厚

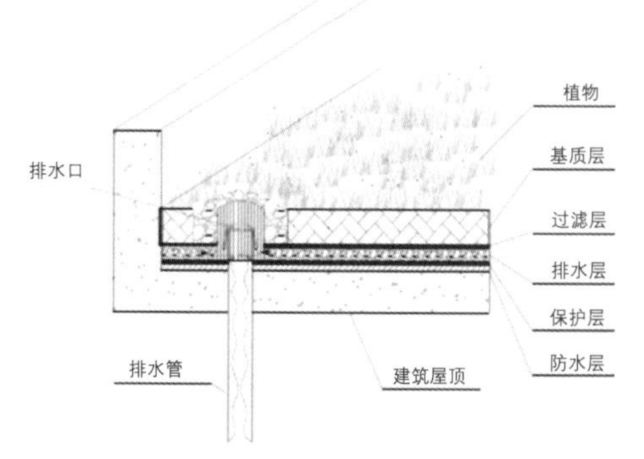

图 4–68　屋顶花园典型构造示意图

图 4–64 ～图 4–68 资料来源：建筑设计资料集 03（第二版）

图 4–69　生态型停车场可以滞尘防噪、保护车辆

4.3.8　停车场绿化

停车场的绿化景观可分为：周界绿化、车位间绿化和地面绿化及铺装。停车场绿化可以滞尘防噪，还可以保护车辆，避免日晒，起到节约能源的作用（图 4–69）。

停车场绿化种植原则：

（1）停车场的绿化应满足汽车和人流的疏散，提高其安全性能。

（2）停车场的绿化应兼顾周边公共设施的位置与功能，不能妨碍指示标牌等公共信息的阅读，同时要满足夜间照明的基本要求。停车场绿化景观效果和设计要点（表 4–5）。

停车场绿化景观效果和设计要点　　**表 4-5**

绿化部位	景观及功能效果	设计要点
周界绿化	形成分隔带，减少视线干扰和居民的随意穿越。遮挡车辆反光对居室内的影响。增加了车场的领域感，同时美化周边环境	较密集排列种植灌木和乔木，乔木树干要求挺直；车场周边也可以围合装饰性景墙，或种植攀缘植物进行垂直绿化
车位间绿化	多条带状绿化种植产生陈列式韵律感，改变车场内环境，并形成庇荫，避免阳光直射车辆	车位间绿化带由于受到车辆尾气排放的影响，不宜种植花卉。为满足车辆的垂直停放和种植保水要求，绿化带宽度一般宽为 1.5 ～ 2m 左右，乔木沿绿带排列，间距应当大于 2.5m，以保证车辆停放
地面绿化及铺装	地面铺装和植草砖铺设使场地色彩产生美化，减弱大面积硬质地面的生硬感	采用混凝土或是塑料植草砖铺地。种植耐碾压的草种，选择满足碾压要求且具有透水功能的实心砌块铺装材料

资料来源：建设部住宅产业促进中心．居住区环境景观设计导则（2006 版）[M]．北京：中国建筑工业出版社，2006.

4.3.9　局部小环境绿化

居住区建筑局部小环境的绿化作为居住区绿化的一部分，主要考虑以下场所的绿化：建筑入口绿化、建筑墙面绿化、建筑与地面交接处绿化和景观建筑小品与绿化。无论从生态还是美学的角度来看，这些小环境的植物绿化配置对提升居住整体环境起着重要的作用。

1）建筑入口绿化

建筑的出入口是居民最常使用的场所。其绿化景观应满足明确入口功能，增强入口的识别特征

图 4–70　整洁而大方建筑入口空间

图 4–71　具有较强的识别特征的建筑入口

图 4–72　清新宜人的小尺度入口空间

图 4–73　较大尺度建筑物前的绿化简洁大方，易于识别

以及通行质量的要求。在建筑的主要出入口，植物的选择应优先选取形体优美，气味芬芳，季相变化丰富同时利于形体塑造的植物。可考虑乔、灌、草本花卉的综合使用，同时考虑将观花，观果，秋色叶植物与四季常青的常绿植物合理配置，营造出四时可观之景（图 4–70 ～图 4–73）。

在建筑的次级出入口，宜营造亲切的通行环境，植物配置不宜过于复杂，应简单大方，便于识别。可考虑以观赏特性明显，如树形优美或季相变化明显的小乔木或灌木结合地被植物的配置方式营造次级出入口小环境。

2）建筑墙面绿化

建筑通过墙面绿化，可柔化建筑墙体硬冷线条和色调而与居住区的绿化环境融为一体。在植物的选择上以攀岩藤本植物为主，并考虑墙面的朝向，选取喜光或厌光植物。同时，应注意植物与不

图 4–74　密实度高的常春藤把围墙变成了一堵“绿墙”

图 4–75　藤蔓月季花让住宅围墙变得艳丽而富有情调

图 4–76　密实度高的春羽和黄姜花把墙基紧紧地包裹起来

同的墙面材质，纹理及色彩相匹配的适宜观赏性。建筑墙体需要浓密遮挡的，可通过种植爬山虎，常青藤等枝叶密集的植物而形成“绿墙”；铁栅围墙边可通过种植藤蔓月季花，炮仗花或忍冬形成墙内外若隐若现的空间延伸（图 4–74、图 4–75）。

3）建筑与地面交接处

建筑与地面的交接处是建筑材料与土壤最直接的区分地带，也是建筑排水的重要位置。通过植物的合理配置能有效实现人工材料和自然材料的过渡。植物配置应考虑建筑墙基的特性，如材料、纹理、色彩以及墙体周边的排水形式，满足工程方面的要求，墙基 3m 之内一般不种植深根乔木或灌木，主要以较浅根的灌木草本为主。根据墙基裸露的可视程度不同，绿化形式主要可分为三种，即完全遮掩式、半透式以及全透式。不同的绿化形式主要取决于建筑墙基与环境的可融合性程度。完全遮掩式绿化形式指的是建筑墙角周边密植植物将墙基遮掩，适合与大块绿地接壤同时墙基未进行美化修饰的建筑（图 4–76）。半透式绿化形式指的墙基周边适当种植植物，墙基部分可视，适合墙基周边绿地面积小且进行过修饰的建筑（图 4–77）。全透视绿化形式指的是墙基周边的绿化不将墙基遮挡，例如草坪绿化形式，适合地势起伏较大且墙基进行过很好美化装饰的建筑。

不同的建筑风格要求不同的墙基绿化形式。在植物配置时应不拘一格充分利用植物的不同观赏特性，营造层次丰富，色彩格调丰富而统一的植物景观，以达到美化建筑的最优状态（图 4–78、图 4–79）。

4）景观小品与绿化

景观建筑小品从功能上可大致分为装饰性小品和实用性小品两大类。装饰性景观建筑小品包括雕塑、雕刻、园林假山、置石等，实用性景观小品包括小桥、园椅、园桌、园灯、垃圾桶、指示牌等。

装饰性景观建筑小品本身已经具备外在的观赏特性。通过对其周边小环境的绿化，能更好地突出观赏面且烘托其表现主题。植物选择应考虑与小品的造型，材质及色调，起到衬托和突出装饰小品的作用，不能喧宾夺主（图 4–80、图 4–81）。实用性景观小品主要满足居民的使用需求，其周边植物配置可与景观小品结合起来，使景观小品若隐若现但又不影响人们使用。例如园灯应考虑光的通透照明，植物配置不能过于浓密。园桌、

图 4-77　墙基种植竹子和麦冬，墙基若隐若现

图 4-78　修剪整齐的灌木带，随意伸展的彩叶植物，塑造了建筑墙基丰富的绿化

图 4-79　墙基种植单色调，形体统一植物并结合白墙，颇具素雅的情调

图 4-80　石质小品与周边植物相得益彰

图 4-81　特色小品与植物共同烘托的景观空间

园椅等休息性小品周边的绿化，要考虑种植遮阴效果好，芳香且观赏性较高的植物，以增加人们休憩的舒适度。园椅背后应有植物高于椅背的植物或景墙做背景，以营造安静、安全的休息空间，园椅前面要有景可观（图 4-82、图 4-83）。若是独立的仅提供信息功能的简单指示牌要注意支撑结构的掩饰，可用略高的地被植物或是藤本植物加以遮掩。大一点的雕塑则应衬以孤植树或对植树，或是在雕塑旁设置较规整花坛以突出雕塑的主体地位。在置石旁可种植体型小巧的植物，如棕竹、龟背竹、南天竺等，配合置石共同营造清新宜人的小尺度空间。

5）林下空间

通过园林植物营造，如乔木的种植，灌木的造型以及藤本植物棚架种植等方式，供人庇荫纳凉，休憩或体验的林荫空间，统称为林下空间。林下空间按照主要植物类型的不同可分为乔木型林下空间、灌木型林下空间以及藤本棚架型林下空间。区别于纯粹的园林植物造景，林下空间更强调人的参与性与空间的可使用性。结合海绵社区理念，林下空间还可与下沉式绿地等相关低影响开发设施相结合，以达到缩减雨水径流、补给地下水资源以及净化雨水促进绿色植物生长等方面的作用。

图 4–82　植物与户外家具形成舒适的室外小空间

图 4–83　木椅和丰富的植物群落构成了幽静的休息场所

图 4–84　弯曲的垂丝海棠枝条形成温馨宜人的林下空间

图 4–85　由乔木—广场模式营造的林下休憩空间

图 4–86　由乔木—草坪模式构成的林下步道

在居住区有限的户外绿化环境中，不同类型林下空间的塑造可结合道路、广场以及适量的可入乔木草地进行。乔木型林下空间可采用“乔木—广场”以及“乔木—草地”模式营造。在多人群活动的开阔空间可利用乔木种植结合广场营造休憩及棋牌活动的林下空间，也可通过密植高大乔木如香樟、清香木、银杏等形成林下空间，或是将一些枝条柔软的落叶小乔木如垂丝海棠通过人工造型形成林下空间，同时配选耐践踏混播草坪，供居民进行活动（图 4–84 ～图 4–86）。灌木型林下空间也可通过将木质藤本状灌木如叶子花通过一定的人工造型形成林下空间，而藤本棚架型林下空间则可使藤本植物结合棚架进行设计，形成遮蔽性较强的林下行走空间，适合营造较为私密的景观空间（图 4–87、图 4–88）。林下空间是居住区内宝贵的绿色小环境，天然的氧吧能有效地调节人的心理和情绪，同时也可使居住区的景观层次更加丰富，空间更富诗情画意。

6）庭院绿化

庭院绿化常见跃层住宅或是别墅庭院，有着美化和改善住区小环境生态的重要作用。宜选择有耐修剪、生长快、易存活、抗烟尘、枝繁叶茂等特点的树种为主，并充分利用乡土植物以降低后期庭院维护成本。灵活运用落叶树与常绿树、乔木与灌木、观叶树与观花草等相结合的配置形式，形成层次丰富的庭院植物景观。并且，在植物配置时还应对环境、时间、色彩、植物种类等因素综合考虑，让小场地内的植物景观尽可能简洁，但可让庭院在四季皆有景可观。

植物在造景时要与庭院的整体形式以及建筑风格相统一，充分考虑所选植物的比例与尺度以符合场地的大小。庭院场地偏大时，可结合水体或者高差采用简洁开敞的设计方法，给人以明朗舒畅之感；庭院场地偏小时，设计中宜采用精雕细琢的方式，注重细节的处理（图 4–89、图 4–90）。

图 4–87　由灌木营造的林下休憩空间

图 4–89　乔灌草结合的庭院植物景观设计

图 4–88　金竹营造的林荫步道

图 4–90　注重细节处理的的庭院植物景观设计

图 4—91　弱化来往车辆对住区影响的过渡空间

图 4—92　小型林下场地的过渡空间

7）建筑与城市过度空间绿化

在开放式住区中，通过对建筑与城市过渡空间的绿化设计可以柔化住区的边界，让居住区能很好地融入城市之中。考虑到住区边界居民的生活，在植物的栽植时应选择具有无毒、无飞絮、防尘等特性的植物，并且在配置时还应充分考虑降噪等因素，以最大程度地弱化过往车辆给住区带来的影响。同时，植物配置还不可过度封闭，可考虑高大乔木、灌木及草本花卉地综合使用，在丰富植物景观层次的同时还可提高住区的通透性。为了增加居住区内外居民地交流与互动以及增进邻里之间的感情，可在过渡空间还可设置小型林下空间，为居民提供一个日常休闲娱乐的场所，这样的设计可使过渡空间界吸引更多的人流，达到促使不同人群交往的目的。在车辆出入边界地位置，植物配置还应与周边环境有所区别，设计具有标志性的植物景观，达到方便驾驶者识别的目的（图 4—91、图 4—92）。

4.3.10　水景植物配置

水景植物即栽植于水中或美化水景驳岸的植物，在居住区水景营造中起着不可或缺的重要作用。水景植物可以使水景显得生机盎然，充满活力，可以使水景保持自然生态平衡，还可以柔化水景边缘，将水景周围原本突兀的分界线遮饰得朦胧美妙，使整个水景景色自然动人（图 4—93）。

1）水景植物的类型

根据植物生长环境的不同可以将水生植物分为：有挺水植物、浮叶植物、沉水植物、岸边植物等。

（1）挺水植物：挺水型水生植物植株高大，花色艳丽，绝大多数有茎、叶之分；直立挺拔，下部或基部沉于水中，根或地茎扎入泥中生长发育，上部植株挺出水面。挺水型植物种类繁多，常见的有荷花、菖蒲、水葱、香蒲、芦苇等。

（2）浮水植物：浮叶型水生植物的根状茎发达，花大，色艳，无明显的地上茎或茎细弱不能直立，而它们的体内通常贮藏有大量的气体，使叶片或植株能漂浮于水面上。常见种类有睡莲、王莲、菱、荇菜等。

（3）漂浮植物：漂浮行水生植物种类较少，这类植物植株的根不生于泥中，株体漂浮于水面之上，随水流、风浪四处漂泊，多数以观叶为主，为池水提供装饰和绿荫。常见的有布袋莲、大萍、槐叶萍等。

图 4–93　某小区水景植物景观

由于其生长的迅速，易大面积覆盖水面，较少采用。

（4）沉水植物：沉水型水生植物根茎生于泥中，整个植株沉入水体之中，通气组织特别发达，利于在水中空气极度缺乏的环境中进行气体交换。叶多为狭长或丝状，植株的各部分均能吸收水中的养分，而在水下弱光的条件下也能正常生长发育。对水质有一定的要求，因为水质会影响其对弱光的利用。花小，花期短，以观叶为主。它们能够在白天制造氧气，有利于平衡水中的化学成分和促进鱼类的生长。沉水植物有：黑藻、金鱼藻、苦草、菹草、狐尾藻等。

（5）岸边植物：此类植物喜湿，生长在水边，根部所处的土壤含水量较高，植物体本身并没有浸泡在水中，各方面与陆生植物的特性差不多。适宜于岸边种植的植物有水松、落叶松、水杉、枫杨、垂柳等。

2）水景植物的配置要点

（1）水面植物的配置

水景中水面植物应使整个水景水面色彩、造型丰富，能够增加水景的情趣和层次感。常用的水景水面植物品种有荷花、睡莲、王莲、香菱等（图 4–94、图 4–95）。在进行水面植物配置时应该注意配置的水面植物不宜太过拥挤，且面积不宜超过水面的 1/3。同时为了防止其根部在水底的蔓延，可以在水底设置隔离带或是直接用盆栽植，再将其放入水中（具体做法见附图 4–1）。

图 4—94　水面上的荷花增加了水景的情趣和层次感

图 4—95　水中的睡莲，为平静的水面增添了几分活力与情趣

图 4—96　水边植物的植物配置（一）

图 4—97　水边植物的植物配置（二）

（2）水边植物的配置

水景水体边缘栽植适当的植物可以使水面与堤岸有一个自然的过渡。水景边缘植物的配置时应当注重与水边的山石相结合，形成自然和谐的景观形态。常用的水景边缘植物品种有菖蒲、芦苇、千屈草、风车草、水生鸢尾、水生美人蕉、肾蕨等（图 4—96、图 4—97）。

（3）驳岸植物配置

驳岸边缘的植物配置可以消除驳岸原来的生硬和枯燥，减少驳岸边缘的生硬感，不但使其变得柔和，还可使水景景色丰富多彩，富于变化。常用的岸边植物有水松、落叶松、水杉、蒲葵、枫杨、小叶榕、垂柳等乔木，以及多种竹类及草类，配置时应当注意植物层次的处理（图 4—98 ～图 4—102）。

图 4–98　驳岸植物配置（一）

图 4–99　驳岸植物配置（二）

图 4–100　驳岸植物配置（三）

图 4–101　驳岸植物配置（四）

图 4–102　驳岸植物配置（五）

图 4–103　金鱼藻

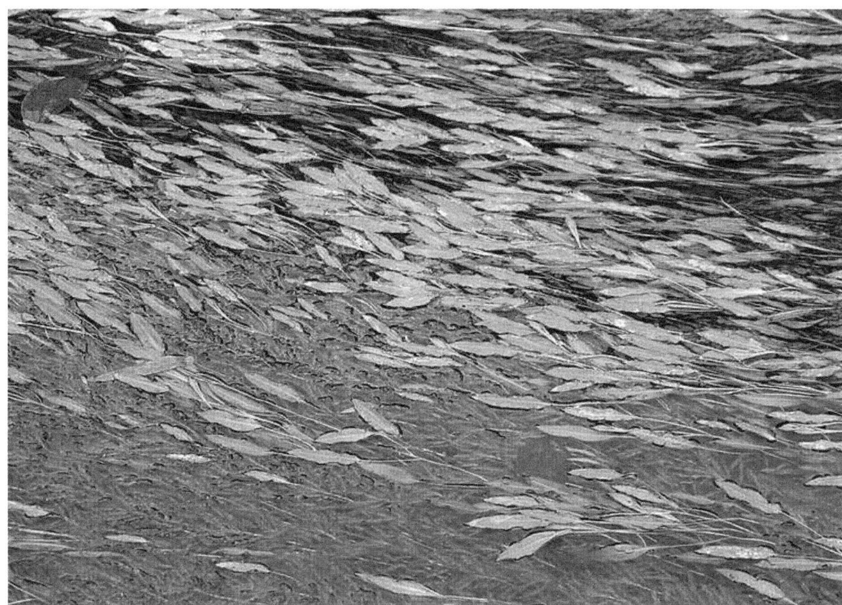

图 4–104　眼子菜

（4）池底的植物配置

在水景池底种植沉底植物，可以起到遮盖水景池底，净化水质，与其他水生植物一同营造水景生态小环境的效果。常用的水景池底植物多为藻类品种，如金鱼藻、水盾藻、狐尾藻、眼子菜、苦草等（图 4–103、图 4–104）。

第5章

功能性场所景观设计

户外活动是居民生活的重要组成部分，其活动往往因居民的不同年龄特征而有所不同，如儿童游戏、健身运动（青少年及成人体育活动）、老年人的保健锻炼等，设计时应充分考虑不同人群的生理及心理特点。各类场地的布局应结合住宅小区的规划及外部景观环境进行统一安排和组织。常见的功能性场所景观有健身运动场地、儿童游乐场地、老年人活动场地和住区休闲广场。

5.1 健身运动场

随着生活节奏的加快和社会压力的增大，人们在日常生活中极易感到身心疲惫。健身运动所是现代人缓解紧张压力、放松心情的良好途径，也代表的是一种积极健康的生活方式。

5.1.1 健身运动场的功能

居住区健身运动的功能主要有以下两点：

(1) 放松功能　健身运动首先要使紧张的身心得到放松，这种放松不仅是指生理上、体力上的恢复，还包括精神疲劳的恢复，由身体上的放松进而促进心灵上的放松。

(2) 消遣功能　游戏和消遣作为体育健身的另一个方面，可以打破日常较为单调呆板的生活节奏，使人身心舒畅，舒缓和摆脱工作压力带来的亚健康状态。

5.1.2 健身运动场的设计要点

根据活动的需要和用地条件，居住区健身运动场的布局一般可分为大型、中型及小型多功能运动场地布置（表 5–1）。常见的健身运动场有户外乒乓球场、羽毛球场、网球场、排球场、篮球场、小型足球场、门球场等（表 5–2、图 5–1）。

居住区健身场地的面积与设施　　**表 5-1**

配套健身设施	服务对象	场地面积 m^2	服务内容	设施要求
体育场（馆）或全民健身中心	15 分钟生活圈居住区	1200 ～ 15000	具备多种健身设施的综合体育馆或健身中心，大型多功能运动场地	1）建筑面积为 2000 ～ 5000m^2 2）服务半径≤1000m 3）体育场应设置 60m ～ 100m 直跑道和环形跑道 4）全民健身中心应具备大空间球类活动、乒乓球、体能训练和体质检测等用房

续表

配套健身设施	服务对象	场地面积 m²	服务内容	设施要求
独立占地的大型多功能运动场地	15 分钟生活圈居住区	3150 ～ 5620		1）宜结合公共绿地等公共活动空间统筹布局 2）服务半径≤1000m 3）宜集中设置篮球、排球、7 人足球场地
独立占地的中型多功能运动场地	10 分钟生活圈居住区	1310 ～ 2460	多功能运动场地或同等规模的球类场地	1）宜结合公共绿地等公共活动空间统筹布局 2）服务半径≤500m 3）宜集中设置篮球、排球、5 人足球场地
小型多功能运动（球类）场地，室外综合健身场地（含老年户外活动场地）	5 分钟生活圈居住区	800 ～ 1310	小型多功能运动或常见球类运动，老年人的户外活动	1）服务半径≤300m 2）宜配置半场篮球场 1 个、门球场地 1 个、乒乓球场地 2 个 3）门球活动场地应提供休憩服务和安全防护措施
单独设置的儿童、老年人活动场地，室外健身器材	居住街坊	170 ～ 450	儿童及老年人的日常活动	室外健身器材

（资料来源：中华人民共和国住房城乡建设部，国家市场监督管理总局 . GB50180—2018. 城市居住区规划设计标准 [S]. 北京：中国建筑工业出版社，2018.）

户外运动场地尺寸　表 5-2

场地	长（m）	宽（m）
足球场	105	68
篮球场	28	15
网球场	23.77	10.97
排球场	18	9
羽毛球	13.4	6.1
乒乓球	14	7
门球场	27.4	22.4

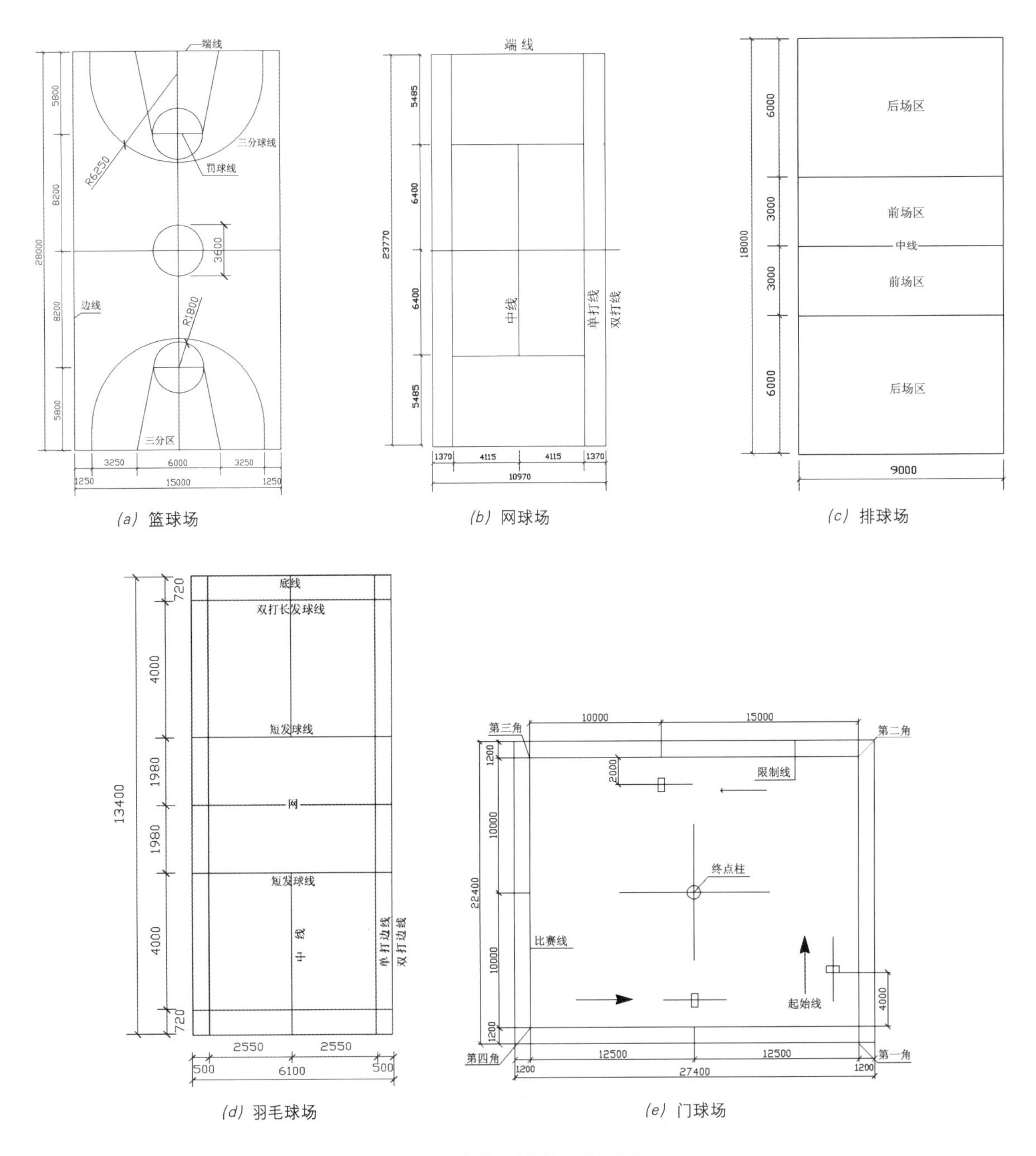

图 5–1　户外运动场地尺寸示意图

(1) 场地应选择交通较为便利的位置，健身运动场应尽量分散在住区不同的区域，场地中不允许有机动车和非机动车穿越运动场地，以保证活动人群的安全。

(2) 应与居民楼保持一定的距离，居住区级的健身运动场地在满足服务半径的同时还应尽量建在居住区的边缘，以免居民活动产生的嘈杂声对附近居民造成影响。

图 5–2　舒适的运动场休息区

图 5–3　绿化良好的运动场防护栏

(3) 场地的地面应选择较平坦开阔，避免地形高差变化较大，视线比较开阔的场地。地势较为平坦的场地，可以有效地防止和降低在运动中发生的危险。

(4) 场地应尽量满足日照条件好、空气流通的要求。充足的阳光、空气的流通可以促进人体的血液循环，加速新陈代谢，调节人体的免疫功能等作用，能更有效地起到健身强体的作用。

(5) 场地的铺装应尽量选择平整、防滑的运动铺装材料，同时也应满足易清洗、耐磨的要求。如橡胶地板，聚氨酯塑胶等，具有弹性好、强度高、耐磨防滑、色彩鲜艳等特点，能抗紫外线，耐酸、碱、盐，是比较好的运动铺装材料。

(6) 场地周围要考虑一定的休息区，并应满足人流集散的要求。休息区要考虑遮阴和休息的座椅，同时在不干扰居民休息的同时应保证夜间适宜的灯光照度（图 5–2）。

(7) 植物搭配应注意常绿树与落叶树的搭配，以保持运动空间的绿化效果。另外，乔木、灌木、草坪和花卉合理搭配，一方面有遮阴及美化空间景观的作用，另一方面有良好的隔音效果。

(8) 在植物的选择上，避免选用有刺激性，有异味或易引起过敏性反应的植物，如漆树；有毒植物，如黄蝉和夹竹桃；有刺植物，如枸骨、刺槐、蔷薇等；飞絮过多的植物，如杨树、梧桐等。

(9) 服务设施：小块健身运动场要考虑休息空间及设施的设置，如座椅、果皮箱和饮水器等。

(10) 安全设施：在足球场、篮球场、网球场、排球场的外围应设置安全围栏，起到安全防护的作用（图 5–3）。

5.2 居住区慢行系统

在生活节奏不断加快的今天，人们对舒适惬意的居住环境中融入健康慢生活的愿望越来越强烈，住区中设置慢行系统不仅可以改善小区的整体环境，还可以为居民提供一种健康的生活方式。

5.2.1 居住区慢行系统的功能

慢行系统的功能主要有以下几点：

（1）交通功能：居民在进行小区日常活动时，慢行系统往往是使用频率最高的地方，其最基本的功能就是满足通行的可达性。在慢行系统空间节点的设计上要选择适宜的铺装尺寸、植物配置等对通行进行引导，充分考虑行人的交通与集散功能（图 5–4）。

（2）生态功能：结合海绵社区理念，居住区慢行系统景观中常设置植草沟、下沉式绿地、雨水花园等技术方法，来应对如水污染、热岛效应等生态问题。居住区慢行系统中丰富的植物群落以及相应的技术方法对于提高居民的生活质量以及改善住区内的生态环境有着重要的影响。

（3）健身功能：随着我国人口老龄化的步伐不断加快，人们对室外健身场地的需求日益加大，住区的慢行系统可以为居民提供一个安全、健康的室外活动空间，以满足如步行、慢跑等不同活动的需要。

（4）社交功能：居住区慢行系统的开放性和便捷性为居民提供了一个轻松舒适的交流环境，居民在此进行日常活动的同时也增进了邻里间的交往，建立人与人之间的亲切感（图 5–5）。

图 5–4　铺装中铺砌和形式的变化给行人方向性

图 5–5　慢行系统形成的舒适社交空间

5.2.2　居住区慢行系统的设计原则

1）系统性原则

居住区慢行系统是城市慢行系统的一部分，在设计时要从城市全局出发，紧密联系城市公共交通系统，将住区慢行系统纳入到整个城市的外部公共空间网络；同时还要结合住区内的整体风貌，将住宅组群的布局、绿化景观等设计贯穿整个小区，保证居住区内部的系统性。

2）以人为本原则

为了保证居住区慢行系统构建的合理性，设计时应充分考虑居民的生理、心理和行为特征，尤其要关注老年人、残疾人、儿童等弱势群体的需求。在绿化设计上，避免使用带刺及根茎裸露的植物，以免造成老人儿童在行走的障碍。场地设计时，还要注意无障碍设施的设计，给行走不便的老年人提供便利。

3）生态性原则

在住区慢行系统构建中，应该始终坚持尊重生态的原则，把人工环境与自然环境有机结合起来，让居民可以更好地亲近自然。在植物选择上充分利用乡土树种，保留场地原有树种。选用生态材料与再生能源，通过资源循环利用和节能等技术手段实现景观的可持续发展，同时也便于场地的管理与更新。

4）高利用率原则

居住区空间大小有限，能够用于景观环境设计的空间更少，设计时要充分遵循高利用率原则以满足居民的各种需求。避免过大尺度的广场、大草坪等利用率低的景观，重视生态功能的构建，利用相对较少的资源投入，从根本上为居民提供优质的景观环境。

5）特色化原则

居住区慢行系统在设计时应该注重城市文脉的延续，发掘和利用当地历史文化与地域特色，避免千篇一律的景观。同时还应遵循场地现状和区位的自然环境特征，充分提高人们对慢行环境的认知与空间归属感，进一步满足人们精神文化生活的需求，创造出符合城市慢行系统大环境下的住区慢行特色空间。

5.2.3　居住区慢行系统的设计要点

（1）居住区慢行系统应对居民经常前往且活动最频繁的区域进行最大程度的覆盖，如住区中的休息活动区域等位置。

（2）在设计时要注重对场地原有地貌的利用，减少对场地现状地形的影响，以便表现居住区所在城市区域原有环境风貌特征（图 5–6）。

（3）场地中若存在河道水系时，可采用自然坡地的绿化驳岸形式以保护水道的自然景观特色和景观多样性；同时可在其周边设置栈道、木平台等使之成为住区居民休憩的主要场所（图 5–7）。

图 5-6　慢行系统与周围景观环境的融合

图 5-7　慢行系统与滨水木栈道的结合

图 5-8　材料适宜的慢行铺装

图 5-9　慢行系统与座椅及周围环境的协调

图 5-10　照明设施增加夜间行人的安全性

(4) 为了保证慢行系统中交通的安全性，设计时应尽量免除机动车对居民的干扰；若无法避免时可将道路设计为曲线型，并运用绿化、公共设施、室外家具小品等经行隔离设计，在有效减少过境交通降低车速的同时，也丰富了道路空间的层次和景观。

(5) 居住区慢行系统在设计时应对无障碍设施进行系统化考虑，以满足如婴儿车、轮椅等不同的需求。

(6) 慢行系统的铺装材料不宜过于光滑，减少使用平滑的大理石、鹅卵石等材料作铺地，避免在恶劣天气下给行人带来滑倒等潜在的安全性隐患（图 5-8）。

(7) 在居住区慢行系统内还应配置适宜的景观小品如座椅、宣传栏等，在设计时要与周边环境相协调，使之成为一个统一的整体，给慢行者舒适丰富的体验（图 5-9）。

(8) 路边还要考虑一定量的路灯提供晚上照明，保障夜间行人的安全性与舒适度（图 5-10）。

5.3 儿童空间

儿童空间是居住区规划的重要组成部分，设计时要从居住区儿童户外游憩空间的相关规范规定、儿童行为心理与户外游憩空间的互动关系、游憩空间的特点和类型以及与周围环境的协调来综合考虑。儿童在进行居住区的户外活动时，他们行为表现是多方面的，儿童在潜意识里会对自己玩乐的空间环境有一定的要求和需求。从 2018 年 12 月 1 日开始实施的城市居住区规划设计标准来看，其中 4.0.7 是强制性条文，规定应设置儿童的活动场地等，由此可见设置居住区儿童活动空间的必要性和紧迫性。

儿童游戏场地一般针对 12 岁以下的儿童设置，是集强身、益智和趣味为一体的活动场地。据调查，居住区的儿童约占居住区人口的 30% 左右，且户外的活动率较高。不同年龄的儿童爱好不尽相同（表 5-3）。

表 5-3

年龄段	心理行为特征	布点	器械和设施
0 ~ 3 岁	1 岁时会站立，2 岁时能掌握行走技巧，喜欢玩沙、水等，3 岁时走路勇敢、稳当，喜欢爬、攀、滑、推等活动	一般在住宅庭院内在前屋后，在住户能看到的位置，结合庭院绿化统一考虑，无穿越交通	沙坑、水池、铺砌地、座椅等
3 ~ 6 岁	3 ~ 4 岁时能够直立行走和操作物体，5 ~ 6 岁时的儿童能有把握地进行跳、跑、攀登等活动，可以学习、实践复杂的技能	住宅组团的中心地区，多布置在组团绿地内	设多种游戏器械和设施，如沙坑、秋千、滑梯、植物迷宫、攀登架等
7 ~ 12 岁	能进行较长时间的行走和较大的体力活动，运动技巧的自控能力和平衡能力增强	住宅组团之间，多数布置在居住小区的集中绿地内，以不跨越城市主干道为原则	设小型体育场地和富有挑战性的游戏设施，如足球场，篮球场、攀岩场地、障碍性游戏等
13 岁以上	儿童期向青春期过渡的时期，抽象的逻辑思维也开始起作用。除积极参与各项体育活动外，也转向文化、娱乐性活动，并以学习为主导活动发展脑力思维	一般布置在居住区级的集中绿地内，以不跨越城市主干道为原则	滑板场地、自行车运动场地、表演场地，也可设置一些冒险性器械，如吊环、平衡木等

5.3.1 儿童空间的分类

1）按步行距离及位置分

《城市居住区规划设计标准》GB 50180—2018 中明确了生活圈的定义，按照生活圈居住区这一概念，可以对应将儿童活动空间分为宅旁及街坊儿童游戏场、5分钟儿童活动空间、10分钟儿童活动空间和15分钟儿童活动空间。

（1）宅旁及街坊儿童游戏场

规模较小，一般面积在150～450m² 左右为宜。服务半径50～250m左右。可设沙坑或小型水池，铺设部分地面，安放适当的座椅。此类场地6岁前儿童较多使用（图5-11）

（2）5分钟儿童活动空间

布置在居住区组团的庭院或组团之间的空地上，面积相对较大，约为1000～1500m² 左右，服务半径为150m。可安置简单的游戏设施，如滑梯、秋千、跷跷板、攀登架等。也可设游戏墙、绘画用的地面或墙面等。此类游戏场距住宅200m左右为宜，可满足6～9岁的儿童使用（图5-12）。

（3）10分钟儿童活动空间

常与小区绿地结合布置，面积一般为5000m² 左右，可分设一至二处。可设置小型体育场，安装单双杠，吊环等体育器械；安排较大的游戏场地，修建儿童活动中心和富有挑战性和冒险性的游乐设施。一般满足9岁以上的儿童使用（图5-13）。

（4）15分钟儿童活动空间

常常集中布置成规模较大的场所，可供居住区的所有儿童使用，一般结合中心绿地一起建设，也可与少年宫、文化活动中心等建筑结合在一起。为了满足儿童游憩空间的功能要求，在儿童游憩空间设计中，应将不同年龄的儿童按照特点进行分区规划设计。一般分为婴幼儿活动区（1～3岁）、学龄前儿童活动区（4～6岁）、学龄儿童活动区（7～12岁）三个活动区。设计时应尽量考虑在各区域之间形成一个过渡区域，营造全龄化的儿童活动场地，以方便年幼的儿童观察和模仿年长儿童的活动与行为（图5-14）。

2）按功能特点分

按照在住区的功能和特点，儿童空间可以分为活动场地、休息场地和其他场地（种植区、养殖区）等。

图5-11　宅旁及街坊幼儿游戏场

图5-12　设施相对简单的儿童活动场地

图 5–13　富有冒险行为的儿童游戏场

图 5–14　全龄化儿童活动场地

图 5–15　涵洞、 攀爬架等设施

图 5–16　综合性体验的活动场地

图 5–17　活动场地旁的休息空间（一）

图 5–18　活动场地旁的休息空间（二）

（1）活动场地：居住区的活动场地以安放固定活动器械为主，如秋千、滑梯、沙坑、攀登架、迷宫、跷跷板、戏水池等，也可配置一些活动游戏器械如脚踏车、玩具电动车等（图 5–15、图 5–16）。

（2）休息场地：儿童活动场地旁需有供人坐卧的休息场地，方便儿童、成人、老年人和特殊人群使用（图 5–17、图 5–18）。

图 5-19　3 ~ 5 岁适用镶嵌式

图 5-20　4 ~ 5 岁适用箱式花园

图 5-21　儿童小菜园

（3）其他场地（种植区、养殖区）等：居住区在条件允许的情况下，可设置一些种植和养殖区域，便于儿童观察认知植物和动物的习性。

种植区对于居住区景观来说是比较容易实现的，可针对不同年龄的儿童进行设计：3 ~ 5 岁的儿童可以设计镶嵌式的种植区域（图 5-19），箱式种植则可以适用于 4 ~ 5 岁的儿童（图 5-20），针对 5 岁以上的儿童使用者，可以考虑使用立体式的种植方式。既适合这个年龄段儿童的身高，又可培养动手能力，优化空间的配置（图 5-21），另外，划定一块区域种植观赏果树、蔬菜等，让儿童体验采摘的快乐，品尝自己的劳动成果，可提高儿童的活动量和味觉感知（图 5-22）。

5.3.2　儿童空间的设计原则

1）安全性原则

舒适度和安全性在儿童空间的设计中非常重要，游戏设施一定要保证结构稳定，棱角光滑，地面铺装在高差变化时要有可识别度，材质柔软。

2）体验性原则

在儿童成长过程中，外部环境的影响起着重要作用，设计时应根据儿童的认知特点和规律，通过创造实际的或重复的情境和机会，使儿童在亲历过程中理解并建构知识、发展能力、产生情感。通过五感体验及互动性的景观设计，来加深儿童的印象与回忆，促进儿童心智及行为的发展（图 5—23 ～图 5—25）。

图 5—22　5 岁以上适用立体式小花园

3）趣味性原则

通过色彩，材质和形状等构建儿童户外景观的童趣性，增加儿童对形象造型、色彩及环境氛围的感知。鲜艳、明快的色彩能很大程度地吸引儿童注意力，户外家具与设施的造型可以采用儿童喜爱的动、植物或卡通人物（图 5—26、图 5—27）。

图 5—23　可玩耍可学习的发声设施

图 5—24　互动式景观小品

图 5—25　儿童攀爬网

图 5–26　植物卡通形象景观小品

图 5–27　具有神秘感的童话空间

5–28　参与性设施　（一）

5–29　参与性设施（二）

图 5–30　铺装与儿童游戏

4）参与性原则

参与性活动可增强孩子对于自然和白身的认知，很多户外游戏可结合物理现象和参与性改变将教育功能融入其中，地面铺装也是参与性景观的一种形式，可通过直接的文字或是间接的引导让参与式行为发生（图 5–28 ～图 5–31）。

5.3.3　儿童空间的设计要点

（1）场地应是开敞式的，拥有充足的阳光和日照，并能避开强风的侵袭（图 5–32）。

（2）保证与主要交通道路有一定距离，场地内不允许机动车辆穿行，以免对儿童造成危险，同时可减少噪声、尾气对孩子健康的影响。

（3）场地应与居民楼保持 10m 及以上的距离，以免噪声影响住户。

（4）尽量与其他活动场地如老年活动场地接近，以便成人看护，同时也使儿童具有安全感。

（5）部分儿童游憩空间可局部围合，以保证不良天气状况下仍可正常活动（图 4–33）。

（6）出入口的设计应简单明了，并具吸引力。可以设置儿童喜爱的元素，如当作平衡木的矮墙或者儿童喜爱的卡通雕塑等。

（7）地形要求平坦、不积水。地形过于平坦时，局部可挖土造坡，形成柔和起伏的缓坡地，以丰富景观空间。

（8）场地内道路的设计应自然流畅，线形可活泼自由、富于变化。不同活动空间之间的衔接不能太生硬，可以利用低矮植物作为声音及部分视觉的屏蔽，也可用带有座位的矮墙或是埋在沙中的轮胎来分隔空间。

（9）地面铺装以体现童趣的色块铺地为主，鲜明的色彩和各式图案能为儿童提供视觉刺激，吸引儿童的注意，并渲染儿童活动区域活泼、明快的气氛。铺地可采用软塑胶，彩色瓷砖等。

（10）不应种植遮挡视线的树木，保持良好的视觉通达性，以便于成人的监护（图 5–34）。游戏场中要充分考虑大人与儿童共同活动的场地和设施，营造亲子空间。

（11）在植物的选择上可选择叶、花、果形状奇特且色彩鲜艳的树木，以满足儿童的好

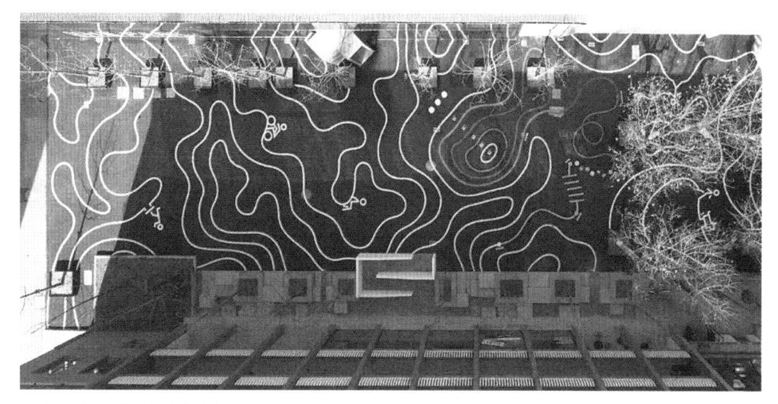

图 5–31　铺装引导活动

图 5–32　阳光充足的儿童游戏场

图 5–33　丰富多变的半开敞儿童游憩空间

图 5—34　视野开阔的游乐场

图 5—35　与环境协调的自然材质

奇心，便于儿童记忆和辨认。但应忌用有刺激性的植物、有异味或易引起过敏性反应的植物，如漆树；有毒植物，如黄蝉和夹竹桃；有刺的植物，如枸骨、刺槐、蔷薇等。

（12）活动场地及周围环境如道路、铺地、水体、山石小品等应是安全而舒适的。游戏项目应适合儿童的年龄特征，危险性的活动应提醒大人陪同和保护。

（13）游戏器械的选择要兼顾实用和美观，可采用有色彩的设施吸引儿童，也可采用较为朴素的自然材质与周围环境景观的协调。游戏械的大小及尺度应适宜，应避免儿童的跌落或被器械划伤，根据情况可设警示牌或保护栏等。

（14）可在场地周围设置休息区供成人休息等候，同时满足儿童的生理需要。如座椅、公厕、洗手处、饮水器、果皮箱等。

（15）可通过光线、声音、触觉、味觉、视觉来进行儿童的功能性认知，户外景观小品的设计也利用光和声音等的传播增加孩子们的互动。

（16）尽可能地优化将空间，设计通畅的交通路线，吸引更多的儿童进入玩耍，促使多年龄段儿童的共同活动。

5.4　适老空间

我国是老年人数量最多，老龄化速度最快的国家。虽然近年来，人们对老年人的关注越来越多，在居住区建设的过程中越来越重视老年人相关活动设施的建设。但就目前我国老年人口数量以及老年人对活动场所的需求日益增加的实际情况来看，二者还是不相称。

由于缺乏对当今社会老年人居住、休憩行为及心理的认知和研究，许多城市居住区在活动场所布局以及景观空间的组织上缺乏对老年人应有的关爱，从而给老年人的户外活动造成不便甚至不安全因素。因此，景观设计时，应具把“凡有益于老年人者，必全民受益”作为居住区规划的原则之一，为老年人创造出舒适健康的居住环境。

5.4.1　老年人的心理及生理需要

随着年龄的增长老年人在生理、心理、社会交往等方面都会发生一定的变化，老年人的这些变化和特殊需求主要反映在老生理和心理两个方面。

1）生理需要

（1）安全需求：老年人由于生理机能的衰退，会发生一些行动、视觉或听觉上的障碍，记忆和认知方面的能力也会随着年龄的增长而逐渐减退，为确保老年人的安全，以免发生危险，需要特别关注居住区景观设计中的安全问题。

（2）便捷性：老年人的生活较为质朴简单，日常生活所需的一般只是一些基本的服务设施，因此，公共服务设施的便捷性对老年人来说非常重要。

（3）健康需要：老年人需要经常到户外呼吸新鲜空气、晒太阳、活动身体等，而且这些活动大多需要一个专用的场所。设计师在居住区规划和景观设计时应该重视老年人的专用活动场地。

2）心理需要

（1）对归属感、稳定感的需求：老年人希望能长期居住在一个他们熟悉的地理和社会环境中，他们所祈求的是一种归属感和稳定感。

（2）交往的需要：老年人希望能与人交谈或是结交朋友，适当的社会接触与交流对保持老年人心理的健康是非常重要的。

（3）对家人团聚的需要：家庭和儿女的照顾是社会服务难以代替的，对于老人的心理平衡十分重要，能够消除老人的孤独感，使老人感受到亲情的温暖。

（4）受人尊重的需要：老年人不希望被认作社会的累赘和家庭的包袱，他们需要独立自主，渴望自食其力，希望得到社会的关注和尊重。

（5）自我实现的需要：老年人希望能够在有生之年继续实现自身价值，获得社会的认同。他们会继续获取社会信息，了解周围变化、市场行情等，有些老年人会进一步接受教育，充实头脑，丰富人生。

5.4.2　适老空间的类型

健康的老年人喜爱各种群体活动，而行动不便的则更喜欢观察他人活动。因此居住区老空间可以分为公共活动性和静态休闲性空间，以满足不同人群的心理及生理需求。

1）公共活动型空间

老年人由于身体等各方面的原因，活动的区域逐渐变小，所以公共交往活动显得尤其重要，营造适合老年人的活动空间有利于他们的身心健康和社区的和谐发展。

根据老年人的心理和生理特点，居住区中适老型的公共性空间一般分为下面几种类型：

（1）中心公共活动区：一般和公共绿地一起建设，可满足老年人慢跑、散步、遛鸟、健身拳操等活动。

图 5–36 老人门球运动

图 5–37 老人晨练运动

图 5–38 老年人交谈及休闲空间

图 5–39 半室内活动区

（2）小群体活动区：这类场地宜安排在地势平坦的地方，可容纳武术、太极拳、舞剑、健身操、羽毛球等动态健身活动（图 5–36、图 5–37）。

2）静态休闲型空间

适老空间的静态休闲空间主要分为两种，私密性活动区及室内或半室内活动区。

（1）私密性活动区：此类活动空间位于安静的有视线遮挡的地方，适合老年人读书看报或是朋友之间的交谈（图 5–38）。

（2）室内或半室内活动区：可遮风避雨的空间，并满足老年人下棋、打牌、喝茶等静态活动（图 5–39）。

5.4.3 适老空间的设计原则

在老年活动场的设计中应该充分结合到老年人的心理特点、行为特点，考虑设计的经济性与合理性等多方面的要求，使老年人户外环境真正做到可持续地健康发展。此类场地的设计要满足老年人因生理、心理的变化而产生的对空间环境的特殊要求和偏好，为此需要对空间环境作特殊的组织和处理，通常应遵循以下原则：

1）安全无障碍性

老年人一系列生理衰退的变化，给景观设计提出了新的要求，如建立明确的视觉标识、放大字体、增强色彩对比度、运用熟悉的符号、提供能面对面交谈的家具设施，景观设计中坡道及扶手的考虑等，通过这些特殊的处理使景观更人性化，以弥补老年人感知功能减退问题，使老年人的行动尽可能无障碍。

2）可识别性原则

标志物的设置是另一种加强景观环境可识别性的辅助手段。标志物有多种处理手法，如以适当的高度起到导向作用，或运用对比的手法，将不同于周围环境的形象突显出来，引人注目。还可以运用符号学的原理，以独特的标志作为母题而重复使用，加深老年人的印象。

3）关联性和视觉可达性原则

室内外空间之间和不同的室外空间之间应保持一定的关联性，这些空间应具有相互联系和视觉通透性，既保持相对独立，使老人有较强的安全感，又保持空间的关联和视线的通透，吸引更多老年人的参与，促进老年人之间的交往。

4）可控制性原则

老年人比较喜欢有边界限定和细部处理的空间，因为边界和细部有助于空间的使用和控制。能是老年人具有安全感，增强老年人的独立能力和自信心。

5）社会性原则

老年人较易产生孤独感，设计时应尽量营造适合老年人交往空间。同时，可设置一些看得到其他人活动的休息座椅，满足其社会交往心理的需要。

5.4.4　适老空间的设计要点

（1）老年人大多喜欢安静、私密的休憩空间。场地一般选择给人以安全感的地方，如 L 形建筑两翼围合的空间私密性较强，具有安全感，是老年人喜欢逗留的场所。老年活动场地应尽可能保证场地平坦，避免出现坡道和踏步。相对平坦的场地可促进步行，有益于老年人的健康。

（2）　场地应选择交通便捷，但周围不应被小区主要交通道路围合，并且在场地内不允许有机动车和非机动车穿越运动场地，以保证老年人出行的安全。老年活动场地可结合居住区中心绿地设置，也可与相关健身设施合建。

（3）场地应尽可能靠近公共服务设施，服务半径一般不超过老年人的最大步行半径 800m。但是场地不宜直接邻近学校或成年人活动的场所。这既能使老年人在活动中不受干扰，又保持了场地的安静。

（4）场地应保证有足够的室外活动场地，以方便老年人开展各种户外的娱乐活动。应有 1/2 的活动面积在标准的建筑日照阴影线以外，满足老年人喜欢户外群体活动的心理。

（5）在活动空间的布置中，可以专门设计针对老年人不同行为特点的动态活动区（门球、慢跑、

图 5–40　静态活动区

图 5–41　环境优美的静态活动区

图 5–42　动态活动区

舞剑、打拳等）和静态活动区（聊天、观景、晒阳、休息等），包括步行空间和种植园等。活动设施的尺度应符合人体工程学。同时，材料的色彩、质地和化学性质上都应保证舒适性、安全性和耐久性（图 5–40 ~ 图 5–42）。

（6）地面材质的选择：为老年人设计的场地应多采用软质材料，少用水泥等硬质材料。地面材质应防滑、无反光，在需要变化处可采用黄色、红色等易于识别的颜色。卵石、砂子、碎石等凹凸不平的地面在大多数情况下并不适合老人活动场地。地面还应有良好的排水系统，以免雨天积水打滑。

（7）服务设施：在活动区内要适当地多安置一些座椅和凉亭。座椅最好使用木质座椅，适合老年人腰腿怕寒的特点。座椅附近种植落叶树种，既可以保证夏季的遮阴又可以保证冬季的日照。

（8）植物配置：

①在植物配置上应适地适树，主要以有特色的乡土树种为主。适当选择适宜当地气候的外来植物。

②避免使用带刺或根茎易露出地面的植物，以免形成障碍。如紫叶小檗、火棘、刺槐等。

③选用易于管理、少虫害、无毒的优良常绿树种作为骨干树种，老年人多偏爱充满生机的绿色植物，因此树种可选择常绿树为主。

④老年人多喜爱颜色鲜艳的花卉，在种植乔木的同时，可配置花色鲜艳、季相分明的花灌木与色叶木。如四季花、藤本月季、一串红、美人蕉等。

⑤多选用芳香型植物，给老年人嗅觉上的刺激，同时招引益虫与鸟类，使所至之处鸟语花香，整个绿地空间充满生机与活力。如桂花、茉莉花、香水百合、大花惠兰、九里香等。

（9）除了满足社区老年人交往空间的设施配套外，应设置一些半私密的空间，将景观融入场所中，还可以将现代娱乐文化融入老年人的交往空间中，例如手作空间，喝茶、书法、展示空间等（图 5–43）。

5.5　开放型公共空间

居住区的开放型公共空间对于居住者来说是交流、休闲和娱乐的重要场所，是居住区中最有活力、最具标志性的地方。休闲广场是居住区外部景观空间的重要组成元素，也是衡量居住区环境质量的主要标准。

休闲广场作为居民的主要活动区域，不仅承载着休闲娱乐活动的功能，也是居住区重要的文化传播场所，因此空间营造上应具有较强的可达性和交流性，并应维持良好的生态性。架空层交往空间和住户内部庭院也越来越多地出现在居住区内，也同样承担功能性和必要性。现在居住区开放型空间主要是休闲广场、架空层空间、屋顶花园以及合院式空间，其中架空层做法详见第 4 章，屋顶花园详见第 10 章。

5.5.1　开放型公共空间分类

1）休闲广场

如果把居住区整体看作一个大型的住宅，那么休闲广场就是客厅，综合体现品位、特色和住区活力等特征。对于居住者来说，休闲广场是交流、休闲、娱乐的公共空间，是居民生活中不可缺少的组成部分，它不仅能突出体现住区环境本身的地域和文化特色，还能够增强住区公共空间的联系和识别性，反映出居住区的特性。

休闲广场在居住区中的位置可分为内向型和外向型两种。

（1）内向型休闲广场通常将休闲广场置于居住区的中心。休闲广场常常居中，具有服务半径均衡，体现小区景观均好性的优点，道路的设置也较容易组织（图 5–44）。

图 5–43　植物栽植休闲空间

图 5–44　居住区内自成一体的内向型休闲广场

图 5-45　与城市道路直接相连的外向型休闲广场

（2）外向型休闲广场一般毗邻于主要道路，可能会同时服务于几个居住小区。这种类型的休闲广场，可以很好地起到宣传居住区形象的作用，也使居住区的公共空间更好地融入城市的公共空间中，以丰富城市景观空间层次和居住区的生活环境（图 5-45）。

2）合院空间

合院空间作为开放型空间的一种，主要是由廊或房围合成的四合院形式，人们的交往更像是在一个大家庭的中庭空间展开，整个空间具有一定的内聚性。这样的四合院式空间给人一种归属感和亲切感。不同的季节有不同的感受，夏天可以在廊内纳凉，冬天则可在庭院空间内可以享受阳光的温暖，从空间形式上和功能上都能让居民体会到温馨舒适的家的氛围。

5.5.2　开放型公共空间的设计要点

无论是休闲广场还是合院空间都应在设计满足可达性、文化性、娱乐性和景观的特点，使景观空间层次更加丰富多样。应保证大部分面积有良好的日照，空气清新，并满足一定的避风条件，夜间在不干扰居民休息的前提下应保证适度的照明。色彩对于塑造和谐、优美的居住区室外景观、提升居住区品质起着重要的作用。设计时可将休闲广场上的小品以及公共服务设施通过色彩表现出来，从而积极地影响人们的视觉感官及情绪。绿化应本着尊重自然、生态优先的原则，最大程度上体现出居住区原有自然环境风貌，如保护和利用原地的古树名木；尽量利用劣地、坡地、洼地及水面作为绿化用地；利用地形的自然高差营造良好的小气候等。

1）休闲广场的设计要点

居住区休闲广场的塑造，应有利于强化居住区的主题，突出居住区本身的地域和文化特色，增强居住区公共空间的凝聚力和识别性，从视觉上引导居民参与社区交往。设计时应注意以下几点：

（1）休闲广场应设于人流量较大的集散中心，如中心景观区或是主要出入口等位置。

（2）广场的活动空间应有亲和度，满足可达性、文化性、娱乐性和景观的优美性特点，使景观层次丰富多彩。

（3）应保证大部分广场面积有良好的日照，并满足一定的避风条件，夜间在不干扰居民休息的前提下有适度的照明。

（4）广场铺装应以硬质材料为主，但应注意有防滑措施。不宜采用地砖、玻璃等。设计时可通过地坪高差、材质、颜色、肌理、图案的变化创造出富有魅力的场地景观（图 5–46）。

（5）可将休闲广场上的小品及公共服务设施通过色彩和质感表现出来，积极地影响人们的视觉感官及情绪。塑造和谐、优美的居住区室外景观，提升居住区品质。

（6）休闲广场周边应设置方便居民活动和交往的小品设施，如供休息的露天桌椅和提供方便的饮水器、废物箱、广告亭、报栏等设施（图 5–47）。

（7）休闲广场使用应符合多样性的特点，不同的时间段应满足不同的活动内容。如清晨为中老年人提供晨练场所，中午和下午提供休息和娱乐，晚上则

图 5–46　通过高差及图案变化的场地景观

图 5–47　方便居民活动的休闲广场

图 5–48　绿化配置良好休闲广场

成为居民聊天、散步或举行露天舞会、观看露天电影的好去处。

（8）广场的绿化应本着尊重自然、生态优先的原则，最大程度上体现出居住区原有自然环境风貌，如保护和利用原地的古树名木；尽量利用劣地、坡地、洼地及水面作为绿化用地；利用地形的自然高差营造良好的小气候等。

（9）休闲广场的绿地应当为居民开放，让居民最大限度地亲近自然。绿化配置要因地制宜，花草树木应结合区域环境的实际情况合理进行选用，力求做到四季常青、鲜花常开。同时应大力提倡垂直绿化，在有限的绿地上增加植物绿量。

（10）植物配置应考虑居民的生理及心理需求，广场周边应布置树冠较大的遮阴乔木，充分考虑与周边建筑的关系。好的绿化配置能够起到使休闲广场构图的均衡以及对建筑物的遮挡或衬托等作用（图 5–48）。

居住区休闲广场作为居住区的最主要的外部景观空间，只有从各个层面精心设计，才能保证整体景观的和谐和稳定性；保证广场的活力和通达性，真正让休闲广场成为居民喜爱的优美的“客厅”。

2）合院式空间设计要点

合院式空间的具体做法是结合廊做设计，可结合主题风格、水景、植物以及灯光用设计和材料语言来烘托整体的气氛以供人们交往、休闲娱乐等（图 5–49）。

（1）一般都是半开敞半封闭的空间向内聚型空间的过渡，应选择环境较为安静的地方体现这种空间的特质（图 5–50）。

（2）设计风格不应过于复杂，要营造居民易于交往的对空间，具有亲切放松的风格便于进行交流。

（3）可结合水景来设计，静水水面为首选，水景中心区域可以设置喷泉，在特殊节日里使用增添效果和氛围。

（4）植物选择上不宜选择较为高大的乔木，以灌木草地等为主，使得较为有限的空间显得宽敞没有视线遮挡。

（5）中心区域可以利用雕塑小品或者造型优美的景观树作为突出中心区域的元素，点、线、

图 5-49　气氛良好的合院景观空间

图 5-50　安静的内聚型合院空间

面结合可增加的空间的整体性。

（6）夜景效果对于合院式空间较为重要，照明色调应以暖色调为主，灯光颜色整体统一，照度不宜过高以契合家庭温馨的场景感。

第6章

硬质景观设计

居住区的景观构成总体分为硬质景观和软质景观两大部分。硬质景观是相对绿化种植这类软质景观而言的，泛指采用质地较硬的材料组成的景观，主要包括雕塑小品、围墙、栅栏、坡道、挡土墙、台阶及其他一些便民措施。

6.1 雕塑小品

雕塑在居住区中能创造赏心悦目的景观效果，并能起到点缀和渲染居住区景观氛围的重要作用。它是居住区景观组合中最具韵味、最显特色、最富艺术性的设施之一。它的形式与位置，以及数量的多少都会对整个居住区景观营造有着重要影响。

雕塑作为一种三维立体艺术，主要是通过视觉感应而作用于人的心灵，即使是从属于建筑和周围景观环境起装饰作用的雕塑作品，也具有这样的作用。

雕塑不仅仅是独立于人之外的一种“风景”，而更重要的是让其所服务的对象在使用过程中发现共同点，甚至用同样的语言去沟通与交流。人们欣赏雕塑，除了欣赏形式，就是感受它的风格语言，优秀的雕塑作品能赋予环境丰富的人文内涵，给人以艺术熏陶。

居住区常见雕塑多为装饰性，主要以人物、动物、植物作为题材。随着社会的进步，人们的文化素养与审美观念在提高，除了简单的纯具象雕塑，介于具象与抽象之间的一些耐人寻味的雕塑作品也受到普遍欢迎。

6.1.1 雕塑的材料

雕塑主体可用铜、铁、石材、玻璃钢、石膏、水泥、木材、植物等。

（1）金属雕塑：铜、铁等金属材料，经过铸造、锤打、拼焊等手法来制作，注意应使金属呈亚光或是半亚光状态，以免阳光直射下形成的光污染对住户造成影响（图 6–1）。

（2）石雕：花岗石、大理石等石材，通过雕琢加工，能达到很强的建筑感和体量感，多用于欧式风格的柱廊或雕像等（图 6–2）。

图 6–1 富有童趣的金属雕塑

（3）玻璃钢雕塑：是用合成树脂和玻璃纤维加工成型，质轻而强度高，成型快速方便，可制作具有动感，体积大而支撑面小的雕塑。

（4）木雕：木料雕塑因材料本身容易干缩、湿胀、翘裂、变形、霉烂、虫蛀，不宜做永久性大型室外雕塑，一般多为室内雕塑（图 6–3）。

（5）陶塑：是用精制的黏土，经过雕塑成型，可绘以各种釉彩，具有实用性和观赏性（图 6–4）。

（6）植物：用藤本植物，经过修剪成型，既可点缀园景，又可成为园林某一局部甚至全园的构图中心（图 6–5）。

图 6–2　石雕

图 6–3　图腾木雕

图 6–4　陶瓷雕塑

图 6–5　植物雕塑

图 6–6　人自然肌理与人工肌理的统一

6.1.2　雕塑的肌理及色彩

肌理是指物体表面的组织纹理结构，即各种纵横交错、高低不平、粗糙平滑的纹理变化，是表达人对设计物表面纹理特征的感受。一般来说，肌理与质感含义相近，对设计的形式因素来说，当肌理与质感相联系时，它一方面是作为材料的表现形式而被人们所感受，另一方面则体现在通过先进的工艺手法，创造新的肌理形态，不同的材质，不同的工艺手法可以产生各种不同的肌理效果，并能创造出丰富的外在造型形式。一般来说，雕塑的肌理可以分为自然性肌理和人工性肌理。自然肌理，指不经人工之手就存在着的纹理组织，是自然现象形成的材质状态，人工肌理，指由设计师按照自己的思维和意愿通过人为作用而产生的纹理组织，是在材料被加工过程中因操作而形成的材质状态。自然性肌理具有偶然性和随意性，而人工性肌理区别于自然性肌理的最大特点在于讲究制作性（图 6–6）。

图 6–7　会所前的喷泉与雕塑

图 6–8　位于建筑角隅与构筑物相结合设计的雕塑

图 6–9　广场中心童趣十足的人物雕塑

图 6–10　景观视线终端的雕塑

色彩则可使雕塑增添新的活力，赋予其更加鲜明的个性特征和视觉感染力，同时也可表达一定的情感。无论是白色的细腻、纯洁，灰色的坚实、幽默，还是黑色的深沉、冷静，都体现出人类内在的情绪，不同的色彩赋予雕塑感人至深的力量和魅力。冷色系的雕塑一般表达的是冷静、内敛的感觉，而暖色系的雕塑则表达的是温暖、明亮的感觉。

在雕塑色彩设计时，要结合历史、地域等自然元素，使雕塑的色彩与环境和谐统一，从视觉和文化上感染使用者。

6.1.3　雕塑的设计要点

雕塑作品在设计时，应该考虑到地域及文化特征、住宅周边的小环境，包括建筑造型等因素，尽可能与周围环境共同塑造出较为完整的视觉形象。设计时应遵循以下几点：

1）雕塑的主题

每一空间领域中的雕塑主题应与该空间的文化内涵相契合，与小区建筑文化主题相一致。要注意在演绎地方文化和生活方式的同时，尽量体现时代感，并注意在体量、尺度、材料、色彩和造型上充分体现形式的整体美和协调美。

2）雕塑的尺寸、比例及造型

雕塑的设计要考虑到不同层次的空间尺度、围合程度和通达性，以此建造不同尺度、不同比例或造型的雕塑。一般来说，私密性越强，尺度越小，围合感越强，通达性较弱的空间设置的雕塑应小一些，通常以小巧精美的格局与造型使空间富于亲切感，营造轻松温馨的氛围。而公共性越强，尺度越大，围合感越弱，通达性越强的空间，雕塑设计要考虑到人们进入绿地的各个方向的视觉感受，以及远观和近视的不同效果，因而雕塑小品一般都设计得较大，空间应具有一定的视觉冲击力，起到渲染景观空间，吸引人流，达到营造活力气氛的效果。

3）雕塑设置的位置

艺术雕塑通常设置的位置有：建筑物之前或角隅，道路的交点或回车中心，花坛或绿草中心，广场中心，具有庭院树为背景的位置和景观视线的终端等。雕塑也可作为两个不同空间的分隔手段之一，起到一种空间向另一种空间过渡的作用（图 6–7 ～图 6–10）。

6.2　信息标志

信息标志是一种信息载体和特定的视觉语言，是通过图形或文字向观者传达的一种信息，以达到沟通的目的。

6.2.1　信息标志的分类

信息标志是居住区服务设施非常重要的组成部分，它为居民和来访人员提供了便捷，并可以增加居住区的可识别性。居住区信息标志可分为四类，名称标志、环境标志、指示标志、警告标志（表 6–1）。

居住区主要标志项目表　　　**表 6-1**

<table>
<tr><td rowspan="3">名称标志</td><td>标志牌</td><td rowspan="3">住宅墙面显著位置</td></tr>
<tr><td>楼牌号</td></tr>
<tr><td>树木名称牌</td></tr>
<tr><td rowspan="8">环境标志</td><td>小区示意图</td><td>小区入口大门</td></tr>
<tr><td>街区示意图</td><td>小区入口大门</td></tr>
<tr><td>居住组团示意图</td><td>组团入口</td></tr>
<tr><td>停车场导向图</td><td></td></tr>
<tr><td>公共设施分布示意图</td><td></td></tr>
<tr><td>自行车停放处示意图</td><td></td></tr>
<tr><td>垃圾站位置图</td><td></td></tr>
<tr><td>告示牌</td><td>会所、物业楼</td></tr>
<tr><td rowspan="5">指示标志</td><td>出入口标志</td><td></td></tr>
<tr><td>导向标志</td><td></td></tr>
<tr><td>机动车导向标志</td><td></td></tr>
<tr><td>步道标志</td><td></td></tr>
<tr><td>定点标志</td><td></td></tr>
<tr><td rowspan="2">警示标志</td><td>禁止入内标志</td><td>变电所、变压器</td></tr>
<tr><td>禁止踏入标志</td><td>草坪</td></tr>
</table>

6.2.2　信息标志的设计要点

居住区信息标志的设计应注意以下几点：

（1）信息标志的风格要统一，应与居住区的主题、小区建筑文化相契合。在色彩、造型设计上应充分考虑其所在的周边环境、服务人群以及自身功能的需要，突出自身的人性、创造特色。

（2）信息标志的体量和大小比例，应考虑到标志的安装位置、表达方式以及人们视觉感受。过大的标志就显得喧宾夺主，且与周围的环境不相符合，过小的标志则起不到指示的作用。

（3）小区标志材料宜选用经久耐用，不易破坏，方便维修，绿色环保的材质。如花岗岩、大理石、经过人工防腐处理的木材等都是较好的材料。

（4）标志的内容要清晰明了，应尽可能同时使用中、英文，书写要规范、工整，数字应使用阿拉伯数字。标志字体的颜色与背景色的对比要明显，字体的突出能更好地起到指示、警示的作用。

（5）位置的摆放要醒目，同时不能对交通和周围的环境造成影响。一般可置于道路交叉口和主要建筑物的出入口，要便于人驻足阅读。

6.2.3 信息标志的设计

由于经济性等因素的影响，很多居住区的信息标志采用工业化成品，多数信息的设计千篇一律、缺乏特点（图 6–11、图 6–12）。不过值得欣慰的是，近年来信息设施的设计愈来愈受到景观设计师、开发商的重视。标识的材料和种类也日趋多样（图 6–13 ～图 6–17）。

居住区景观设计中的信息标识虽然小，但却起着警示、指引和明确空间的重要作用。应根据居住区具体情况及居住人群的人同时有针对性地进行设计，下图的门牌设计以金属板主要材料的门牌号，设计简洁明快，富有现代感，通常使用于公寓类住宅小区较受年轻人欢迎（图 6–18）。与建筑立面石材低调契合的金属单元入口标识（图 6–19）。以砖为主要材质，左侧上本部分采用金属格栅，

图 6–11　缺乏个性的告示牌

图 6–12　缺乏个性的警示牌

图 6–13　小品味十足的标识牌兼座椅

图 6–14　简洁明了的门牌

图 6–15　立体构成的警示牌

图 6–16　体量感较强的导向标志

图 6–17　形象的方位导向标志

图 6–18　简洁而有起到强调作用的门牌号

图 6–19　金属单元入口标识

图 6–20　古朴典雅的标识

图 6–21　富有现代感的标识牌

图 6–22　造型抽象、新颖的导向标示

图 6–23　材质的标识

体量恰当，起到引导的作用，同时还装点了景观（图 6–20）。以亚光拉丝金属为主要材料的标识，形式简洁且富有现代科技感，配以夜晚的灯光效果，鲜明醒目。可放置在道路交叉口或休闲广场入口处，同时可起到点缀景观环境的作用（图 6–21）。以黑色为主要色调，电解钢板为主要材料的标识造型抽象、新颖，视觉冲击力强，可放置在道路交叉口或休闲广场入口处（图 6–22）。此外，还有其他的设计手法，如可运用石材、钢化玻璃、不锈钢板、玻璃钢等材料单独和结合进行设计，可放置在道路交叉口、休闲广场、主要建筑物前或室内（图 6–23 ～图 6–30）。

事实上，每个居住区都有自己的文化内涵和设计主题，这样的文化和主题应该延伸到小区内信息标识上。具体应根据当地的文化和自然背景，结合居住区建筑形式特点，决定其形式、色彩及风格，制作出美观和功能兼备的信息标志，使居住区的每个细部都渗透出独特的视觉美感和文化内涵，从而提升居住区的品位。

图 6–24　石材和木材结合的标识

图 6–26　仿石标识

图 6–27　玻璃钢标识

图 6–28　镜面不锈钢与哑光金属板组合标识

图 6–25　镜面不锈钢标识

图 6–29　光金属板与镜面不锈钢结合

图 6–30　亚光金属板与石材结合

6.3　围墙和栅栏

围墙和栅栏都具有限入、防护、分界与屏障等多种功能，立面可为栅状或网状、透空或半透空、封闭式等几种形式。

6.3.1　围墙

围墙是目前居住区用来划分与街道及周边区域边界最常见的形式。围墙在一定程度上起到了小区内外的交通联系、景观渗透和人流视线组织等作用，是居住区中较常见的景观元素之一风格可以体现出居住区的品位、风格及业主们的身份、地位、学识、爱好等。一个好的围墙设计应在满足防护性和限入性的同时体现出其装饰性和艺术性（图 6—31、图 6—32）。

1）围墙的分类

（1）按围墙围护的用地范围来分，可分为小区围墙、组团围墙和庭院围墙（图 6—33）

（2）按其外观形式可分为有顶式、无顶式，通透式、半通透式和封闭式等多种形式。

（3）按构筑围墙的材料可分为土、石、砖、混凝土、金属、竹、木和植物围墙等。

2）围墙的设计要点

（1）围墙在设计时首先要考虑居住区所处的大环境，参考城市周边街区的设计风格，在协调统一街区景观的同时力求彰显居住区的个性。

（2）围墙设计应该与小区内环境协调从而营造一定的景观氛围，使围墙的设计风格与小区建筑风格和谐统一，使行人通过围墙的外观设计感受到居住区本身的品质和个性。

（3）在设计居住小区组团间围墙或别墅之间的围墙时，应充分考虑小区内部空间的划分以及交通路线的组织，做到布局经济合理。在统一协调的基础上尽可能展示业主的品位和兴趣爱好（图 6—34）。

（4）在围墙造型设计中可使用直线或曲线营造出不同的氛围，还可利用不同材料的组合达到封闭式与通透相结合表达虚实相生的效果。（图 6—35、图 6—36）。

图 6—31　兼具限入性和装饰性的围墙（一）

图 6—32　兼具限入性和装饰性的围墙（二）

图 6—33　雅致的小庭院围墙

图 6–34　竹墙体现了底层业主对竹的喜爱

图 6–35　不同材料组合的封闭的直线式围墙

图 6–36　镂空金属的半通透式围墙

图 6–37　竹和石块组合而成的围墙自然而古朴

（5）地形设计：对于建在坡道上的围墙应随势错落，通过台阶式的高低组合以及虚实设计等手法来丰富和协调围墙的外观造型与小区的整体环境。

（6）材料设计：选材上应结合地方特色材料来协调场地周边环境或其附近的其他景观元素。应优先考虑绿色环保材料，如石材、木材、竹或其他植物等（图 6–37、图 6–38）。另外，围墙的基础、高度、厚度以及伸缩缝等需必要的科学措施加以保障。

6.3.2　栅栏

栅栏在住宅小区中多用于底层院落之间的划分以及小型公共建筑的围护等，主要起到阻隔和划分界限的作用。

1）栅栏的分类

（1）根据栅栏立面构造分为栅状和网状、透空和半透空等几种形式。

（2）根据使用材料的不同可分为金属栅栏、木制栅栏、竹制栅栏等。

图 6–38　翠竹和景墙一同起到分隔空间的作用

图 6–39　精巧的栅栏很好地协调着环境中的不同景观要素

2）栅栏的设计要点

（1）栅栏的高低、色彩、材质、纹样造型、虚实韵律等均应与相接的地形地貌、建筑及周边环境统一协调，尽可能顺应地形并结合周边植物，选用当地材料以突出其特色（图 6–39）。

（2）栅栏的竖杆间距不应大于 110mm，横杆则应少设以避免行人尤其是儿童穿越和攀爬。同时应结合栅栏的功能要求进行科学合理的高度设计（表 6–2）。

不同功能栅栏的合理设计高度　　**表 6-2**

功能要求	高度（m）
隔离绿化植物	0.4
限制车辆进出	0.5 ~ 0.7
标明分界区域	1.2 ~ 1.5
限制人员进出	1.8 ~ 2.0
供植物攀缘	2.0 左右
隔噪声实栏	3.0 ~ 4.5

资料来源：建设部住宅产业促进中心 . 居住区环境景观设计导则（2006 版）[M]. 北京：中国建筑工业出版社，2006.

（3）设计时应充分考虑栅栏在景观中具有的一系列视觉作用。栅栏自身可以产生视觉趣味并影响周围的环境景观，可以通过方向的转变来引导人们的视线，半透空的栅栏还可以引起光影的变化，通过虚实变化来活跃景观空间。但是，如若栅栏顶部高度与人的视线齐平，就会使人产生似见非见的干扰感。

6.4　栏杆 / 扶手

居住区室外景观中，栏杆具有拦阻行人和分隔空间的功能。由于栏杆一般较为通透，高度也较矮，故适用于开敞空间的分隔和维护。而扶手则常常和栏杆同时出现，便于行人把扶，更多地为行人提供安全和便捷的服务。

6.4.1 栏杆

栏杆可设于草地和花坛的边缘，起到阻止人流进入的作用，也可设于步道边缘或两侧、平台或临水等空间，以保证行人的安全。栏杆在保证视线通透的同时，还为人们提供把扶休息、凭栏观景的安全场所，也方便老年人、孩童及残疾人的通行，并能起到一定的景观装饰作用。

1）栏杆的分类

（1）按栏杆高度分，大致分为以下 3 种：

①矮栏杆，多指花坛、草坪等场地空间的镶边栏杆，高度为 30 ～ 40cm，不妨碍视线，用于绿地边缘起到分隔与装饰环境的作用，也可用于场地空间领域之间的划分。

②高栏杆，高度在 90cm 左右，有较强的分隔与拦阻作用，也称作分隔性栏杆。

③防护栏杆，高度在 100 ～ 120cm，超过人的重心，起到防护围挡作用。一般设置在高台的边缘和深水岸边，可使人产生安全感。

（2）按栏杆的样式可分为实栏和虚栏。

（3）按使用的材料可分为木栏杆、石栏杆、混凝土栏杆、金属栏杆（图 6–40）、玻璃栏杆等（图 6–41）。

2）栏杆的设计要点

（1）一般来说，景观设计中栏杆不宜多设，非设不可时，应巧妙美化，且不宜过高、过繁，

图 6–40 金属栏杆

图 6–41 水体附近的玻璃栏杆

装饰纹样需根据环境而定。

（2）设计时首先要根据小区环境整体风格，分析不同使用场地的具体需求，充分考虑栏杆的强度、稳定性和材料的选择，在安全的基础上，表现出栏杆的造型美和装饰性。

（3）小区内室外栏杆和扶手在设计时应注意其色彩、式样等与小区内部住宅的阳台、窗户等的栏杆扶手及其周边软、硬质景观元素风格相统一，以达到整体景观的和谐（图 6–42、图 6–43）。

（4）在观景处设栏杆时，应尽量保证视线的通透性。如临水宜设虚栏，以避免阻挡视线（图 6–44）。在需要进行视线阻隔时宜采用实栏或结合绿蓠设计进行阻隔，并可突出表现实体栏杆的色彩和墙面的图案样式，以吸引人们的视线。高台处设栏时应以安全为主，在安全的基础上再进行巧妙美化，构筑高度应为超过人的重心的实栏，如用虚栏则要加强结构设计。

（5）在构图上，由于栏杆既有垂直方向的性质也有水平连续的性质，处理时宜虚实相生，体量上则应根据空间的属性和大小进行调整，如若加上色彩和质感的处理则会令小小的栏杆有意想不到的景观效果。

（6）设计时应注意结合栏杆的功能要求进行科学合理的体量设计。高栏杆的竖杆间距不应大于 110mm，横杆则应少设以避免行人尤其是儿童穿越和攀爬。

图 6–42　与踏步协调统一的实栏

图 6–43　与周边植物景观协调的植物造型铁艺栏杆

6.4.2　扶手

扶手多设置在坡道、台阶两侧，高度宜为 90cm 左右。当室外踏步级数超过了 3 级时必须设置扶手，以方便老人和残障人使用，供轮椅使用的坡道应设高度 0.65m 与 0.85m 两道扶手。

设计时应注意材料的选择要与其所附属的景观元素相协调或者形成对比（图 6–45）。另外，扶手的尺寸和质地应符合使用者的易把扶特性和温度舒适性等的要求（图 6–46）。

图 6–44　通透的木制临水栏杆

图 6–45　简洁明快的扶手和古朴围墙的对比

图 6–46　舒适的扶手

图 6–47　表现红土高原梯田景观的挡土墙

图 6–48　耐候钢板挡墙

6.5　挡土墙

如果居住区用地的地形较为复杂，设计时为了兼顾安全和经济性，需要尽可能保持原有地形进行景观营造，常砌筑挡土墙以达到固土护坡的目的。

在小区景观设计中，挡土墙不仅是一个工程设施，也是一个造景元素（常见挡土墙做法见附图 6–1）。挡土墙像独立式墙体一样，能划分空间，并可作为背景衬托其他景观要素，同时连接着建筑物与周围环境。甚至，某些时候在地形等条件的限制下，挡土墙也有可能成为场地的主要景观元素（图 6–47、图 6–48，做法及大样见附图 6–2 ）。

6.5.1　挡土墙的分类

挡土墙的形式需要根据建设用地的实际情况，经过结构设计来确定。常见的有以下几种分类方式（表 6–3）。

常见挡土墙技术要求及适用场地　　表 6-3

挡土墙类型	技术要求及适用场地
干砌石墙	重力式挡土墙，墙高不超过 3m，墙体顶部宽度宜在 450 ~ 600mm，适用于可就地取材处
预制砌块墙	多为悬臂式挡土墙，墙高不应超过 6m，这种模块形式适用于弧形或曲线形走向的挡土墙
土方锚固式挡土墙	用金属片或聚合物片将松散回填土方锚固在连锁的预制混凝土面板上。适用于挡墙面积较大时或需要进行填方处
仓式挡土墙 / 格间挡土墙	由钢筋混凝土连锁砌块和粒状填方构成，模块面层可有多种选择，如平滑面层、骨料外露面层、锤凿混凝土面层和条纹面层等。这种挡土墙适用于使用特定挖举设备的大型项目以及空间有限的填方边缘

续表

挡土墙类型	技术要求及适用场地
混凝土垛式挡土墙	重力式或悬臂式挡土墙，用混凝土砌块垛砌成挡墙，然后立即进行土方回填。垛式支架与填方部分的高差不应大于 900mm，以保证挡土墙的稳固
木制垛式挡土墙	用于需要表现木质材料的景观设计。这种挡土墙不宜用于潮湿或寒冷地区，适用于乡村、干热地区
绿色挡土墙	结合挡土墙种植草坪植被。砌体倾斜度宜在 25° ～ 70° 之间。尤其适于雨量充足的气候带和有喷灌设备的场地。

资料来源：建设部住宅产业促进中心 . 居住区环境景观设计导则（2006 版）[M]. 北京：中国建筑工业出版社，2006.

(1) 从结构形式上分主要有重力式和半重力式、悬臂式和扶臂式挡土墙、锚固式等。

(2) 从形态上分有直墙式和坡面式。

此外还可以从使用材料上分为石料挡土墙、木制挡土墙、混凝土挡土墙等等。

6.5.2　挡土墙的设计要点

(1) 挡土墙的材质和色彩应与小区内其他建筑、小品设施及其周边环境相协调。可以利用其他景观元素对其加以装饰，如用植物、山石、水体等园林要素进行装饰，可以柔化挡墙生硬呆板的感觉，并可使之成为主体景观（图 6–49、图 6–50 做法及大样见附图 6–3、附图 6–4）。挡土墙在材料选择上也应尽可能使用当地材料和绿色环保型材料，如石块、原木等都是很好的选择。

图 6–49　经水体景观柔化的挡土墙

图 6–50　与水景观巧妙结合的挡土墙

图 6–51　石材的细部处理及变化打破了挡墙呆板的感觉

图 6–52　片石堆砌的挡土墙与块石园路相谐调

图 6–53　植物掩映的低矮挡土墙

（2）不同功能场所挡土墙的用材及施工工艺的不同，直接影响到挡土墙在整体环境的景观效果（图 6–51、图 6–52）。如毛石和条石砌筑的挡土墙要注重砌缝的交错排列方式和宽度；预制混凝土预制块挡土墙应设计出图案效果；嵌草皮的坡面上需铺上一定厚度的种植土，并加入改善土壤保温性的材料，利于草根系的生长。

（3）挡土墙必须设置排水孔，一般为 $3m^2$ 设一个直径 75mm 的排水孔，墙内宜敷设渗水管，防止墙体内存水。钢筋混凝土挡土墙必须设伸缩缝，配筋墙体每 30m 设一道，无筋墙体每 10m 设一道。

（4）较低矮的挡土墙可进行柔化处理以避免影响整体景观的协调性，如旁植植物、运用与场地色彩质地相近的材料等（图 6–53）。当低矮挡土墙兼做休息座椅时，高度宜为 38 ～ 40cm，坐面宽为 40 ～ 50cm。

（5）应结合经济性、景观装饰性对小区内重要地段的挡土墙进行重点设计，如在条件许可的情况下，对于小区内主体景观周围的挡土墙以及要求与周边景观元素相联系的挡土墙可以结合整体景观的设计主题进行景观化处理。设计及施工过程中必须严格参照有关规范标准，以保证其安全性。

6.6　台阶

台阶在景观设计中起着不同高程之间的连接和引导的作用，可丰富景观空间的层次感，尤其是高差较大的台阶会形成不同的景观效果（图 6–54）。主体景观也可通过台阶的处理在高度上占据优势，并形成视觉焦点。

6.6.1　台阶的分类

（1）根据常用的材料分为花岗岩、自然石、砖、木材或是水泥台阶等（常见做法见附图 6–5）。

（2）根据台阶与其周边环境或设施的关系分为以下三类：

①与场地或环境景观特性融为一体的台阶，包括形式、材料、色彩等，整体上统一而简单（图 6–55）。

图 6—54　台阶处理丰富了景观层次

图 6—55　与场地环境相融合的台阶

图 6—56　形式、色彩与场地环境形成对比的台阶

图 6—57　附属于建筑物的台阶

②形式、材料或色彩上不同于场地环境，和场地环境形成一定对比的台阶（图 6—56）。

③第三类是附属于建筑或构筑物的台阶（图 6—57）。

6.6.2　台阶的设计要点

（1）交通联系是台阶的基本功能，因此便于行走是设计台阶时首先要满足的要求。台阶的踏步高度 h 和宽度 b 是决定台阶舒适性的主要参数，两者的关系如下：$2h+b=60\pm6$cm 为宜，一般室外踏步高度设计为 120 ～ 160mm，踏步宽度 300 ～ 350mm，低于 10cm 的高差，不宜设置台阶，可以考虑做成坡道，并结合坡道做无障碍设计。

图 6-58　结合植物、挡土墙等元素设计的台阶具有引导性

图 6-59　台阶营造了良好的亲水近水空间

图 6-60　石材亲水台阶

图 6-61　木制亲水台阶

(2) 台阶长度超过 3m 或需改变攀登方向的地方，应在中间设置休息平台，平台宽度应大于 1.2m，台阶坡度一般控制在 1/4 ～ 1/7 范围内，踏面应做防滑处理，并保持 1%的排水坡度。

(3) 台阶可结合道路尽头、植物和墙体共同设计，台阶可以形成视觉焦点，为行人提供目标引导并产生一定的视觉吸引（图 6-58）。台阶除可结合园路等交通设施进行景观设计和游路组织，还可结合水景进行亲水性景观设施设计。如在水边设置亲水台阶可满足人们亲水近水的要求（图 6-59），在为行人提供观景游憩场所的同时丰富视觉景观效果（图 6-60、图 6-61、做法及大样见附图 6-6、附图 6-7）。

(4) 台阶材质和形式宜与其相连的挡墙、道路、平台或建筑物等相协调，同时尽可能追求自然、野趣的效果，兼顾景观的生态性（图 6-62 ～图 6-64）。

图 6–62　台阶与周边景观要素的协调

图 6–63　台阶与植物和建筑的协调统一

图 6–64　自然而生态的木台阶与植物的巧妙结合

图 6–65　台阶边缘的处理体现了设计者的匠心

(5) 户外台阶的数目不宜少于 3 步，在色彩和材质上不可杂乱，以免台阶不易被行人发觉而造成安全隐患。过水台阶和跌水台阶的阶高可依据水流效果确定，同时还要考虑游人进入时的防滑处理。

(6) 台阶边缘可采用相近或不同材料进行收边处理，使其与周边环境边界显得和谐统一或形成对比，从而体现出设计的精细程度（图 6–65，大样图见附图 6–8）。

6.7　无障碍设计

坡道是小区交通和绿化系统中重要的设计元素之一，直接影响到使用和感观效果，它与台阶一起构成小区内室外的垂直交通手段。居住区道路最大纵坡不应大于 8%；人行道纵坡不宜大于2.5%；园路不应大于4%；自行车专用道路最大纵坡控制在5%以内，轮椅坡道一般为6%，最大不超过8.5%，并应采用防滑路面。

6.7.1　坡道的功能

（1）坡道在景观中与台阶一样也起到不同高程之间的连接作用和引导视线、组织游览路线的作用，可在一定程度上丰富空间的层次感。

（2）坡道将一系列空间连接成一整体，其不中断的特性弥补了台阶的不足，尤其是对老年人和残疾人而言。

6.7.2　坡道的分类

不同坡度的坡道适合不同场地的需求，坡道形成的视觉感受、适用场所和所宜选用的材料参照下表（表6–4）。

坡度的视觉感受与适用场所　　**表6-4**

坡度（%）	视觉感受	适用场所	选择材料
1	平坡，行走方便，排水困难	渗水路面，局部活动场	地砖，料石
2 ～ 3	微坡，较平坦，活动方便	室外场地，车道，草皮路，绿化种植区，园路	混凝土，沥青，水刷石
5 ～ 8.5	缓坡，方便推车活动	残疾人坡道，台阶	地砖，砌块（均应防滑）
4 ～ 10	缓坡，导向性强	草坪广场，自行车道	种植砖，砌块
10 ～ 25	陡坡，坡型明显	坡面草皮	种植砖，砌块

资料来源：建设部住宅产业促进中心．居住区环境景观设计导则（2006版）[M]．北京：中国建筑工业出版社，2006.

由于坡道对应的交通方式的差别，所要求的坡度也有所不同。为了保证不同功能道路和绿地的正常使用，还应控制它们的最大坡度（表6–5）。

道路及绿地最大坡度　　**表6-5**

道路及绿地		最大坡度
道路	普通道路	17%（1/6）
	自行车专用道	5%
	轮椅专用道	8.5%(1/12)
	轮椅园路	4%
	路面排水	1% ～ 2%

续表

道路及绿地		最大坡度
绿地	草皮坡度	45%
	中高木绿化种植	30%
	草坪修剪机作业	15%

资料来源：建设部住宅产业促进中心 . 居住区环境景观设计导则（2006 版）[M]. 北京：中国建筑工业出版社，2006.

坡道按照形式分类，一般形式有单坡段型和多坡段型（图 6–66）。

6.7.3　坡道的设计要点

（1）园路、人行道坡道宽一般为 1.2m，但考虑到轮椅的通行，也可设定为 1.5m 以上，考虑到有轮椅交错的地方其宽度应大于 1.8m。

（2）当使用空间会出现一些与轮椅相似的工具如三轮车、辅助电动车等，采用 1 / 16 ～ 1 / 20 的坡度比较合适，既安全又方便。

（3）坡道的位置和布局应结合台阶进行设置，尽可能设在主要活动路线上，以方便行人顺利到达目的地（图 6–67）。

（4）坡道的铺装材料应注意结合场地的特性以及周边环境特色加以选择，坡道材料必须考虑防滑，如增加纹理质感、贴置防滑条等，以保障行人在雨雪天气中的行走方便和安全。

（5）可通过不同处理手法使得路面与周边环境边界形成和谐统一或鲜明对比。如在坡道和园路收边处用不同色彩或质感的铺装材料进行衔接，可以达到改善视觉感观的效果。

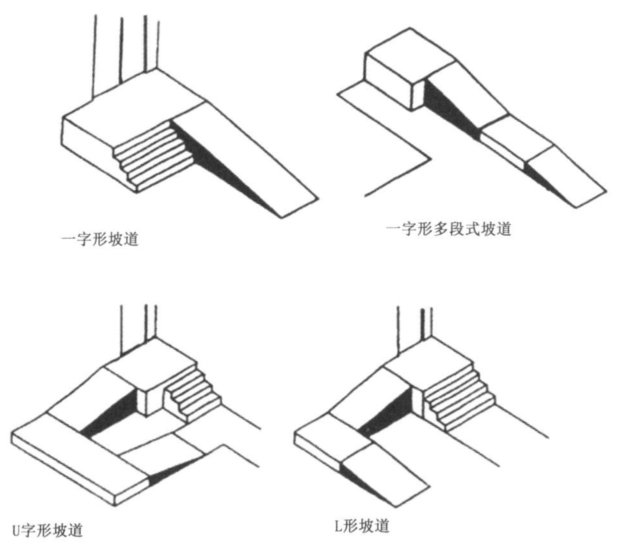

图 6–66　坡道形式分类图示

图 6–67　结合台阶设置的坡道

图 6–68　与台阶结合设计的残疾人坡道

图 6–69　曲线坡道

图 6–70　景观结合坡道

图 6–71　台阶与坡道的结合

图 6–72　景观结合坡道

（6）从坡道适用范围来看，直线型坡道适用于室内外高差较小，坡道水平长度短，使用的区域多为底层架空或设置其他用房的住宅。直角形坡道适用于室内外高差大，坡道水平长度长，使用的区域多为建筑前有较大入口空间，入口门厅大，地块绿化率充足。折返性坡道适用于室内外高差大，坡道水平长度长，适用于建筑地块绿地率紧张，需尽可能控制硬质铺地面积的区域。

相对于台阶，坡道对行人行走的限制要少些，而且坡道还适合婴儿推车、轮椅及小型车辆的通行。在无障碍设计中，坡道是必不可少的元素，居住区重要的建筑物、单元出入口和景观空间之间均须设置供残疾人通行的坡道，以方便残疾人通行（图 6–68 ～图 6–72）。

6.8　树池及树池箅

6.8.1　树池

在绿化过程中，当在有铺装的地面上栽种树木时，应在树木的周围保留一块无铺装的自然地面，通常称为树池或树穴（图 6–73）。

在设计树池时应充分考虑所种树木的特性及其周围环境情况，树池的尺寸一般由树高、树径、根系的大小所决定。树池深度至少深于树根球以下 250mm。树池可结合场地功能、人流量来确定其形式，如是否需要结合座椅进行设计等。还可以与园路、广场铺装、水体等其他景观元素结合设计，以丰富景观空间（图 6-74 ～图 6-78）。

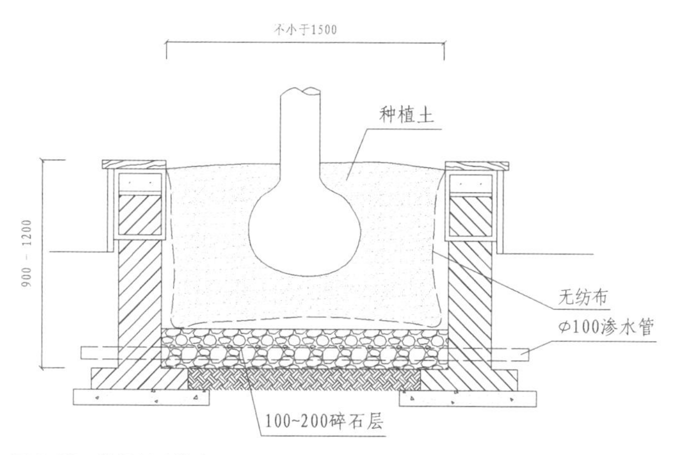

图 6-73　常见树池做法

6.8.2　树池箅

当树池不高出地面时，为防止扬尘、外力破坏树根，

图 6-74　造型别致、情趣盎然的树池与座椅

图 6-75　广场中心的树池结合坐凳设计

图 6-76　景观要素丰富的树池设计

图 6-77　结合园路汀步设计的树池

图 6-78　结合亲水平台设计的树池

图 6–79　铸铁树池箅

图 6–80　预制混凝土树池箅

需要对树池做加盖处理，加的“盖”就叫做树池箅。树池箅是树木根部的保护装置，它既可保护树木根部免受践踏，又便于雨水的渗透，同时保证行人的通行安全。

树池箅应根据场地条件来选择能渗水的石材、卵石、砾石等天然材料，也可选择具有图案拼装的人工预制材料，如铸铁、混凝土、塑料等，这些护树面层宜做成格栅装，并能承受一般的车辆荷载（图 6–79、图 6–80）。树池箅尺寸由树池大小确定，具体选择可参照下表（表 6–6）。

树池及树池箅选用表　　**表 6-6**

树高（m）	树池尺寸（m）		树池箅尺寸直径（m）
	直径	深度	
3	0.6	0.5	0.75
4 ~ 5	0.8	0.6	1.2
6	1.2	0.9	1.5
7	1.5	1.0	1.8
8 ~ 10	1.8	1.2	2.0

资料来源：建设部住宅产业促进中心．居住区环境景观设计导则（2006 版）[M]. 北京：中国建筑工业出版社，2006.

6.9　座椅（具）

在城市居住区的公共场所为人们提供一些休憩交流的空间是十分重要的。它可以让人们拥有一些较私密空间进行一些特殊活动，如休息、阅读、晒太阳、交谈等等，这些富有吸引力的活动，在室内是不可能进行的（图 6–81）。只有创造良好的条件让人们静坐下来，创造良好的“坐”空间，才可能有较长时间的逗留来进行这些活动。而休憩活动的主要设施就是座椅，座椅的设计和布置是决定人们是否愿意停留的关键。而座椅处于一个环境中时，就应当与环境相协调甚至相依托。在环境中座椅应当是一个符号、一个细胞，而不是可有可无的。它的存在是环境的需要，应该给环境带来生机和喜悦。

6.9.1　座椅的分类

（1）按照其基本形态不同分为有两种：长凳和椅子。

长凳主要强调造型的水平面，可减少视觉的压抑感，可相对自由地变动坐的方向（图 6–82）

椅子附设靠背和扶手，分为单座型和连座型。随着年龄的增长人们对倚靠方面的要求会逐渐增加（图 6–83）。

（2）按照材料不同可分为：木材、石材、混凝土、陶瓷、金属、塑料等。

①木材触感较好，材料加工性强，但其耐久性差（经过加热注入防腐剂处理的木材，也具有较

图 6–81　户外座椅可形成交谈空间

图 6–82　户外座椅形成的休息空间

图 6–83　造型优美的长凳

图 6–84　舒适的靠椅

图 6–85　触感良好的木制椅凳

强的耐久性）。随着木材粘接技术和弯曲技术的提高，座椅形态已开始多样化（图 6–85）。

②石材具有坚硬性、耐腐蚀性和抗冲击性强，装饰效果较佳，如花岗岩、砖石、混凝土、条石坐凳等，但由于石材加工技术有限，其形态变化较少（图 6–86、图 6–87）。

③混凝土吸水性强，易风化，触感较差，可与其他材料配合使用。

④陶器以陶瓷材料烧造而成，由于烧窑工艺的限定，其尺寸不宜过大，过程中易变形，难以制成复杂的形状，较少采用。

⑤金属材料以铸铁为主，铸铁具有厚重感和耐久性，可自由塑造形态。也有使用不锈钢和铝合金材料的金属材料，由于其热冷传导性高，难以适应座面要求。现在由于冲孔加工技术的进步，可使金属薄板制成网状结构，散热性较好，可使用于座面。铝合金、小口径钢管等可加工成轻巧、曲折的造型。

图 6–86　花岗岩面层石凳

图 6–87　条石坐凳

图 6–88　舒适安全的玻璃钢座椅

图 6–89　不同材质组合的座椅

图 6–90　绿地边缘处布置的休息座椅

⑥塑料材料易加工，色彩丰富，一般适宜做座椅的面，以其他材料制成脚部。但塑料易腐蚀变化，强度和耐久性也较差。为了改变材料的特性，可采用玻璃钢等复合材料，以增强材料的强度（图 6–88）。

6.9.2　座椅的设计要点

（1）座椅的布局和位置应便于人们日常使用，其距离和方向与道路、绿地、小广场等的相互关系要适中，同时关注座椅设施本身的组合关系并考虑要符合人体工程学，充分体现舒适性，设计时应优先采用触感好的木材，木材应作防腐处理，座椅转角处应作磨边倒角处理。也可以不同材质组合而成，以提高其观赏性（图 6–89）。

（2）营造具有某种庇护性、日照通风良好、视野开阔、特定的场所，生动性和趣味性的场景吸引人们逗留。

（3）开敞空间的边缘是最受青睐的休憩场所，位于凹处、长凳两端或其他空间划分明确之处的座位，以及背后受到保护的座位都较受欢迎，设计时要注意空地及绿地边缘地带的休息和停留空间的营造（图 6–90）。

（4）注意朝向与视野的影响，如阳光和风的方向。防护良好并且具有不受干扰观察周围活动的视野的座位较受欢迎。同时居住区中围合向心的布置方式不适合多数情况下两三人或单人就座的要求，容易造成座位资源的浪费，应尽可能避免（图 6–91）。

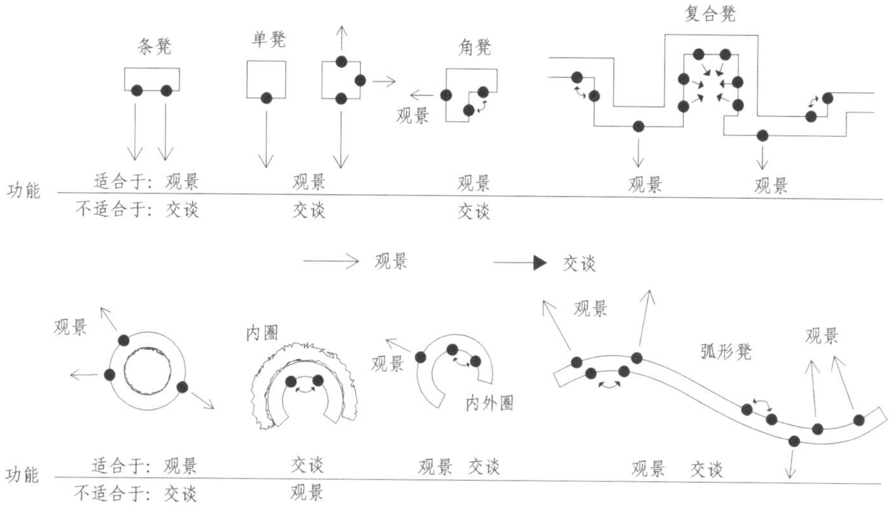

（5）当座位面向道路或大空间时，座位与路过行人应保持合适的距离，距离过近会使双方都不自在，甚至会妨碍路过者通行。尽可能保证双方距离在 1.5m 以上（图 6–92）。

（6）除了上述的基本座位外，还有许多辅助座椅，如台阶、树池、花台、台阶、矮墙等，都可结合座椅进行设计和布置，形成良好的景观效果（图 6–93 ～图 6–98）。

（7）室外座椅（具）的设计符合人体工程并应满足人体舒适度要求，普通座面高 38 ～ 40cm，座面宽 40 ～ 45cm，标准长度：单人椅 60cm 左右，双人椅 120cm 左右，3 人椅 180cm 左右，靠背为 35 ～ 40cm，靠背座椅的靠背倾角为 100° ～ 110° 为宜（图 6–99）。

图 6–91　不同座凳设置形式对使用者行为的影响

资料来源：冯信群．公共环境设施设计（第 3 版）［M］．东华大学出版社，2016.

图 6–92　与园路保持适度距离的座凳

图 6–93　座凳与树池的组合设计

图 6–94　与矮墙结合设计的座椅（一）

图 6–95　与矮墙结合设计的座椅（二）

图 6–96　与台阶组合设计的坐凳（一）

图 6–97　与台阶组合设计的座凳（二）

图 6–98　兼具室外小品的座凳

图 6–99　尺度宜人的座椅及靠背设计

6.10　铺地

居住区地面铺装主要是为人们日常散步、游览和交通等活动提供平整、舒适、美观以及便于清洁的地面。

居住区的铺装景观首先构成了居住区道路的交通骨架，其次还成为居住区室外景观的重要衬景之一。铺地在室外景观环境中所占面积比例的大小很大程度上影响着居住区内小环境空气的温、湿度和光反射等指标。

6.10.1　铺地的分类

按照铺地的使用场所分为车行道的铺装和人行道的铺装两大类。

1）车行道的铺地设计

（1）一般车道的铺地设计

居住区内的车行道路多采用刚性路面和沥青路面，或考虑和其他材料灵活组合，产生更多的路面铺装效果。混凝土就被认为是在技术上比沥青更优质的车行道铺装材料，其表面成形的自由度十分高，可以做成各种图案。在视觉方面，可以更自由的考虑铺装的设计，为了引起司机的注意，有些地方还可利用分缝、凹凸和材质等产生变化（表 6–7）。

混凝土与沥青优缺点比较　表 6-7

铺装类型	优点	缺点
混凝土	铺筑容易	铺筑不当会分解
	可做成曲线形式	需要有接缝
	有多种表面、颜色、质地	有的颜色不美观，难持久
	表面坚硬，无弹性，耐久	有的类型受防冻盐腐蚀
	热量吸收低	浅色反射并引起眩光
	维护成本低	张力强度相对低而易碎
沥青	耐久，表面不吸水、不吸尘	边缘如无支撑易磨损
	可做成曲线形式	热天会软化
	可做成通气性的	汽油、煤油等石油溶剂可将其溶解
	弹性随混合比例而变化	
	热辐射低，光反射弱	水渗透到底层易受冻胀损害
	维护成本低	

（2）停车带

为了与一般的行车道区别开来，在停车带路面铺装材质上要有所改变，以方便人员上下车，货物装卸等活动。除了目前常用的嵌草砖外，可以选择材质较粗糙的铺装，在视觉和功能上降低车行速度，使停车带的铺装成为车行道与步行道之间的视觉缓冲。

2）人行道路的铺装设计

（1）人行交通性道路

是指居住区内以步行为主的道路。这类道路的铺地多选用柔性路面和生态路面，也可以是混凝土组合块材、砖或石材等块状铺地。在设计中要提供平整、舒适、耐磨、耐压、便于清扫和美观的地面，使其地面图案成为景观的一部分。

（2）人行休闲性道路

是指居住区内满足步行功能的同时，主要是以漫步、游憩、赏景等休闲性需求为主要功能的游步道。这类铺地宜设计精美，在色彩、质感、纹样上变化丰富，多用碎石、瓦片、卵石、木板等材料拼砌而成。设计时在满足其趣味性的同时应该将多种铺地材料和不同形式的园路组合设计，

图 6–100　引人驻足的卵石铺装

图 6–101　宜人的木板铺装

但也要注意避免运用过多的装饰材料而使区域内显得凌乱（图 6–100、图 6–101）。

按照铺地材料的不同可以分为整体铺装、块料铺装、透水铺装和其他材料铺装（常见材料铺装的做法及大样见附图 6–8、附图 6–9）

①整体铺装：主要包括水泥混凝土、沥青混凝土等，多用于居住区中心广场、停车场及居住区主要道路（图 6–102）。

②块料铺装：花岗岩、各类预制石板、地砖、透水砖等，主要用于人流较多的休闲广场、步行道及部分次要道路（图 6–103）。

③透水铺装：透水砖铺装、透水混凝土铺装、透水沥青混凝土铺装、草砖嵌、园林铺装中的鹅卵石和碎石铺装等；受自身强度的限制，透水铺装适合用于交通量较小的地方，如人行道、停车场、广场、园林小路等（图 6–104、图 6–105）。

④其他松软材料铺装：砾石、卵石、瓦片、木板、砂土、合成树脂及人工草皮等，可用于散步道、儿童及老人活动区或是公共活动部分需要加以装饰美观的地方（图 6–106）。

图 6–102　舒适美观的石材铺装

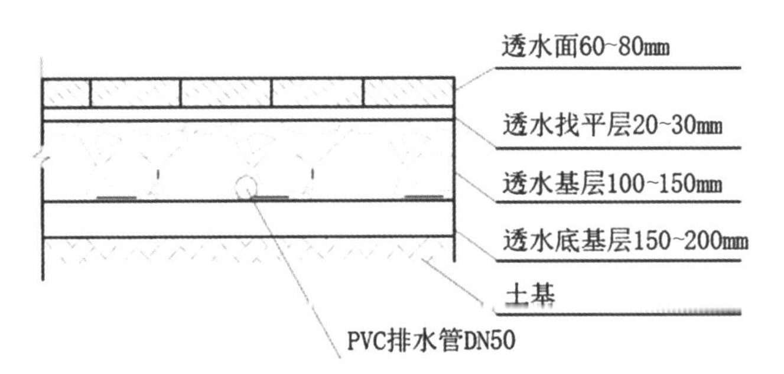

图 6–105　透水砖铺装典型构造示意图

图 6–103　整体性较强的块材铺装

图 6–104　极具渗透性的透水砖铺装

图 6–106　木材与石块软硬材料相结合的铺装

路面分类及其适用场地 **表 6-8**

序号	道路分类		路面主要特点	适用场地
1	沥青	不透水沥青路面	1. 热辐射低，光反射弱，全年使用，耐久，维护成本低； 2. 表面不吸水，不吸尘。遇溶解剂可溶解； 3. 弹性随混合比例而变化，遇热变软	车道、人行道、停车场
		透水性沥青路面		人行道、停车场
		彩色沥青路面		人行道、广场
2	混凝土	混凝土	1. 坚硬，无弹性，铺装容易，耐久，全年使用，维护成本低； 2. 撞击易碎	车道、人行道、停车场、广场
		水磨石路面	1. 表面光滑，可配成多种色彩，有一定硬度，可组成图案装饰	人行道、广场、园路、游乐场
		模压路面	1. 易成形，铺装时间短； 2. 分坚硬、柔软两种，面层纹理色泽可变	人行道、广场、园路
		混凝土预制砌块路面	1. 有防滑性； 2. 步行舒适，施工简单，修整容易，价格低廉，色彩式样丰富	人行道、停车场、广场、园路
		水刷石路面	1. 表面砾石均匀露明，有防滑性，观赏性强，砾石粒径可变； 2. 不易清扫	人行道、广场、园路
3	花砖	釉面砖路面	1. 表面光滑，铺筑成本较高，色彩鲜明； 2. 撞击易碎，不适应寒冷气温	人行道、游乐场
		陶瓷砖路面	1. 有防滑性，有一定的透水性，成本适中； 2. 撞击易碎，吸尘，不易清扫	人行道、园路、游乐场、露台
		透水花砖路面	1. 表面有微孔，形状多样，相互咬合，反光较弱。	人行道、停车场、屋顶广场
		黏土砖路面	1. 价格低廉，施工简单； 2. 分平砌和竖砌，接缝多可渗水； 3. 平整度差，不易清扫	人行道、广场、园路
4	天然石材	石块路面	1. 坚硬密实，耐久，抗风化性强，承重大； 2. 加工成本高，易受化学腐蚀，粗表面，不易清扫； 3. 光表面，防滑差	人行道、广场、园路
		碎石、卵石路面	1. 在道路基底上用水泥粘铺，有防滑性能，观赏性强； 2. 成本较高，不易清扫	停车场
		砂石路面	1. 砂石级配合，碾压成路面，价格低，易维修，无光反射，质感自然，透水性强	园路

续表

序号	道路分类		路面主要特点	适用场地
5	砂土	砂土路面	1. 用天然砂或级配砂铺成软性路面，价格低，无光反射，透水性强； 2. 需常湿润	园路、游乐场
		黏土路面	1. 用混合黏土或三七灰土铺成，有透水性，价格低， 无光反射，易维修	园路
6	木	木地板路面	1. 有一定弹性，步行舒适，防滑，透水性强； 2. 成本较高，不耐腐蚀； 3. 应选耐潮湿木料	园路、游乐场
		木砖路面	1. 步行舒适，防滑，不易起翘； 2. 成本较高，需作防腐处理； 3. 应选耐潮湿木料	园路、露台
		木屑路面	1. 质地松软，透水性强，取材方便，价格低廉，表面具有装饰性	园路
7	合成树脂	人工草皮路面	1. 无尘土，排水良好，行走舒适，成本适中； 2. 负荷较轻，维护费用高	停车场、广场
		弹性橡胶路面	1. 具有良好的弹性，排水良好； 2. 成本较高，易受损坏，清洗费时	露台、屋顶广场、体育场
		合成树脂路面	1. 行走舒适、安静，排水良好； 2. 分弹性和硬性，适于轻载； 3. 需要定期修补	屋顶广场、体育场

资料来源：建设部住宅产业促进中心．居住区环境景观设计导则（2006 版）[M]. 北京：中国建筑工业出版社，2006.

在进行铺装设计时应结合场地的气候、功能、主要使用人群以及周边软硬质景观综合设计，如铺装材料的选择、铺装形式等可以相互协调或强调对比等（图 6–107 ～图 6–110）。

不同步行环境中道路的路面处理应根据其不同功能要求进行不同形式和材料等的选择。柔性铺装选择时可参考表 6–9。

柔性铺装优缺点比较　　表 6-9

铺装类型	优点	缺点
级配砂石	1. 颜色范围广； 2. 经济性的表面材料	1. 每隔几年需进行补充； 2. 可能有杂草生长、需加边条

续表

铺装类型	优点	缺点
草坪	1. 无尘土，不侵蚀； 2. 排水良好； 3. 在上面行走舒适、安静； 4. 建造成本相对较低	使用强度大的情况下，维护费用高且难
草坪砖	1. 综合以上草坪优势； 2. 有较强稳固性； 3. 可负荷轻型车辆	需要经常浇水等高水平维护
人工草坪	1. 与草坪表面相似； 2. 雨后能更快使用而无积水； 3. 活动场地平坦； 4. 没有像天然草地那样浇水和养护问题	易造成运动者受伤（作为运动场地）；比天然草地铺筑成本高
有机材料	1. 相对便宜； 2. 与自然环境相宜； 3. 在上面行走安静、舒适	只适宜轻载；需要定期补充或更换

图 6–107　美观的卵石铺装

图 6–108　材质对比具有意境美

图 6–109　景观效果良好的生态铺装

图 6–110　引导性较强的生态铺装

6.10.2　铺地的设计原则及要点

在进行地面铺装设计时，应在满足功能性、艺术性和生态性要求的同时要注意体现人性化，以使铺装景观达到最佳的使用效果，设计时注意以下几点：

（1）根据不同的用地条件，可通过点、线、面等平面构成要素设计地面铺装。如点状的铺装可产生静止感，暗示一个静态停留空间的存在，而线状的铺装则会通过线条引导人流前进的方向，面状的铺装可渲染空间的整体氛围。设计中还可以采用一些松软材料的组合等来营造自然气息，如混合土、细砂、软木等（图 6–111）。

（2）不同质感铺装材料的组合和对比会使铺地显得生动活泼，尤其是自然材料与人工材料的搭配使用，较易在变化中求得统一，达到景观效果的整体性（图 6–112）。

（3）铺装材料的色彩也是影响铺装景观的重要因素。暖色调的铺装使整体景观显得热烈而富有活力，冷色调则优雅而宁静，灰暗调较为沉稳严肃。由于铺装多作为景观空间的背景，因此在色彩选择上以中性色为基调较好，以少量偏暖或偏冷的色调作装饰或点缀，力求做到沉稳而不沉闷，鲜明而不俗气。不同的功能空间应区别对待，如儿童场所可用色彩鲜明的铺装，如阳光较少的地方，明亮的铺装色彩较受欢迎。

（4）园林铺装块料的尺寸应结合场地的大小来进行设计。一般来说，大尺度的场地宜采用大尺寸的铺装块材和图案来彰显大气，小尺度空间则应采用较小尺寸的块材和图案以体现宁静温馨的氛围。此外，铺装接缝处的精细处理也会获得很好的视觉效果。

铺装还可通过与其他景观要素组合形成视觉美感，如不同明暗色彩铺装与植物阴影、流线型铺装与水体的呼应等。

图 6–111　不同铺装营造新中式景观意境

图 6–112　不同质感组合的铺装

(5) 地面铺装的材料和色彩一定程度上影响着居住区的小气候，如温度、辐射强度、空气湿度等，因此地面铺装时应考虑到铺装材料的特性，选用光反射及光污染较小的材质。同时宜尽量选用当地的环保和透水性或渗水性材料，体现景观的生态型，可在铺装材料之间适当留缝，缝间铺沙或嵌草，在满足生态性的同时增加艺术感染力。

(6) 铺装景观设计时应根据人们的步行特点，兼顾美观性与实用性。一般成人的脚步间隔平均为 45 ~ 55cm，因此步行道石块铺装的尺寸以 30 ~ 55cm 见方，厚 6cm 以上较佳，块材间距保持在 10cm 左右为宜。

儿童和老年人的活动场地应考虑较为亲切松软的铺装如木、砂、土及合成树脂、人工草皮等，路面注意防滑以保证安全性。

(7) 铺装设计时在满足使用功能和视觉美观性的同时应尽可能做到经济合理。

(8) 居住区铺装景观宜营造相对统一的室外环境，对分组团的居住区铺装则可按各组团特色在材质和色彩上分别进行设计，以增强组团的可识别性。

(9) 透水铺装在设计时，若遇到场地有较高荷载要求时，可采用半透水铺装结构；同时在场地现状土壤没有较好透水能力时，可在透水铺装地透水基层内设置排水管或排水板。

(10) 在地下室顶板上需铺设透水铺装时，顶板上应有不小于 600mm 的覆土厚度，同时还要设置排水层。

6.11　自行车存放设施

随着目前社会倡导的绿色环保出行的方式，越来越多的人选择自行车的出行交通方式，随着这一变化居住区就有了设置自行车停放设施的必要性。自行车停放设施不仅仅是功能性质的进行自行车的合理停放同时也是作为居住区一道有创意、灵动、特色的景观（图 6–113）。

图 6–113　自行车停放设施（一）

6.11.1　自行车停放设施的功能

（1）满足住户进行合理、有效的自行车停放，布点位置可根据住宅的规模、使用人数以及楼层数等因素来决定。

（2）作为住区的一种景观设施，满足功能的同时应具有美化环境的效果，让住户有一种温馨、舒适、美观的享受。

6.11.2　自行车停放设施的分类

（1）采取集中、分散以及集中和分散相互结合的方式。

（2）停车方式可分为对向错位、对向悬挂、高低错位、单向悬挂错位等（图 6–114、图 6–115）。

图 6–114　自行车停放设施（二）

（3）自行车集中存放总规模根据实际情况来决定，当居民住宅底层架空或配有地下、半地下私人储藏室时，集中自行车库的存放量就相应减少。

6.11.3　自行车停放设施的设计要点

（1）集中布置：规模一般以 300 ~ 500 辆车为宜，与一个街坊的居民住户数量相匹配。每辆车的规划停放面积为 1 ~ 2m^2，根据其存放方式的不同而不同。

（2）自行车停车设施有独立停车库、停车棚、住宅底层、地下或半地下停车房和住宅出入口露天停放等几种常见形式。

（3）自行车停放安全智能化也是现在引起越来越多关注的话题。在遵循方便、经济、安全的原则下，可结合高科技技术达到防止被偷的目的。采用 RFID 技术，一方面能获取共享的车辆数据，同时可进行失窃车辆比对。

图 6–115　单向悬挂式自行车停放景观

第7章

水景景观设计

图 7–1　亲近自然水景的居住区

水是我们生活中不可缺少的元素，是自然界最为生动的景观之一，水由于本身的柔性使得人们可以通过各种介质对其进行塑形，水所特有的透明性、反射性和折射性特征以及其可以产生的动感和声音，为景观设计人员提供了很好的创作媒介。

居住区水景景观是日常生活中最为常见的水景景观，应当结合场地特征，包括气候、地形及水源条件等因素来进行相应的设计。我国地域广泛，各地区差异较大，因此在水景设计中应注重因地制宜。南方干热地区在营造水景景观时应尽可能为居民提供亲水、近水甚至戏水的景观空间，北方地区在设计不结冰期的水景的同时，还必须考虑结冰期的枯水景观。

为了丰富小区环境景观的内涵，满足人们临水而居的心理，当前小区景观设计中常常依据原有地貌修湖建岛或垒壁引泉，营造湖光山色、碧波荡漾的开阔水景或是在有限的空间中构建喷泉、瀑布。水景在营造出情趣各异、视觉感受不同的景观效果的同时，可充分体现居住区的活力，并显示出其独特的艺术感染力。

好的水景设计不但可以增加景观空间趣味性和连贯性，如利用水体的倒影和光影变幻可以活跃景观空间的氛围等，还可起到调节小气候、净化空气、灌溉、养鱼、消防等作用，从而增加居住环境的舒适性，提升居住区的品位和价值。

在居住区水景设计中，常见的水景景观形式有自然水景、庭院水景、装饰水景和泳池水景。

7.1　自然水景

自然水景通常与江、河、湖、海、溪相关联。这类水景设计必须尊重原有自然生态景观，通过正确运用借景、对景等手法，将其与自然水景线和局部环境水体联系起来，发挥自然条件优势，融和居住区内部和外部的景观元素，创造出和谐的亲水居住社区（图 7–1）。

7.1.1　自然水景的构成元素

自然水景的主要构成元素包括：水体、山石、植物、地面铺装、小品设施等等。这些元素在水景环境的构筑中发挥着各不相同的作用，表 7–1 中简略记述了几种常见的自然水景构成元素所包含的内容：

常见水景构成元素及其包含的内容　　**表 7-1**

景观元素	内　容
水体	水体流向，水体色彩，水体倒影，溪流，水源

续表

景观元素	内　容
沿水驳岸	沿水道路，沿岸建筑（码头、古建筑等），沙滩，雕石
水上跨越结构	桥梁，栈桥，索道
水边山体数目（远景）	山岳，丘陵，峭壁，林木
水生动植物（近景）	水面浮生植物，水下植物，鱼鸟类
水面天光映衬	光线折射漫射，水雾，云彩

资料来源：建设部住宅产业促进中心．居住区环境景观设计导则（2006 版）[M]. 北京：中国建筑工业出版社，2006.

尽管这些元素在水景环境的构筑中的作用各异，但各元素在水景环境之间却是相互联系，互为补充的关系，而他们之间的关系由自然水景来协调统一。

自然水景中的驳岸、景观桥和木栈道是常用的兼具功能及装饰景观的小品设施，这些设施在保证安全的同时和与之相连的水体共同形成具有艺术审美价值的户外景观。

7.1.2　驳岸

驳岸是亲水景观中应重点处理的部位。驳岸的景观应根据水体、水态及水量的具体情况而定：较为大型的水面，驳岸一般比较简洁、开阔，水面、道路、缓坡与林冠线丰富的树林可以组成十分醒目而美丽的水景，如缓坡驳岸（图 7–2）；而较小的水池驳岸则要求布置精细，与各种水生及岸边植物花草、石块等相结合，形成精巧雅致的景观，如阶梯驳岸（图 7–3）。驳岸与环境是否相协调，不但取决于驳岸与水面间的高差关系，还取决于驳岸的类型及用材。驳岸类型可以分为：普通驳岸、缓坡驳岸、阶梯驳岸等。（驳岸类型及用材见表 7–2，做法示意图见附图 7–1）

图 7–2　缓坡驳岸

图 7–3　阶梯驳岸

驳岸类型及用材　　表 7-2

序号	驳岸类型	材质选用
1	普通驳岸	砌块（砖、石、混凝土）
2	缓坡驳岸	砌块，砌石（卵石、块石），人工沙滩沙石
3	带河岸裙墙的驳岸	边框式绿化，木桩锚固卵石
4	阶梯驳岸	踏步砌块，仿木阶梯
5	带平台的驳岸	石砌平台
6	缓坡、阶梯复合驳岸	阶梯砌石，缓坡种植保护

资料来源：建设部住宅产业促进中心．居住区环境景观设计导则（2006 版）[M]. 北京：中国建筑工业出版社，2006.

在居住区中，驳岸的形式可以分为规则式和不规则式。对居住区而言，无论是规则几何式的驳岸，还是不规则的驳岸，驳岸的高度和水的深度都要尽可能地满足人的亲水性需求，驳岸的处理应尽可能贴近水面，以人手能触摸到水为佳。同时无论是规则式还是不规则式的驳岸，岸边的平台或石块应尽可能同人的坐高一致，以便人们在亲水、近水的同时能够坐下来休息观景。

居住区水景驳岸应尽可能采用不规则的驳岸，由于其形式较为自由，高低随地形起伏，不受限制，更有利于满足人回归自然的心理需求，同时整个景观空间也会更富有自然的野趣。

7.2　庭院水景

庭院水景通常以人工化水景为主。根据庭院空间的不同，可采取多种手法进行引水造景（如跌水、溪流、瀑布、涉水池等），在场地中有自然水体的景观要保留利用并进行综合设计，使自然水景与人工水景融为一体。庭院水景设计要借助水的动态效果营造充满活力的氛围（图 7–4）。

图 7–4　以瀑布跌水为主构成的庭院水景

7.2.1　瀑布和跌水

瀑布是自然界中常见的水景形式，水体从一个高度近乎垂直地降落到另一个高度，除了水体坠落时产生的自由和连贯带给人们的视觉享受外，还有水声所带来的听觉和心灵的享受。

瀑布可以结合山石或植物的精心布置，形成“虽由人作，宛自天开”的自然景象，居住区水景设计中的瀑布虽不如大自然的瀑布那样壮丽而有气势，但正因为小，才使其更具有平易近人的亲和感和活泼轻盈的柔美效果。

瀑布一般由背景、水源、落水口、瀑身、承水潭和溪流五部分组成。瀑身是景观的主体，落水后到承水潭后接溪流而出。

瀑布按其跌落形式可分为很多种，较为常用的有滑落式、阶梯式、幕布式、丝带式。滑落式瀑布，为单幅瀑面，瀑身跌落角度较缓，给人以幽静清新的感觉；阶梯式瀑布，分为多级跌落，每级高差均等或不同，通过高差跌落带给人们以美妙的视听享受；幕布式瀑布则成单幅瀑面跌落，瀑面较宽，跌落高度较大，给人以恢宏大气之感；丝带式瀑布一般不形成完整瀑面，而是由多幅涓涓细流组成，时断时续，带来一丝恬静的氛围（图 7–5）。

图 7–5　不同形式跌落的瀑布

图 7–6　自然阶梯式瀑布景观

居住区内常用阶梯式或幕布式瀑布（图 7–6）。瀑布背景墙体和景石、分流石、承瀑石等应模仿自然景观，采用天然石材或仿石材，颜色宜采用灰色、黄褐色或黑色系列。考虑到观赏效果，不宜采用平整饰面的白色系列石材作为背景墙。为了确保瀑布沿墙体、山体平稳滑落，堰口一定要平滑，并对落水口处的山石作卷边处理。

瀑布因其水量不同，会产生不同视觉和听觉效果，因此，落水口的水流量和落水高差的控制成为设计的关键参数，居住区内的人工瀑布落差宜以 1m 左右为宜。堰顶为保证水流均匀，应有一定的水深和水面宽度，一般宽度不小于 500mm，深度在 350 ~ 600mm 为宜，下部潭宽至少为瀑布高度的三分之二，且不小于 1m，以防止水花溅出。

图 7–7′ 跌水

跌水可理解为多级跌落瀑布，一般将落差较小且逐级跌落的动态水景称为跌水。由于其逐级跌落的方式，不仅有视觉的引导感，还能营造较强的韵律感，相对于瀑布而言，跌水的落差、水量和流速均不大，具有较广泛的适用性，也更具亲和力（图 7–7，做法大样见附图 7–2）。

跌水的梯级宽高比在 3 ： 2 ~ 1 ： 1 之间，梯面宽度宜在 0.3 ~ 1.0m 之间较为适宜。

7.2.2 溪流

溪流是自然界河流的艺术再现，是一种连续的带状动态水景。溪浅而阔，水流柔和随意，轻松愉快。溪深而窄，则水流湍急，动感活泼。

溪流应讲求师法自然，尽可能追求蜿蜒曲折和缓陡交错，溪流的形态应根据环境条件、水量、流速、水深、水面宽和所用材料进行合理的设计。设计中可通过水面宽窄对比，形成不同景观和意境的交替，形成忽开忽合，时放时收的节奏变化。

溪流在设计中常用汀步、小桥、滩地和山石加以点缀，溪水中的散点石能够创造不同的水流形态，从而形成不同的水姿、水色和水声（图 7–8，做法大样见附图 7–3）。

溪流分可涉入式和不可涉入式两种。可涉入式溪流的水深应小于 0.3m，以防止儿童溺水，同时水底应做防滑处理。可供儿童嬉水的溪流，应安装水循环和过滤装置。不可涉入式溪流宜种养适应当地气候条件的水生动植物，如配植沉水植物，间养红鲤鱼以增强观赏性和趣味性。溪流水岸宜采用散石和块石，并与水生或湿地植物的配置相结合，减少人工造景的痕迹。

溪流的坡度应根据地理条件及排水要求而定。普通溪流的坡度宜为 0.5%，急流处为 3%左右，缓流处不超过 1%。溪流宽度宜在 1 ~ 2m，水深一般为 0.3 ~ 1m，超过 0.4m 时，应当在溪流边采取防护措施，如石栏、木栏、矮墙、植物等。

7.2.3 生态水池

生态水池是适于水下动植物生长，能美化环境、调节小气候并供人观赏的水景。居住区的生态水池应多饲养观赏鱼虫和水生植物，如鱼草、芦苇、荷花、莲花等，营造动物和植物互生互养的生态环境（图 7–9）。

图 7–8　观赏及调节小气候的生态水景

图 7–9　动植物和谐共生的生态水池

生态水池的池岸应尽量蜿蜒，水池的深度应根据饲养鱼的种类、数量和水草在水下生存的深度而确定（图 7–10）一般在 0.3 ~ 1.5m。为了防止陆上动物的侵扰，池边与水面需保证有 0.15m 左右的高差。水池壁与池底需平整以免伤鱼。池壁与池底以深色为佳。不足 0.3m 的浅水池，池底可做艺术处理，显示水的清澈透明。池底与池畔宜设隔水层，池底隔水层上覆盖 0.3 ~ 0.5m 厚土，种植水草。

图 7–10　河岸蜿蜒的生态水池

7.3　装饰水景

装饰水景只起到赏心悦目，烘托环境的作用，没有其他附加的功能。装饰水景主要是通过人工对水流的控制，如排列、疏密、粗细、高低、大小、时间差等，来达到预想的艺术效果的，可以和音乐、灯光共同组合产生视觉上的美感，从而展示水体的活力和动态美，这种水景往往会成为景观环境的中心。居住区内的装饰水景主要有喷泉和倒影池。

7.3.1　喷泉

喷泉是依靠机械设备将压力水的射流结合喷嘴的形态，采用不同的手法对喷射高度、时间等进行不同的组合，从而营造出无拘无束、丰富多彩的水体景观（图 7–11、图 7–12）。

居住区景观设计中常见的喷泉类型有旱喷（图 7–13，做法大样见附页 7–4，附图 7–5）、涌泉（图 7–14）、壁泉（图 7–15）等（表 7–3）。

图 7–11　喷泉组合（一）

图 7–12　喷泉组合（二）

图 7–13　旱喷

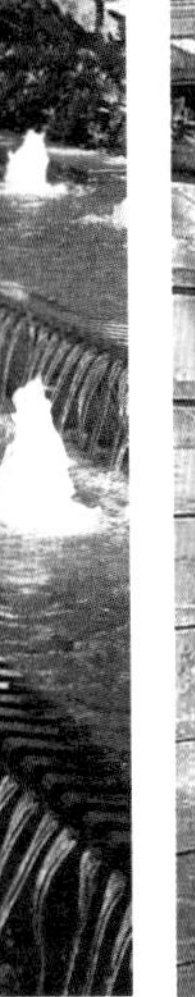

图 7–14　涌泉

图 7–15　壁泉

喷泉景观的分类和适用场所 **表 7-3**

名称	主要特点	适用场所
壁泉	由墙壁、石壁和玻璃板上喷出，顺流而下形成水帘和多股水流	广场，居住区入口，景观墙，挡土墙，庭院
涌泉	水由下向上涌出，呈水柱状，高度 0.6 ~ 0.8m 左右，可独立设置也可组成图案	广场，居住区入口，庭院，假山，水池
间歇泉	模拟自然界的地质现象，每隔一定时间喷出水柱和气柱	溪流，小径，泳池边，假山
旱地泉	将喷泉管和碰头下沉到地面以下，喷水时水流回落到广场硬质铺装上，沿地面坡度排除。平常可作为休闲广场	广场，居住区入口
跳泉	射流非常光滑稳定，可以准确落在受水孔中，在计算机控制下，生成可变化长度和跳跃时间的水流	庭院，园路边，休闲场所
跳泉喷泉	射流呈光滑水流，水球大小和间歇时间可以控制	庭院，园路边，休闲场所
雾化喷泉	由多组微孔喷管组成，水流通过微孔喷出，看似雾状，多呈柱形和球形	庭院，广场，休闲场所
喷水盆	外观呈盆状，下有支柱，可以分多级，出水系统简单，多为独立设置	园路边，庭院，休闲场所
小品喷泉	从雕塑伤口中的器具（罐、盆）和动物（鱼，龙）口中出水，形象有趣	广场，群雕，庭院
组合喷泉	具有一定规模，喷水形式多样，有层次，有气势，喷射高度高	广场，居住区，入口

资料来源：建设部住宅产业促进中心 . 居住区环境景观设计导则（2006 版）[M]. 北京：中国建筑工业出版社，2006.

由于形态的多样性和施工的便捷性，喷泉深受业主及设计师的青睐，在居住区景观设计中被广泛应用到广场或庭院空间的造景中，设计师利用其立体的动感景观，加上声音和灯光的配合，形成极具活力和标志性的观赏性空间。

7.3.2　静水面（镜水面）：

静水面也称为镜水面，起源于法国古典园林中的倒影池。在经典的法式园林中，大面积的倒影反射出蓝天白云和周围环境，仿佛巨大的镜面，被称为“水镜”。而今，随着对工艺和技术的探索，通过人工手在居住区景观中使用静水水面，能突出较强的景观造景与借景的作用，营造一种静谧空灵的效果。

静水水面因其景观效果较好，故在项目中使用频率比较高，通常的做法分为几种：

（1）大面积的全静水面（图 7–16），突出景观借景的效果，水面周边的植物，景墙，亭廊在水面形成绰约的倒影，营造优雅的景观氛围与气质。

（2）大面积静水与小处喷泉或者跌水组成，使得水景景观效果更加丰富（图 7–17、图 7–18）。

（3）静水面中点缀雕塑或与小品结合（图 7–19、图 7–20），也会给静水面增色不少，更使其成为景观视觉中心，水面与雕塑相互成景，雕塑或抽象或具象，因置于池底或水中。

（4）静水面与树池或休闲座椅（空间）结合（图 7–21 ～图 7–25），在实际项目中，树池与静水面结合设计，有着不同的美感，至于水面或者下沉的休闲空间，充分满足了人的亲水性，能给人带来不一样的空间使用与观赏感受。

（5）静水面的形态主要根据总体的景观设计风格而进行协调设计，池底的铺装的选择，通常为深色石面为主，如碎石铺装，火山石铺装，黑色面砖（图 7–26、图 7–27）等，以增强水的镜面效果以及景物反射的清晰度。水池边则可使用卵石收边，主要有白色亚光卵石和黑色光面卵石（图 7–28）等。

图 7–16　形成倒影的静水面

图 7–17　静水面与跌水结合

图 7–18　静水面，跌水和涌泉结合

图 7–19　优美的雕塑小品与水面形成优美的景观

图 7–20　小型静水面与雕塑结合

图 7–21　宛如水波纹的树池

图 7–22　静水面与树池共同成为点睛之笔

图 7–23　充满禅意的水中休息空间

图 7–24　亲水性极强的下沉休闲空间（一）

图 7–25　亲水性极强的下沉休闲空间（二）

图 7-26　黑色面砖池底

图 7-27　新中式风格的瓦片池底铺装

图 7-28　黑色面砖池底及卵石收边

7.4　泳池水景

居住区内设置的露天游泳池既是小区居民锻炼身体，休闲娱乐以及邻里之间进行交往的重要场所，也是小区景观的重要组成部分。泳池水景以静态为主，在为居住者营造一个轻松愉悦环境的同时要突出人的参与性和观赏性，既应具有游泳戏水的功能特征，又要兼具一定的观赏价值。

7.4.1　游泳池的功能

随着旅游业的发展，室外休闲越来越成为居住小区重要的功能项目。室外休闲的项目多种多样，但没有哪一个能像泳池区域一样凸显社区休闲文化的魅力，勾起人们对海边度假胜地和户外田园山林的联想，尤其是在冬暖夏热地区，泳池已成为人们户外活动和交流重要的不可或缺的场所。

泳池一般都位于小区的中心地带或主入口附近，并经常和小区会所结合，而会所是有别于住宅建筑的最有特色的低层建筑。会所丰富的建筑造型和轮廓线，以及较为开阔的用地为室外泳池的设计提供了良好的空间背景。会所的建筑风格一般最能体现楼盘的风格和卖点，而泳池也是室外景观最能反映楼盘风格的区域。

居住区泳池分为室内泳池和室外泳池两种。室外游泳池作为热带，亚热带地区居住小区公共空间重要的组成部分，是室外景观的精华。

7.4.2　室外泳池的分类

室外泳池按景观角度形态分为：

（1）自然式和规则式或两者兼有的综合形式；

图 7-29 与周围环境融为一体的自然式泳池

图 7-30 自然式泳池（一）

图 7-31 自然式泳池（二）

（2）按泳池池边的线性形式分为规则式和自然式；

（3）按功能分类有成人池，儿童池和按摩池等。

7.4.3 室外泳池设计要点

室外泳池是室外景观的重要部分，根据上述泳池类别的不同，也应采取对应的设计手法和与之相应的设计要点加以设计，以营造不同氛围的景观效果。

1）自然式泳池

最远古的泳池前身是湖泊或江河中的静水区域，作为游泳爱好者首选的娱乐休闲场所，人们都渴望在夏季置身于宁静的池塘或是潺潺流水的小溪，瀑布之下的水潭和有礁石分割的天然海滩也是理想中的娱乐休闲场所。因此，泳池设计应力求创造接近自然的泳池外观，同时运用一些设计技巧与小区周边的环境和建筑水乳交融，如修建有岩石嵌入的不规则的池边或人造沙滩，建造人工小岛或人造瀑布，强调水体和周边植物的直接接触等。这些设计手法所要达到的效果都是尽可能地减少泳池过多的人工化痕迹，即使是人造水域也要设法融入周边自然的景观元素中（图 7-29 ～图 7-32）。

2）规则式泳池

当需要泳池具有正式或非正式竞技功能要求时。泳池经常设计成规则式，同时在尺寸上符合竞技的要求。另一种情况是为了与周边建筑风格上相一致。当周边园林被设计成很强烈的规则式的时候，泳池也风格和形状也会和建筑与园林风格相一致。比如强烈的欧式古典风格的小区景观中的泳池外形常被设计成规则式，而且泳池区域景观元素都会赋予同样的风格（图 7-33）。

当泳池所处区域的建筑为极简主义风格的现代建筑时，泳池设计成简单的外形才能和建筑及建筑外部的空间相一致（图 7-34、图 7-35）。

另外，泳池所处的空间尺度比较局促时，规则式的泳池能更好地利用这一特点，在满足功能的前提下与环境相融合。当泳池直接位于车库顶板上方，以屋顶楼板作为泳池底板时，受结构或经济所限，往往由建筑的柱网结构决定泳池的形状，此时规则式的设计是最佳的选择。（图 7-36 ～图 7-39）

图 7-32　自然式泳池（三）

图 7-33　规则式泳池

图 7-34　形式简洁的泳池与建筑风格相一致

图 7-35　规则简洁的泳池配合了建筑的极简风格

图 7-36　会所与泳池的紧密结合（一）

图 7-37　会所与泳池的紧密结合（二）

图 7-38　会所与泳池的紧密结合（三）

图 7-39　会所与泳池的紧密结合（四）

图 7-40 自然与规则结合的泳池

图 7-41　成人泳池（一）

7-42　成人泳池（二）

3）自然式和规则式兼有的综合形式

当泳池和会所联系密切时，靠近会所建筑的部分采用规则式，而远离建筑接近景观的部分可采用自然式，一般适用于面积较大的泳池（图 7-40）。

多数小区的泳池都包括成人池和儿童池两部分，为不同年龄段的居民提供服务。成人池水深可以做不同深度的变化，并应在相应区域池边标明水深，儿童池深度也应符合设计规范并标明水深（图 7-41、图 7-42）。儿童池与成人池之间应适当分隔或拉开一定安全距离，应有各自独立的活动空间。儿童泳池深度在 0.6 ~ 0.9m 为宜，成人泳池在 1.2 ~ 2m。当然，儿童泳池与成人泳池也可统一考虑设计，一般将儿童池放在较高位置，水经阶梯式或斜坡式跌水流入成人泳池，既保证了安全又可丰富泳池的造型（图 7-43、图 7-44）。

有些高档小区泳池设计池安装专门的水下设备达到按摩的作用。按摩池一般面积不大，可独立设置，也可以设置在成人池的水域之中，丰富水面的层次（图 7–45）。

池岸必须作圆角处理，铺设软质渗水地面或防滑地砖。泳池周围多种植灌木和乔木，并提供休息和遮阳设施，有条件的小区可设计更衣室和供野餐的设备及区域。

7.4.4　小区泳池景观设计要素

夏天，在热带地区或温带地区，游泳是消暑解闷和舒缓放松的主要活动。小区泳池不仅是提供游泳和水上娱乐的场所，也是小区景观集中展示的场所。泳池及相关的景观设计要素更能反映整个小区的景观风格和场所精神。

泳池的景观设计要素包括除水池结构主体之外视觉上可以看到的各个部分，如池底铺装，池岸休息平台，池中台阶，临水树池，建筑小品，跌水瀑布，喷水雕塑，照明设备和泳池区域的植物等。

1）池底铺装

池底铺装为泳池设计的视觉主体，因其占据泳池面积的大部分并且包括池壁范围，在高层住宅区中，其鸟瞰效果和泳池边缘的线性共同构成了丰富的高空视觉感染力（图 7–46）。

小区泳池的池底铺装通常用马赛克和瓷片，池底色彩以蓝色为主（图 7–47）。马赛克可以根据设计图案进行定制，但价格较贵。瓷片可以有不同的色彩做简单搭配，价格较低。

若是人工海滩浅水池则主要是让人领略日光浴的愉悦。池底基层上多铺白色细砂，坡度由浅至深，一般为 0.2～0.6m 之间，驳岸需做缓坡，以木桩固定细砂，水池附近应设计冲砂池，同时设置便于更衣的场所。这类泳池一般面积较大，足以容纳一定宽度的沙滩和水中的缓坡（图 7–48）。

2）池岸休息平台

休息平台是用以放置沙滩椅和遮阳伞的区域，应有一定的宽度，池边平台可选择天然石材和防腐木板或做不同的材

图 7–43　儿童泳池（一）

图 7–44　儿童泳池（二）

图 7–45　按摩池

图 7–46　池底铺装有着极佳的高空视觉效果

图 7–47　极具艺术感的泳池池底铺装

图 7–48　人工海滩

图 7–49　惬意舒适的池边休息平台（一）

图 7–50　舒适惬意的池边休息平台（二）

质组合。在热带地区的泳池应在池边较宽的平台区域种植庭荫树以减少阳光的辐射（图 7–49、图 7–50）。

3）台阶

进入水池的台阶多用安装在池壁上的金属成品阶梯。但在泳池特定的区域内设置一定宽度的人工混凝土或石台阶更方便人们平稳舒适地进入泳池，同时也会丰富池边形式，但这样做一定程度上会增加造价并带来施工和结构的复杂性（图 7–51、图 7–52）。

4）临水树池

不论是自然式还是规则式的泳池，都应在适当区域设置临水的花池或树池，尤其是热带丛林风格的泳池更应有一定比重的植物直接临水（图 7–53、图 7–54）。高大乔木提供的树荫和阴影能加

图 7–51　泳池边的台阶丰富了池边的形式

图 7–52　泳池平缓的阶梯以方便进出

图 7–53　泳池中的临水树池（一）

图 7–54　泳池中的树池（二）

强水面的明暗对比，并随不同的时间因太阳入射的角度不同而不断变化达到丰富水景观的效果（图7—55、图7—56）。灌木丰富的色彩可以倒映在水面，随手可触的枝叶也可以给在池边休憩的人们带来自然的感受。

5）建筑小品

泳池区域设置凉亭等建筑小品可以提供遮荫的休憩场所。现代风格的小区景观中，白色的张拉膜也能在水池上方投下阴影。凉亭的形式和材质可以与整体景观风格一致。在热带泳池中常在泳池边甚至水中设置“水吧”，以增加休闲情趣。凉亭的位置除考虑泳池区域和功能需要之外，也应照顾到与周边会所建筑和住宅建筑的平衡关系和空间需求（图7—57～图7—60）。

图7—55　临水树池以丰富泳池景观效果图

图7—56　临水树池给人以自然的感受

图7—57　构架与泳池的结合

图7—58　池边水吧

6）跌水瀑布

在自然式的泳池中，可以根据地形的高差变化和人造地形设置瀑布跌水作为泳池水体的源头（图 7–61）。其载体可为自然的山石也可以是人工堆砌的石墙，配合植物的种植设计还可增加自然的情趣（图 7–62、图 7–63）。

在欧式古典风格的小区泳池设计中，经常引用欧洲经典的雕塑喷水设计手法营造泳池水体的动感。尤其在儿童池区域设计喷水雕塑更能吸引孩子，增加其玩水的兴致。在海洋风格的景观中，各类海洋生物的喷水雕塑更能强化主体风格并增加泳池空间的声光效果（图 7–64、图 7–65）。

图 7–59　热带风情草亭

图 7–60　池边的张拉膜结构

图 7–61　别具匠心的泳池瀑布

图 7–62　自然山石堆砌的跌水瀑布

图 7–63　人造景墙形成的跌水瀑布

图 7-64　生动有趣的动物造型（一）

图 7-65　生动有趣的动物造型（二）

图 7-66　泳池边缘的照明强化设计

图 7-67　灯光照明丰富了泳池夜间的层次感

7）泳池照明

夜晚开放的泳池应设计照明设施，包括泳池周边照明和水中照明。照明设计和灯具的选择应同时符合安全照度的需要和水景空间设计要求，避免灯光过亮和照度过于平均。一般来说，有喷水雕塑的区域和泳池边缘应加强照明（图 7-66、图 7-67）。

8）泳池区域的植物

泳池区域的植物设计除应满足一般的种植设计，还应结合泳池区域景观空间的特点，强化其作为软质景观的效果（图 7-68）。泳池区域种植植物应选择常绿树种如棕榈、蒲葵、鸡蛋花等，不应选择落叶、有飞絮的树种，以便保持泳池池水清洁，也不能配置有毒、有刺植物以保证安全。泳池边植物的群落布置应首先考虑植物的天际线，其次是植物树种个体的景观特性，另外，能够倒映在水面上的植物群体质感与色彩的对比和植物树形的光影变化也至关重要（图 7-69）。

9）无边际泳池

无边际泳池的魅力在于其与自然景观的完美融合，仿佛一座天然的湖泊，或溶入于大海，或消失于悬崖。泳池的设计使大海和岩石相互融合、悬崖直抵水面，而与之对应的泳池的另一边则伸向

图 7–68　池边绿化柔化了泳池边缘

图 7–69　植物本身的天际线及光影变化丰富了池边景观

图 7–70　无边际泳池形成海天一色的奇妙景致

图 7–71　无边际泳池和自然融为一体

远方，形成了一道以蓝天和大海为背景的风景线。在小区内使用这种设计，要注意周围配景应尽量贴近自然（图 7–70、图 7–71）。

10）　泳池常用设施

为了泳池净化水质，国家制定了游泳池给排水设计规范，强制设置一些保证水质和人身安全的硬件设施，如消毒池（做法大样见附图 7–6）、溢水沟（做法大样见附图 7–7）和泳池台阶（做法大样见附图 7–8）、爬梯（做法大样见附图 7–9）等。这些常用设施也是泳池景观不可或缺的组成元素。

7.5　景观用水

7.5.1　给水排水

在居住区景观给水排水系统的设计中，要注意以下几点：

（1）景观给水一般用水点较分散，高程变化较大，通常采用树枝式管网和环状式管网布置。

管网干管应尽可能靠近供水点和水量调节设施，干管应避开道路（包括人行路）铺设，一般不超出绿化用地范围。

（2）景观排水要充分利用地形，采取拦、阻、蓄、分、导等方式进行有效的排水，并考虑土壤对水分的吸收，注重保水保湿，利于植物的生长。与天然河渠相通的排水口，必须高于最高水位控制线，防止出现倒灌现象。

（3）给排水管宜用UPVC管，有条件的则采用铜管和不锈钢管给水管，优先选用离心式水泵，如若采用潜水泵的必须严防绝缘破坏导致水体带电。

7.5.2 浇灌水方式

居住区浇灌水的方式，要根据居住区种植区域的具体情况而进行设计，一般的设计原则有：

（1）对面积较小的绿化种植区和行道树使用人工洒水灌溉。即将胶质水管接到水头采用人工手段进行灌溉的方式。对于面积较小的绿地，人工浇灌有着灵活、机动的特点，但效率不高。

（2）对面积较大的绿化种植区通常使用喷灌系统。喷灌是指利用机械和动力设备，使水通过喷头（或喷嘴）射至空中，以雨滴状态降落的灌溉方法。喷灌设备由进水管、抽水机、输水管、配水管和喷头（或喷嘴）等部分组成，可分为移动式喷灌系统和固定喷灌系统。具有节省水量、不破坏结构、调节地面气候且不受地形限制等优点，但易形成浇灌死角。

（3）对人工地基的栽植地面（如屋顶、平台）宜使用高效节能的滴灌系统。滴灌是利用塑料管道将水通过直径约10mm的毛管上的孔口或滴头送到植物根部进行局部灌溉。是目前干旱缺水地区较为有效的一种节水灌溉方式，水的利用率可达95%。其不足之处是滴头易结垢和堵塞，因此应对水源进行严格的过滤处理。

7.5.3 雨水的收集与利用

雨水作为一种自然资源，没有太多污染，一般经简单处理后便可用于生活杂用、消防、绿化、景观用水、车辆冲洗等。如设计合理，成本要低于生活污水废水的净化处理费用。

1）雨水的收集

雨水的收集包括以下几个方面：

（1）建筑屋面雨水收集

普通屋面雨水收集系统由檐沟、收集管、水落管、连接管等组成。水落管多采用镀锌铁皮管、铸铁管或塑料管。屋面雨水收集可收集到专设的雨水蓄水池，也可利用容器蓄积雨水。

（2）路面雨水收集

路面雨水收集系统可采用雨水管、雨水暗渠、雨水明渠等方式，水体附近汇集面的雨水可以利用地形通过地表面汇集到水体。利用道路两侧的低势绿地或有植被的自然排水浅沟，是一种很有效

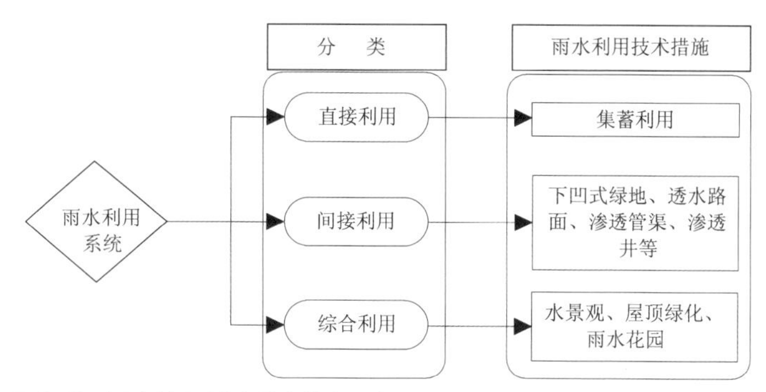

图 7–72　雨水利用系统与技术措施分类

的路面雨水收集截污系统。

（3）停车场、广场雨水收集

停车场、广场等汇水面的雨水径流量一般较为集中，收集方式与路面类似，但要注意由于人流活动的集中和车辆油箱的泄露，可能会影响场地雨水径流的水质，需要采取有效的管理和截污措施。

（4）绿地雨水收集

绿地既是汇水面，又是雨水的收集和截污措施，甚至还是一种雨水的利用单元。一般通过绿地的径流量会明显减少，可能收集不到足够的雨水量。如果需要收集回用，一般可以采用浅沟、雨水管渠等方式对绿地径流进行收集。

2）雨水的利用

雨水利用指有目的地采用各种措施对雨水资源进行保护和利用，主要分为直接利用系统、间接利用系统和综合利用系统。

（1）雨水直接利用系统是指收集各汇水面上的径流雨水，调蓄后经适当处理进行利用，即狭义的雨水利用。收集处理后的雨水可用于绿化、喷洒道路、冲厕、洗车等。

（2）雨水间接利用系统主要是运用雨水渗透技术，将雨水回灌地下，补充涵养地下水资源，改善小区生态环境，减少水涝。

（3）雨水综合利用系统是指通过综合性的技术措施实现与水资源的多种目标和功能，这种系统较为复杂，可能涉及雨水的集蓄利用、渗透、排洪减涝、水景、屋顶花园甚至太阳能利用等多种子系统的组合（图 7–72、表 7–4）。

3）雨水处理与净化技术

根据不同用途和水质标准，雨水需要经过处理后才能满足使用要求。

雨水处理分为常规处理和非常规处理。常规处理指经济适用、应用广泛的处理工艺，主要有沉淀、过滤、消毒和一些自然净化等；非常规处理则指一些效果好但费用较高或适用于特定条件下的工艺，如活性炭技术、膜技术等（表 7–5）。

雨水利用的分类、方式及其用途　表 7-4

分类	方式			主要途径
雨水直接利用	按区域功能不同	社区		绿化 喷洒道路 洗车 冲厕 冷却循环 景观补充水 其他
		工业区		
		商业区		
		公司、学校等公共场所		
	按规模和集中程度不同	集中式	建筑群或区域整体	
		分散式	建筑单体雨水利用	
		综合式	集中与分散相结合	
	按主要构筑物和地面的相对关系	地上式		
		地下式		
雨水间接利用	按规模和集中程度不同	集中式	干式深井回灌	渗透补充地下水
			湿式深井回灌	
		分散式	渗透检查井	
			渗透管（沟）	
			渗透池（塘）	
			渗透地面	
			低势绿地等	
雨水综合利用	因地制宜；回用与渗透相结合；利用与景观、改善生活环境相结合等			多用途、多层次、多目标、改善城市生活环境，可持续发展的需要

资料来源：绿色建筑

雨水的处理工艺　表 7-5

分类		技术措施	适用范围
雨水处理技术	自然净化处理	生物滞留系统	汇水面积小于 1 hm^2 的区域及公路两侧、停车场等污染比较严重的汇水面
		雨水湿地	汇水面积大于 10 hm^2 的区域
		雨水生态塘	汇水面积大于 4 hm^2 的区域
		植被缓冲带	汇水面积较大，人工水体周边等区域
		生物岛	人工水体内的水质保障
		高位花坛	强化处理雨落管收集的屋面雨水
	常规处理	土壤过滤	径流污染严重及利用时对雨水水质要求较高
	深度处理	沉淀＋传统过滤＋消毒	处理雨水用作水质要求较高的杂用水水源，如洗车、冲厕，甚至用作饮用水水源
		活性炭技术	
		微滤技术	
		膜技术	

资料来源：绿色建筑

雨水的收集和利用除了可以节约水资源，更重要的是能保护和改善区域的整体环境，使区域内的发展具有可持续性，产生良好的生态效益、环境效益和社会效益。

7.5.4　中水回用

中水（Reclaimed Water）是指各种排水经处理后，达到规定的水质标准，可在生活、市政、环境等范围内杂用的非饮用水，也叫再生水。

中水系统（Reclaimed Water System）由原水的收集、储存、处理和中水供给等工程设施组成的有机结合体。中水回用技术指将小区居民生活废〔污〕水（沐浴、盥洗、洗衣、厨房、厕所）集中处理后，达到一定的标准回用于小区的绿化浇灌、车辆冲洗、道路冲洗、家庭坐便器冲洗等，从而达到节约用水的目的。

小区中水系统具有实施方便，不影响市政道路，回用管道短，投资小等优点，对大型的居住小区较适合。

按处理方法，中水处理工艺一般分为 3 种类型（表 7–6）。

水处理分类和工艺原理　　**表 7-6**

分类名称		工艺原理	适用水体
物理法	定期换水	稀释水体中的有害污染物浓度，防止水体变质和富氧化发生	使用于各种不同类型的水体
	曝气法	①向水体中补充氧气，以保证水生生物生命活动及微生物氧化分解有机物所需氧量，同时搅动水体达到水循环。②曝气方式主要有自然跌水曝气和机械曝气	适用于较大型水体（如：湖、养鱼池、水洼）
化学法	格栅—过滤—加药	通过机械过滤去除颗粒杂质，降低浊度，采用直接向水中投放化学药剂，杀死藻类，以防水体富营养化	适用于水面面积和水量较小的场合
	格栅—气浮—过滤	通过气浮工艺去除藻类和其他污染物质，兼有向水中充氧曝气作用	适用于水面面积和水量较大的场合
	格栅—生物处理—气浮—过滤	在格栅—气浮—过滤工艺中增加了生物处理工艺，技术先进，处理效率高	适用于水面面积和水量较大的场合
生物法	种植水生植物、养殖水生鱼类	以生态学原理为指导，将生态系统结构与功能应用于水质净化，充分利用自然净化与生物间的相克作用和食物链关系改善水质	适用于观赏用水等多种场合

资料来源：建设部住宅产业促进中心 . 居住区环境景观设计导则（2006 版）[M]. 北京：中国建筑工业出版社，2006.

1）物理法

如定期换水，向水中充氧或利用人工或机械曝气，以保证分解水中有机物所需的氧量。

2）化学法

适用于污水水质变化较大的情况。通过机械过滤或是投放化学药剂防止水体的富营养化。采用的方法有：格栅、过滤、加药、活性炭吸附、浮选、混凝沉淀等。

3）生物法

主要是利用生态系统的功能和结构关系来改善水质，如种植水生植物和养殖水生鱼类等，利用生物间的相克作用和食物链关系。

环境、景观、生态、绿化，这些自然要素都离不开水资源，在中水技术日趋成熟的今天，小区中水回用不仅能减少污染，增加可利用的水资源，而且解决了大量的景观用水和绿化浇灌用水，为小区实现经济效益。小区进行中水回用，必须综合考虑技术、建设及运营等方面的因素，合理的统筹规划，小区中水回用工程应与其他工程同步设计、施工、验收以求得最佳效果。

7.6 污水处理与人工湿地

7.6.1 污水的形成及处理方法

水体的污染是由于污水进入洁净水体或雨水中有不净成分带入洁净水体而造成的。一般情况下，水体中含有少量的有机物与营养是有益的，这些成分对生活于其中的有机物或有机物群落十分重要。营养物质为有机物进行新陈代谢提供了能量，如果没有这些能量来源，食物链上层的有机物就有可能死亡。但是，当流入原来水体中的污水中任何一样营养物质超过一定数量时，就有可能损害或者甚至改变原有生物群落。在一定的富营养化水体中，当微生物在分解水中的有机物时，会造成溶解在水中的氧气含量不足，产生有毒气体并产生一个有利于有害微生物生存的环境导致鱼类与另外的生物死亡，即使再次充入的空气能够防止缺氧，被破坏过的环境仍然会对水中的生物造成影响，从而造成新生物于现存物种竞争并占支配地位的局面。因此，对居住区水景的水体进行污水处理以及保持水体质量的工作显得尤为重要。

对水体进行修复的方法很多，有化学方法，物理方法和生物方法。与化学、物理方法相比，生物修复方法更具优势。主要优点如下：污染物在原地被降解，就地处理操作简单，对环境干扰较少、修复时间短、成本低、不产生二次污染。正是由于具有这样一些优点，在对水体进行修复时常常采用生物修复的方法。水体生物修复的主要方法有：生物处理技术，生态塘处理法，人工湿地处理技术。目前随着绿色环保概念的深入人心，利用人工湿地景观来处理污水以达到景观用水标准的做法已越来越受到关注和重视。

7.6.2　人工湿地的概念

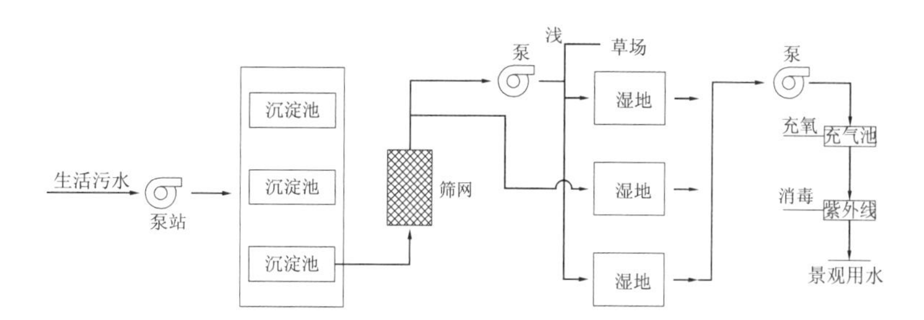

图 7-73　人造湿地污水处理系统简图（资料来源：彭应运 . 住宅区环境设计及景观细部构造图集 [M]. 北京：中国建材工业出版社，2005.）

人工湿地是人类从实际需要和利益出发，人为设计与建造的，由基质、植被、动物和水体组成的复合体。基质主要采用碎石、陶粒、煤渣、细、粗砂按一定比例混合组成，在有一定长宽比和底面坡度的洼地上用基质组成填料床，使污水在床体的填料缝隙中流动或在床体表面流动，并在床体表面种植能承受高污染且处理性能良好的水生植物，利用植物及根部与石缝中生长的微生物对污水进行净化，完全依靠自然净化的程序进行。这种湿地对污水中的有机物、营养盐（氮磷）、重金属、除草剂、大肠杆菌与病菌病毒都有分解去除效果，从而能够使污水得到净化。

人工湿地具备多种生态功能，尤其是净化污水。当污水投放到类似于沼泽的人工湿地上，经沙石、土壤过滤，植物根际的多种微生物活动，水质会得到净化，同时也促进了植物生长（图 7-73）。人工湿地的能源为太阳能和污水中的营养物质，其优点是建造成本与运行成本都比传统的污水处理系统低，且省人工，缺点是占地面积较大，易受地块大小的影响。污水中的镉、铅、砷、汞等重金属有害物质，可以被人工湿地中的植物所吸收，以达到污水处理的目的，但收割下的植物应当作为危险垃圾谨慎处理。

7.6.3　人工湿地设计要点

1）人工湿地的分类

根据水在湿地中流动的方式不同又分为三种类型：地表流湿地、潜流湿地和垂直流湿地。

（1）地表水流湿地

地表流湿地系统也称水面湿地系统，与自然湿地最为接近，污染水体在湿地的表面流动，水位较浅，多在 0.1 ～ 0.9m 之间。通过植物生长在水下部分的根、茎和杆上的生物膜来去除污水中的大部分有机污染物。氧的来源主要靠水体表面扩散，植物根系的传输和植物的光合作用，但传输能力十分有限。这种类型的湿地系统具有投资少，操作简单，运行费用低等优点，但占地面积大，负荷小，处理效果较低，北方地区冬季易发生表面结冰问题，夏季易滋生蚊虫，产生臭味，卫生条件差。

（2）潜流湿地系统

潜流湿地系统也称地下流湿地系统。这种类型的人工湿地，污水在湿地床的内部流动，水位较深。是利用填料表面生长的生物膜、丰富的植物根系及表层土和填料截留的作用来净化污水。由于水流在地表以下流动，具有保温性能好，处理效果受气候影响小，卫生条件较好，出水水质稳定，不需适应期，占地小，但投资要比水面湿地高，是目前应用较多的湿地处理系统。

（3）垂直流湿地系统

垂直流湿地的水流情况综合了地表流湿地和潜流湿地的特性，水流在填料床中基本上呈由上向下的垂直流，床体处于不饱和状态，氧可通过大气扩散和植物传输进入人工湿地系统。由于这种系统需要在池底布置集水管，处理后的水需通过集水管收集排放，基建要求较高，检修维护不便，较少采用。

2）人工湿地设计要点

居住区人工湿地在设计中要注意以下问题：

（1）地表人工湿地的设计要求污水可以缓缓地从湿地的一端流向另一端，最大限度地使污水与水底附着的细菌接触。对于潜流湿地，处理的目标是一致的，不同的地方则为细菌是附着在砾石表面。设计可以通过控制流速、池底平整略微倾斜等手段使污水均匀地分布在湿地中并保证一定的滞留时间。

（2）人工湿地宜采用堤坎，防止其在暴雨时污水溢出池区而造成污染，同时也要避免区外雨水灌入本区。池区应设置溢洪道，可以在暴雨时快速排除雨水及被雨水稀释过的污水。

（3）通过确定流经湿地污水的种类、数量和污水的滞留时间等计算湿地的容量和尺寸。

（4）潜流湿地系统隔水毡以上应保持 300 ～ 500mm 的砂质土壤。这种系统在植物从水面向根部传送氧气量不足的情况下，需要通过重启装置给水下砾石空隙提供氧气。

7.6.4　水体生物在人工湿地中的作用

1）水生植物的选择

植物是人工湿地的重要组成部分。水生植物可将景观水中的部分污染物作为自身生长的养料而被吸收；能够将某些有毒物质的重金属富集、转化、分解成无毒物质；根系生长有利于景观水均匀地分布在湿地植物床过水断面上，向根区输送氧气创造有利于微生物降解有机污染物的良好根区环境，增加或稳定土壤的透水性。

常用于人工湿地的水生植物种类有：

（1）挺水植物（如芦苇、灯芯草、菖蒲等）通过对水流的阻尼和减少风量扰动可使污水中的悬浮物质沉降。通过根部输氧，使附着于根部的需氧细菌大量繁殖，从而分解各种固体有机物。挺水植物的根部还可直接吸收深部泥中的营养盐。其上部躯干，长成后应及时收割，以免倒伏将残体滞留水底，矿化分解造成再度污染。

（2）浮叶植物（如莲藕等）在浅水湖泊中有良好的净化效果，种植收获也较为容易。

（3）漂浮植物能吸收水中的营养盐，效果也较好。有些种群污染性强，如凤眼莲（水葫芦）等，但这类植物的大量繁殖会占据整个水面空间，使沉水植物得不到阳光而萎缩、死亡。漂浮植物和浮体陆生植物（加上浮力支撑后可水培的植物）在一定条件下组合使用，可在起到净化和观赏效果的同时，体现经济效益。但需定期打捞，使其保持一定数量。另外，不要将这类植物引入水面较大的池塘，因其生长迅速，遮光性强，易使水体生态恶化，如果想将这类植物从大池塘中除去将会非常困难。

（4）沉水植物可吸附、储存生物屑于植物根部，同时也向水中放出氧气，遏制磷的释放。能阻止上层水体扰动湖面，减少底泥中的营养盐向水体的释放量。在人工湿地景观设计中，往往忽视水下稳定群落，改善生态环境的植物应用，建议在湿地建设中增加沉水植物，如苦草、黑藻、狐尾藻等。

常用的湿地的水生植物有：芦苇、香蒲、灯芯草、菖蒲等（具体植物详见附表 4），植物的选择最好是取当地或本地区天然湿地中存在的植物，以保证对当地气候环境的适应性，并尽可能增加湿地系统的生物多样性以提高湿地系统的综合处理能力。

2）水生动物的选择

为提高湿地的综合处理能力，应尽可能保证湿地系统的生物多样性。除了水生植物外，还应形成多条食物链，使多方分工协作，共同起到有效分解水中污染物的作用。如鱼、虾、蚌、螺、小虫等，这些水生动物有的食用藻类和浮游生物，有的食用生物碎屑，某些水生小动物的分泌物由絮凝作用，可作为水体净化的补充。

人工湿地系统是一种正在不断得到完善和应用的污水处理技术。该技术应用于城市住宅小区的景观用水是一种新的探索，形成的“活水”景观具有较好的观赏价值和社会效益。利用人工湿地系统处理景观水能满足人们对回用水的水质要求，而且投资低，维护费用低，节省能耗。是一种既经济又有效的景观水处理技术。

第8章

建筑景观设计

居住区景观设计中离不开既满足功能要求，又具有点缀、装饰和美化作用的小型建筑景观，如居住区入口大门、亭、廊、景墙、花架、会所等。它们从属于小区外部景观环境，是居住区外部景观空间构图中不可分割的重要组成部分，起到美化环境、烘托气氛、隔断空间、装饰并陪衬主体建筑的作用，同时可供人们休憩和观赏，这些小而人性化的景观场所兼具开放性和遮蔽性，常常成为人们活动交往的重要空间。

居住区建筑景观设计的核心是引导个性化形象的形成，充分考虑建筑景观的可赏性和可游性，独特的形体和宜人的尺度及色调、质感间的协调往往使建筑景观产生意想不到的艺术感染力。

居住区的小型景观建筑，由于其特定的居住环境氛围而决定有其特定的存在内涵。作为家庭环境空间的一种外延，小型景观建筑的设计更应注重人的交流和参与，使居住场所中不同年龄、不同社会层次的人群在个性特征鲜明的景观空间中体验到一种居家的温馨和惬意。

8.1 入口及大门

居住区入口是居住区与周围环境，包括建筑、城市街道等之间的过渡和联系的空间。大门则是入口空间中最重要的组成部分之一，是居住区与城市空间的分隔部分，也是居住区空间序列的开端。居住区入口是对外展现居住区特点与风采的一个窗口，同时也对城市景观空间起着积极的影响作用。

8.1.1 主要功能

居住区入口及大门主要具有实用性、标志性和文化性等功能。

实用性功能主要体现在交通导向及安全防范上。交通导向包括引导日常机动车和非机动车的交通、人的步行交通等。安全防卫则是为了小区的安全而对通行的人、车进行的必要检测，如门禁系统及智能化车辆管理等。

居住区入口大门承担着满足居住者认知居住领域的标识功能，居住区入口及大门在体现居住区的特质与品位中起着首要作用，居住者的居住情感往往建立在对入口及大门的认可与识别上。富有个性及特色的大门设计，能给人们发自内心的居住认同感，从而产生亲切的归属感，产生一种“家”的感觉。

不同的居住区有着不同的居住理念与住区文化，入口和大门往往结合功能及景观元素直接或间接地反映出不同的地域及民族文化特色，包括不同的居住主题与理念等，通过入口与大门传达一种特殊的文化元素，体现住区的文化性。

8.1.2 基本类型

1）按空间分割方式

门体建筑按空间分割方式可分为开放式和封闭式两种。开放式的门体一般由牌坊或立柱组成，

图 8–1　造型优美的独立式门体

图 8–2　与传达室结合的组合式门体

主要起到限定空间、标志界域的作用，没有安全防卫的功能。封闭式门体一般带有智能化的门禁系统，通过电子栅栏等控制车辆或行人的出入，目前大多数新建的小区主入口多采用这种形式。

2）按组合方式

门体建筑按组合方式可分为独立式和组合式两种。独立式门体不附属于任何建筑，独立而造型丰富，大多数居住小区均采用这种门体，组合式门体则常与传达室或会所等其他小型建筑相接，形成较为整体的建筑景观（图 8–1、图 8–2）。

8.1.3　设计要点

1）统一性

入口与大门在设计中应注意与小区中的居住及公共建筑保持尺度、色彩、风格上的协调统一，关注居住主题的表达，尽可能体现出温馨、和谐以及安宁的居住氛围。门体使用的建筑材料和细部构造以及图案、线条、光影等视觉组合效果也能体现居住区的主题和文化特点，提高入口及大门的可识别性和视觉观赏性。

2）文化性

每个城市及居住小区都有其特定文化主题，应充分利用这些文化特征处理入口形式，使入口景观具有不同的地方特色和文化韵味。

3）尺度与细部

大门设计应考虑其自身宽高比以及和周围环境的协调。适宜的尺度与柔和的界面，易使人产生亲近感。大门设计还可借助对入口空间细部和设施的处理，如采用调和的色彩、粗糙软性的材料、引入自然的绿化和水体等，创造出宜人的居住入口空间。

4）满足通行功能

大门设计应充分考虑其通行功能的要求，做到人车分流，车行道宜分为进、出两个车道，每车道宽度≥ 4m。人行大门开启方式宜采用平开门或电子刷卡平开门，车行大门则可采用平开门、电动推拉门、电动伸缩门、电子刷卡门等。

图 8–3　独立的景墙式“门体”，强调空间的塑造

8.1.4　方案设计实例分析

1）与植物组成的独立式入口

如图 8–3 所示，居住区大门是以门体式景墙和植物围合成的简洁的入口，既形成了诗意的人行入口，又塑造了丰富的景观空间，特色植物的配置还体现出地域特色。

图 8–4　门式门体

2）半封闭的门式大门

如图 8–4 中门式大门体塑造了一个充满现代气息和活力的大门形象，流畅且富有特色。体量略大，却没有压迫感，现代新中式风格常用的设计方式，具有较为强烈的对称性内外空间通透交融。

图 8–5　多种元素组合的入口空间

3）多种元素组合的开放式入口

如图 8–5 中大门设计结合入口空间地形，引入自然的绿化和水体以及景墙、护坡及雕塑小品等，借助建筑在形体及色调上的对称统一，形成中心入口的景观轴线，虚化了门体，营造了内向的聚合力并具有人流引导作用。这种入口形式主要起到一种居住的标志以及对外的形象展示，属于开放式大门，没有安防功能，一般只能通往小区的公共空间。

8.2　亭

景观环境营造中，亭的使用频率很高，作为休闲性的小型建筑，它在景观中起着重要的作用。亭虽体量小巧，却拥有独立而完整、别致而富有意境的建筑形象；在结构与构造上，大多较为简单，施工方便；在提供人们休息、纳凉、避雨、观景的同时，也是点缀景观空间和造景的主要元素之一。居住景观环境中的亭受到居住休闲氛围的影响，形式更为灵活多样，造型丰富多彩而亲切宜人，结构简约突破常规的亭子形象。

图 8–6　以道路为轴线对称布置

图 8–7　结合水体造景，塑造亲水空间

图 8–8　景亭结合水体、植物营造小空间

图 8–9　结合广场布置休息亭

8.2.1　亭的基本类型

1）按材料分

可分为木亭、竹亭、茅草亭、砖亭、石亭、钢筋混凝土亭、型钢结构玻璃亭及金属亭。

2）按平面形式分

可分为单体式、组合式、与廊墙相结合的形式。

3）按结构形式分

可分为钢筋混凝土结构、型钢结构、型钢与木材组合结构、全木结构、钢筋混凝土和木材组合结构。

8.2.2　亭的基址及环境

景亭的选址很灵活，根据其游憩造景的不同功能，在居住区绿地中，其主要的基址类型可分为以下几种：

1）景观轴线上建亭

在景观轴线上，设置造型独特的景亭，可增强轴线景观的空间多样性（图 8–6）。

2）结合水体或山石植物建亭

不同的水体，比如溪涧、泉、瀑，湖、潭等，均可结合景亭造景，营造不同的亲水空间以及景观（图 8–7、图 8–8 ）。结合山石植物造景，以增强艺术感染力，塑造山林野趣。

3）结合广场，园路，休闲草坪建亭

为便于交通及满足人们歇息停驻的需求，在人们活动较多的场所，比如广场、园路、休闲草坪等，合理设置休闲亭（图 8–9）。

8.2.3　亭的设计要点

（1）居住区的景亭一般较为小巧，设计时应注重尺度、比例、色彩和质感带来的细腻的艺术视觉感受和心理感受。

（2）运用现代和传统材料的组合，使亭在不同的景观环境中更加富有个性和特色，增强景亭的艺术感染力。景亭选址宜灵活，充分考虑周围景物的特点，将山石、植物、水体、道路、雕塑等小品结合起来，营造充满诗情画意和温馨宜人的景观小空间。

8.2.4　方案设计实例分析

1）改变局部构件的比例及尺度

如图 8–10 ～图 8–12 亭子外形和材质几乎同出一炉，只是在比例及尺度上的大胆灵活处理，通过局部的比例及尺度变化和材料组合，便形成了不同的使用功能和视觉效果，形成不同的景观形象。如图 8–10 台基抬升至与柱身及屋顶接近 1 ∶ 1 的比例，且顶部尺度与台基同宽，起到装点环境的作用。图 8–11 中的亭子设计则缩短柱子的高度，使得屋顶几乎贴近台基，增加了视觉的观赏性和趣味性。而图 8–12 与两者相比，亭子各部分比例协调，则同时具备了观赏和使用功能。

2）不同材质的搭配与组合

不同的材质搭配与组合以及基址选择的不同所展示给人的感觉也是不一样的。如图 8–13 ～图 8–16 四张图片里的亭子，共性是均采用了茅草屋顶，但结合不同的结构和环境，营造出了各具特色的景观效果。图 8–13 通过茅草屋顶和木架结构结合形成一组茅草亭围合的空间，静谧而充满野趣诗意。而同样是茅草顶和木结构组合的亭子，如图 8–14 所示，布置于碧蓝的泳池之上，则充满了热带风情。在图 8–15 中，茅草伞形屋顶与钢架结构组合，并结合广场水体，体现了现代气息中的野趣。而图 8–16 中，茅草亭顶结合壁式柱结构，显现出中式情结与欧式文化结合的多元气息。

图 8–10　抬高台基的设计

图 8–11　缩短柱身的设计

图 8–12　常规比例符合一般使用及视觉观赏的设计

图 8–13　茅草顶 + 木结构 + 空间围合

图 8–14　茅草顶 + 木结构 + 泳池

图 8–15　茅草顶 + 钢结构 + 广场和水体

3）新结构与新材料的运用

新结构及新材料的运用，让现代居住区的亭子拥有了更多的个性，充分体现了现代居住氛围的多元性。如图 8–17 所示，穹顶式钢筋混凝土亭结构，在形体上通透，同时具有空间的内敛性。穹顶做枝叶细节处理，棕榈对称种植于亭的临路观赏面，形成了景观的整体性。图 8–18 中，张拉膜的运用形成了轻巧明快的视觉景观空间，空间的张力延伸了亭下的小空间，增强了广场的立体景观。图 8–19 中钢结构与玻璃组合而成的亭，结构简约，空间通透。图 8–20 中，新颖而独特的叶状亭，形成了色调清新的半围合空间，是居民休息与观赏的好去处。

图 8–16　中式茅草顶 I 欧式壁柱

图 8–17　钢花穹顶式亭子

图 8–18　轻巧明快的张拉膜结构亭

图 8–19　钢结构与玻璃组合而成的"透空"亭

图 8–20　新颖独特的叶状景亭

图 8–21　仿西式钢筋混凝土亭

图 8–22　茅草木亭

8.2.5　施工设计实例

1）钢筋混凝土亭

图 8–21 为仿西洋古典式的钢筋混凝土亭，形体庄重而大气，在小区环境中多用为点景。穹顶采用铁花盖漆黄色外墙漆，柱子为钢筋混凝土式柱（具体做法见附图 8–1 ～附图 8–4）。

2）茅草顶木亭

图 8–22 茅草顶木亭采用木结构及茅草压盖顶屋面，形体飘逸，能很好融入自然景观中，充分体现居住区的山林野趣。木结构亭采用钢筋混凝固土基础，柱子全木到底并做防腐处理。茅草屋面压密实并编扎（具体做法见附图 8–5 ～附图 8–9）。

3）型钢格构亭

图 8–23 型钢格构亭突破传统亭的形象，形体不拘一格，充满现代气息。处于居住区广场开阔场地可有效地提升环境的空间感。格构亭单个跨度为 2900mm，钢材采用 10 号工字型钢以满足强度，木檩条间距为 240mm，并做防腐处理（具体做法见附图 8–10 ～附图 8–12 ）。

图 8–23　型钢景观结构架亭

图 8–24　轻钢玻璃顶亭

4）轻钢玻璃顶亭

图 8–24 轻钢玻璃顶亭形体轻盈而富有时代气息。结构构件采用型钢，以钢化夹胶玻璃为屋面。玻璃面与钢结构的连接用胶与广告钉连接。钢柱间有木格栅作为装饰，木格栅用型号为 30mm × 40mm 的方钢框定（具体做法见附图 8–13 ～附图 8–16）。

8.3　廊

景观中的廊多指与建筑物相连的屋檐下的过道或独立有顶的交通联系通道。居住区景观中，由于居家氛围的要求和亲和性的体现，廊的形式可以灵活多变，可以连接或划分空间，形成虚实渗透的空间景观；可以组织交通，连接两个不同标高或功能的空间；还可以满足遮荫、避雨、休息和赏景等功能要求。廊由于本身是一种长条形建筑物，可以随地形高低蜿蜒，布局非常自由，在丰富景观空间方面有着很强的优越性。

8.3.1　基本类型

（1）按形式可分为：双面空廊、单面空廊、复廊、双层廊和单支柱式廊五种。

（2）按廊与地形、环境的关系可分为：直廊、曲廊、围廊、抄手廊、爬山廊、叠落廊、水廊、桥廊、堤廊等。

（3）按廊的结构可分为：木结构、砖石结构、钢筋混凝土结构、竹结构、金属骨架结构等。廊顶有坡顶、平顶和拱顶等。

8.3.2　基址及环境

在居住区景观环境中，廊的主要基址类型可分为以下几种：

1）建筑出入口

廊由于其造型的自由与丰富，常常作为建筑和建筑内外空间的连接通道。廊的外形及构造应与建筑保持风格上的统一。

2）广场、道路等活动场地

廊在满足人们休憩、观景的需求的同时可划分空间。在人流活动较多的场所合理设置不但满足游人休憩的需求，还可增强空间的层次感。

3）主要景观空间

廊还可结合亭、墙、水体、植物、雕塑等建筑小品，营造多姿多彩的景观空间。

8.3.3　设计要点

（1）廊的设计应充分考虑休憩、观景及造景等因素的需求。空间的处理上应注重与地形的结合，可随形而曲，也可高低错落，自然空间充分相互渗透和延伸，起到阻隔空间但又不影响视线通透的效果。

（2）廊的细部色彩、材质及形体的设计应与周围建构筑物及环境空间协调统一，以形成丰富而整体的景观效果。

（3）廊的尺度不宜过大，一般净宽 1.5 ~ 2.5m，柱距 3m 左右，廊的下檐口高度在 2.5m 左右为宜。不同的环境和基质也可做相应的调整以达到希望的景观和视觉效果。

图 8-25　建筑连接廊（一）

8.3.4　方案设计实例分析

1）廊与建筑的关系

图 8-25 中的廊作为连接建筑空间的过道，在形体及细部处理上，与建筑保持风格上的一致。结合景墙、植物配置等形成宜人的行走空间。图 8-26 中廊道通过结合庭院的绿化以及建筑铺砖将内外空间连为一体，丰富了建筑的外延空间。廊随着建筑布局，曲折有致，选择性

图 8-26　建筑连接廊（二）

图 8–27　室外道路行走廊道（一）

吸收光影形成了虚实渗透的空间景观。

2）廊与道路的关系

廊结合道路设置，丰富道路景观同时满足行人休息避雨乘凉的需求。如图 8–27 钢木结构廊，形体轻巧，色调淡雅，丰富了道路立体景观。图 8–28 单排柱廊的透光形式，富有力量且颇具引导性，满足行人们观赏及休闲的需求。

3）廊与开敞空间的关系

在居住区的开敞空间，如道路广场以及开阔水域的边缘设置休息廊，廊的外形与周边环境氛围要呼应。图 8–29 中的廊较为轻巧，结合悬臂使得形体稳重而不失灵动，同时与圆形水池保持走向上的一致，使得水景空间感协调而丰富。

8.3.5　施工设计实例

1）型钢玻璃廊

如图 8–30 型钢玻璃廊形体轻巧，处于居住区活动广场开阔空间边缘，充满时代气息和生活气息。柱子为 120×120×4 方钢，主梁为 80×80×4 方钢。次梁为 30×30×2.5 方钢。木檩条做防腐处理，与钢梁之间用螺栓连接。顶面采用夹胶化玻璃（做法详见附图 8–17）。

2）轻钢构架廊

如图 8–31 中临水轻钢构架廊，形体新颖，生动灵巧，具有很强的艺术观赏性。设计采用型钢结构，局部倾斜的钢柱与顶面形成了多变而富艺术感染力的廊道。多彩的亚克力格栅，起到了画龙点睛的作用（具体做法见附图 8–18）。

3）木结构玻璃顶廊

如图 8–32 中木结构玻璃顶廊在建筑外的庭院空间里内，采用木结构结合玻璃顶面，

图 8–28　室外道路行走廊道（二）

图 8–29　广场边缘的廊

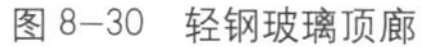

图 8–30　轻钢玻璃顶廊

图 8–31　轻钢构架廊效果图

图 8–32　木结构玻璃顶廊效果

充满生活气息，并丰富了庭院空间。设计中木柱做细部处理，木柱与木梁连接处以及木柱与地面基础连接处采用型钢与铁件连接，装饰柱头柱脚的同时且利于木材防潮（具体做法见附图 8–19 ～附图 8–22）。

8.4　景观墙体

墙体是一种长条形的景观要素，可以作为空间的分隔，起到障景及隐蔽空间的作用，一定程度上还可以引导人流。景墙以其独特精巧的造型、色彩以及质感材料的合理运用，可和周围环境一起形成内容丰富具有装饰效果或象征意义的标志性景观空间。

8.4.1　基本类型

（1）按景墙形式造型分：直线型、曲面型、折型和倾斜型景墙。

（2）按景墙材料分：自然石、玻璃、木材、砖、混凝土、植物、大理石或多种材料有机组合式景墙。

8.4.2　景墙的基址及环境

景墙的选址较为灵活，在居住区的入口、中心和边缘等位置都可以设置。

1）入口处设置

入口处的景墙可起到划分居住区内外空间环境的功能，并可结合入口大门成为标志性景观（图 8–33）。景墙在入口处设置时，应注意其形态、材料和色彩和居住区本身的建筑特色和周边环境相协调。入口处的中式景墙，既可划分空间，又具有很强的景观性，与植物、铺装等元素组合，可营造出富有传统文化韵味的景观特征（图 8–34）。

2）广场中设置

广场中的景墙可起到点景和引导人流的作用。景墙可以分段或者连续设置，也可以成组设置，充分利用景墙的材料和色彩的丰富性，将其作为活跃空间的重要元素，同时结合周边的植物、山石、水体、雕塑等景观小品和自然界的光、声等元素形成富有个性和活力的景观空间，营造出具有观赏性的新中式风格景墙（图 8—35）。

3）广场、道路边设置

广场或道路边设置景墙，可以打破道路过于笔直带来的生硬呆板的感觉，高低错落或成组设置的景墙，可以增加空间的层次感，增加空间的观赏性。结合景墙可以设置休息座椅，满足行走疲劳时的休憩功能（图 8—36、图 8—37）。

图 8—33　入口景墙

图 8—34　具有传统意境的入口景墙

图 8—35　新中式风格景墙

图 8—36　广场一隅的景墙

图 8—37　道路节点处景墙

8.4.3 设计要点

1）与环境融合，表现景观主题

景墙的设计应根据不同的环境主题，通过形体、材料、色调以及结构等方面的不同设计，起到分割或围合空间作用的同时可烘托环境氛围（图 8–38）。

2）个性设计，表达区域及场地文化

通过景墙表面的装饰及细部设计，使景墙在富有装饰效果的同时兼具文化性。植物、动物、人物、历史故事、民居符号等都可以作为景墙上雕刻、浮雕或是彩绘的题材， 另外居住区还利用景墙提供居住区内相关的信息标志和符号（图 8–39、图 8–40）。

3）通过多样化的设计手法表现不同视觉效果

景墙可以通过选用不同色彩及质地的材料进行组合，或是墙体镂空、半透空的组合，或与雕塑小品的结合，同时使用一些科技手段，如光和声的融合等，塑造出多样化的高科技与艺术意境共存的丰富景观，还可以采用可以转动的球体或是块体吸引居住人群参与互动（图 8–41、图 8–42）。

图 8–38 形体色彩与环境充分融合的景墙

图 8–39 具有信息识别性的景墙

图 8–40 景墙上的动物雕刻

图 8–41 通过光塑造的景墙

图 8-42 互动式景墙

图 8-43 文化石贴面景墙

图 8-44 不同石材组合景墙

8.4.4 景墙的设计实例分析

1）通过天然材质及色彩的细部处理提升环境氛围

如图 8-43 景墙通过用粗糙文化石做墙面处理，大小不一的石块拼接成网面的图案，细节动人且充满野趣。在入口小环境中，形成了一个亲切宜人的半围合空间。图 8-44 以麻面青石板，冰裂纹石修饰的条形景墙，厚重而充满韵味，结合水体以及植物营造出一个简洁而清新的道路空间。

2）通过材料的工艺处理手法，使景墙在富有装饰效果的同时兼具文化性

景墙还可通过不同材料的组合及工艺处理，有效美化和提升边角空间的艺术及文化感染力，以

图 8-45　不同材料组合的景墙

图 8-46　彰显石材工艺的景墙

图 8-47　景墙与雕塑水体

图 8-48　景墙与植物水体

细微的设计手法触动观赏者（图 8-45、图 8-46）。

3）与其他元素组合的设计，使景墙形象更为生动

景墙可临水而设，轻柔的水体结合景墙体现出富有现代气息的住区景象。还可结合雕塑等小品营造艺术氛围，实现动静结合，墙体饰面与水的轻柔形成强烈的对比，提升景墙立面的观赏性（图 8-47、图 8-48）。

8.4.5　施工设计实例

1）弧形组合景墙

图 8-49 中弧形组合式景墙结合水池驳岸设置，划分空间并形成一种连续性的错落视觉效果。高度从 1000 ~ 1500mm 渐变。组合景墙采用砖砌体结构，表面饰以自然面锈石拼冰裂纹（具体详细做法见附图 8-23 ~附图 8-26）。

2）独立式景墙

图 8-50 中景墙为独立式景墙，结合壁泉和水景塑造充满趣味性的广场形象。外层框架高 3000mm，采用钢筋混凝土结构。墙内结合给水管设计，形成壁泉景观（具体详细做法见附图 8-27 ~ 附图 8-29）。

3）转折式景墙

图 8-51 的转折式景墙，立面上统一而又富于变化，沿路设置起到很好的导向作用。景墙采用砌体结构，面饰黄皮青石（具体做法见附图 8-30 ~ 附图 8-32），也有些转折式景墙有较好的划分空间的作用（图 8-52）。

图 8-49　弧形组合式景墙效果图

图 8-50　独立式景墙效果图

图 8-51　转折式景墙（一）

图 8-52　转折式景墙（二）

8.5　景观桥

居住区景观设计中，桥作为联系自然水景或人工水景中的主要元素，起着重要的作用。

1）主要功能

（1）联系交通；

（2）横向分割河流和水面空间；

（3）形成地标或视线焦点；

（4）提供眺望水面的良好观景场所；

（5）为居住区景观增添艺术审美价值。

2）景观桥的分类

景观桥的种类根据其外形，结构，材料等方面的特征进行如下的分类：

（1）从外形上可分为平桥、曲桥、拱桥、吊桥和廊桥。

（2）从结构上可分为单跨桥和多跨桥。

（3）从材料上可分为全钢桥、钢筋混凝土桥、石桥、木桥、钢结构玻璃桥等。居住区一般多采用木桥、仿木桥或石拱桥，且体量不宜过大，应追求自然简洁，讲求做工精细。

3）景观桥设计要点

景观桥的形式和材料多种多样，扶手和栏杆的形式也丰富多彩，设计时要结合具体使用功能及周边软、硬质环境，同时考虑材料及色彩的影响，才能使其起到美化景观空间的画龙点睛作用。不同的景观桥有不同的设计要点。

（1）钢梁木桥面

一般作步行用，桥面可平可拱，有单跨和多跨（图 8–53、图 8–54、做法大样见附图 8–33、附图 8–34）。桥面宽度不宜大于 3m，跨度在 2 ~ 8m 较适宜。通常采用型钢梁作支撑，上面搭接木板。

图 8–53　钢梁木板景观桥（一）

图 8–54　钢梁木板景观桥（二）

图 8–55 钢梁玻璃景观桥

图 8–56 木梁木板景观桥

图 8–57 古朴典雅的邻水木栈道

木板宽度 150 ～ 200cm，厚度 40 ～ 50mm。桥面木板需做防腐处理，板间留出约 5mm 的板缝。桥墩可与池壁或池底基础结合在一起。栏杆可为金属或木制。

（2）钢梁玻璃桥面

晶莹剔透的玻璃桥能够带来时代感，玲珑通透的感觉使桥身真正做到浮虚载实的装饰效果（图 8–55、做法大样见附图 8–35）。玻璃桥通常也是用型钢作为梁架，可采用大于 15+ 胶 +15 的夹胶钢化安全玻璃作为桥面，连接处可采用特殊胶垫。

玻璃跨度不宜大于 2m，玻璃间应留缝 5 ～ 10mm，缝内用防水弹性树胶黏结，以防玻璃产生胀缩应力。玻璃桥宜采用多跨，以增强稳定性。北方地区由于气候寒冷，为避免玻璃在低温下破碎，不宜使用。

（3）木梁木板桥面

一般用于行人桥，可单跨或多跨（图 8–56、做法大样见附图 8–36），但跨距不宜超过 5m。木梁和木板均需做防腐处理。木梁间距 1000mm 左右较为适宜。梁截面（宽 × 高）为 80 ～ 120mm × 120 ～ 250mm。

8.6 木栈道

临水木栈道也是景观营造的重要元素之一。由于铺设于表面的木板材料一般均具有优良的弹性和古朴的质感，因此比石铺或砖砌栈道更为舒适，亦成为人们驻足观景的首要选择。木栈道由于造价较其他栈道高，所以一般木栈道多用于中、高档住宅区的近水景观空间。

1）木栈道的主要功能

（1）联系交通；

（2）为人们提供休息、观景和交流的多功能场所。

2）木栈道的组成

木栈道由面层材料和架空底架两个部分组成。面层材料一般由平铺的木板或密排的木条组成（图 8–57）；架空底层一般有木方或钢架构建而成。

3）木栈道设计要点

在木栈道设计制作时应当注意：表面铺设材料常用经过严格的

防腐、防霉、防虫、表面碳化等特殊工艺处理的桉木、柚木、冷杉木、松木等为面板的木材，其厚度要根据下部木架空层的支撑点间距而定，一般为 3 ～ 5cm 厚，板宽为 10 ～ 20cm 之间，板间宜留出 3 ～ 5mm 宽的缝隙，不应采用企口拼接方式；面板不应直接铺在地面上，下部要有至少 2cm 的架空层，以避免雨水的浸泡，保持木材底部的干燥通风；设在水面上的架空层其木方也必须经过防腐、防霉、防虫、表面碳化等处理，若是钢结构架空层则选用必须经过防锈处理的钢材，以保证木栈道的安全性与稳定性，亦可延长其使用年限。此外，连接和固定木板和木方的金属配件（如螺栓、支架等）都应采用不锈钢或镀锌材料制作。

8.7　泛会所

在很多现代居住区内，曾经风靡一时的会所正面临着种种经营管理上的困境，很多会所主题单一，大会所则更面临着经营压力过重的状况。在这样的背景下，一种新型的更人性化的居家休闲模式的“泛会所”便应运而生。泛会所指的是居住小区利用底层架空及周边休闲绿地，设计成为人们户外休闲活动的主要场所。在这样的半户外空间，由于模糊了时间和空间的界限，居住区中人与人之间、人与环境之间的交流更加自由和频繁，居家氛围更加浓厚，使居民对住区文化具有更加强烈的认同感，也使公共的空间景观得到最大程度的利用。泛会所在摒弃传统的集中会所的同时，又不舍弃必要的生活娱乐设施，真正做到了“以人为本”，并营造出温馨愉悦的社区氛围。

泛会所强调开放性和参与性，主张人与自然、人与人的沟通，通过无拘无束的开放空间，让居民都参与到小区的休闲活动中去，使不同年龄、不同爱好的人群都有自己的活动空间，以增进相互之间的了解和感情，在简单的日常健康运动及休闲方式中，体验到社区文化和与人交流的愉悦。

8.7.1　泛会所的类型

根据服务设施的设置以及对架空层的利用，泛会所大致可分为三种类型：

（1）联合式：主要是指除了集中设置中心会所外，将其他配套设施设置于社区各部分的架空层内，或与自然景观融合在一起，以中、小型配套服务的形式为住户提供服务，业主不用支付费用且不会被干扰。

（2）半开放式：将游泳池、健身房、儿童乐园、老年活动中心等消费人员少、服务要求高的室内设施仍设在社区内部会所中，将小区边缘架空层改造为一些大众商业服务设施，如餐厅、酒吧、美发厅、超市等，满足小区业主的日常生活和休闲要求。

（3）分建式：在小区不同部位的架空层根据不同使用功能设计几个小型会所，分别侧重于健身、商业和文化等，把健身运动型消费与咖啡餐饮等静态型消费分开，将小超市、美容美发等商业性消费放在小区边缘的架空层，阅览、棋牌等文化型消费放在小区内部的架空层中，以保证业主生活的安静和便利。

图 8–58　温馨宜人的泛会所空间

8.7.2　泛会所设计的要点

1）理解人性，以人为本

泛会所的设计首先应该了解人的特定行为模式，如行为习惯和交往特点等，考虑不同年龄人群的生活习惯需求，尤其是儿童及老年人群的心理需求。只有理解需要设计的场所才有可能让人性在这样的场所里充分发挥，如老年人喜欢下棋、打牌、喝茶、读书看报、聊天及轻度运动健身等，可设置棋艺、茶艺、棋牌桌椅以及健身器材等。亦可将室外景观的植物及水体引入架空层，并营造清幽的场所。儿童则喜欢玩跳沙坑、攀岩及游戏等，可设置室内沙坑，攀岩壁及一些趣味的游乐设施。

2）注重情景交融

作为一种居住文化的载体，泛会所的设计应在满足休闲活动等使用功能的同时兼顾景观性，新颖独特的景观设计，可营造温馨宜人的居家感，以达到“诱惑”人们走出家门，享受到社区的多样性生活体验（图 8–58）。

3）注重实用性、共享性、景观性和均好性兼具的原则

泛会所设计应切合居住主题，兼顾业主需求，尽可能为居民提供便捷服务，突出泛会所设施的实用性以及不同年龄人群对社区公共空间的共享性的要求。同时应考虑泛会所服务半径问题，设计时也要注意泛会所的生活艺术化处理、有效的空间利用以及与外部绿化环境的融合，达到美好的景观效果，突出楼盘景观个性。

8.7.3　设计实例分析

1）汉口万科香堤雅境泰式泛会所

泛会所入口架空层，通过富有异国情调的雕塑小品及泰式影壁，结合室内植物，营造了富有文化气息的入口空间。同时，材质的选择、色调的和谐以及灯光的布置等细部设计，使得泛会所温馨而浪漫（图 8–59、图 8–60）。图 8–61、图 8–62 则体现闲谈静坐的生活及交往空间。透着手工质感的沙发和座椅，以及充满异域风情的室内装饰小品，在泰式木制格窗的围合之下越显温馨与舒适，形如客厅的延伸，住户可在此会客、小憩。

2）深圳万科东方尊峪泛会所

万科的东方尊峪，除了集中设置中央星级豪华会所外，还将其他配套设施设置于社区各部，与自然景观融合在一起。图 8–63、图 8–64 泛会所以“山居生活”为设计理念，注重自然材料以及与户外景色的融合，营造了利于邻里沟通、家庭休闲、小孩玩乐的社区交往空间。夜色之下，朦胧的灯光使泛会所变得宁静而富有诱惑力。圆形的木质顶装饰与休憩座椅形如一体，充满趣味性，也体

图 8-59　入口泰式影壁

图 8-60　充满异域风情的雕塑小品

图 8-61　客厅般温馨的泛会所

图 8-62　泰式软榻

图 8-63　夜色下的泛会所

图 8-64　材质色调统一的泛会所空间

现出了设计者别出心裁的细微处理。

3）其他小区泛会所

不同的居住氛围，泛会所定位均有不同。相比万科香堤雅境泰式泛会所的金碧辉煌及万科尊峪泛会所的温文尔雅，很多的小区泛会所设计更注重广泛性和普适性，紧贴居民最实在的需求，简单而朴实。图 8–65 架空层棋艺室将室外植物有效引入室内，形成了小巧宁静而富有文化气息的宜人空间。图 8–66 架空层通过落地隔扇窗进行空间划分，形成光影婆娑的室内空间，意蕴十足。图 8–67、图 8–68 则虽对架空层未作过多装饰处理，而是设置一系列室内健身器材或儿童游乐设施，功能使用性强，能满足不同人群的需求。

在越来越强调生活多元化以及人与人互动参与的今天，泛会所一定程度上促进了这种文化的发展。泛会所的形式亦是多种多样，并随着社会的发展不断充实。泛会所的设计应建立在对特定居住氛围以及人群的喜好的了解基础之上，才能实现对架空层空间的有效利用，为居民提供休憩娱乐的户外场所。

图 8–65　与室外融为一体的棋艺室

图 8–66　落地格栅式围合而成的泛会所空间

图 8–67　布置儿童游乐设施的架空层

图 8–68　布置健身器材的架空层

8.8　托儿所

在现代住区中，托儿所已经成为一个非常重要的功能性建筑。它的存在可以解决家长们的后顾之忧，小孩可以在白天得到全方位的照顾。

8.8.1　基本类型

1）居住单元内设置

适用于托儿所儿童数量不多，可利用南向底层住宅单元作为托儿所功能用房，选择时应考虑建筑物与环境的良好融合，有方便儿童户外活动的南向场地。

2）单独设置

托儿所儿童数量较多时可选择单独设立托儿所，可采用和幼儿园类似的长条形平面和院落式平面。托儿所的活动室和卧室朝南，用地尺度满足功能布局基本要求，户外活动场地也需要有足够的南向空间。

8.8.2　设计要点

1）基地选址

（1）交通便捷原则：方便家长接送，避免交通流线混流或者干扰。

（2）健康卫生原则：日照充足，场地干燥，排水通畅，绿化面积充足。远离各种污染源，并且满足有关卫生防护标准的要求。

2）出入口设计及交通流线

（1）出入口设置的原则

选择交通便利、安全面向所服务的住区道路的入口，有充足的空间缓冲，以利于交通组织及车辆停放。流线组织明确合理、道路通畅安全。

（2）景观设计

托儿所应当最大程度地利用自然元素，在景观设计上富有新意，让孩子们在其中尽情愉快玩耍的同时也可通过感官刺激感受自然、亲近自然，培养想象力和创造力。户外活动场地应安全，有视觉吸引力，通过花园造景和运动场所使孩子通过互动认知世界（图 8–69、图 8–70）。

社区托儿所的景观设计要抓住这一阶段儿童的心理，需要充满趣味性、满足他们的好奇心和需求，从色彩设施和感官等方面充分满足他们。

图 8–69　色彩丰富的托儿所景观

图 8–70　托儿所户外活动场地

图 8–71　Toranoko 托儿所入口

图 8–72　Toranoko 托儿所屋檐

图 8–73　Toranoko 托儿所外部实景

8.8.3　设计实例分析

日本山梨县有一所名叫 Toranoko 的托儿所，这所托儿所不仅可以解决家长们的后顾之忧，也是聚集社区人群交往的场所。建筑外形轻巧柔和，屋顶温柔的曲线产生了序列的风景，将花园、休息室、餐厅和护理室分开，而空间仍保持连接为一体。在连接建筑的下方，特意留出了一些空间，阳光洒进来成了自然通风的窗口。由于空间环境优美良好，托儿所已变成该社区的一个核心空间（图 8–71 ～图 8–76）。

8.9　托老所

近年来，随着我国人口老龄化的日趋严重，社区托老日益受到大家的关注和欢迎。设置社区托

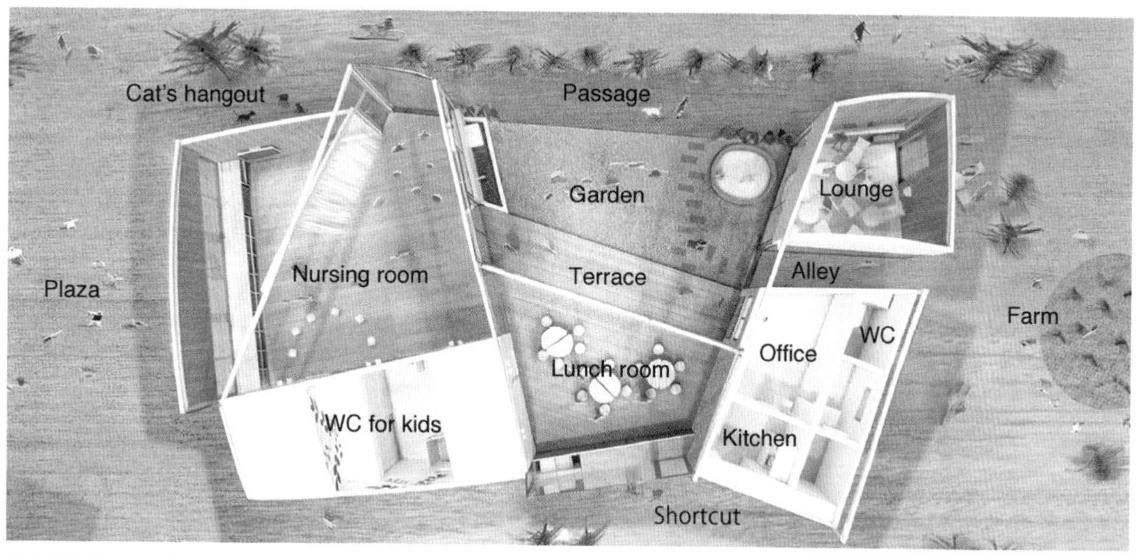

图 8-74　Toranoko 托儿所平面功能布局

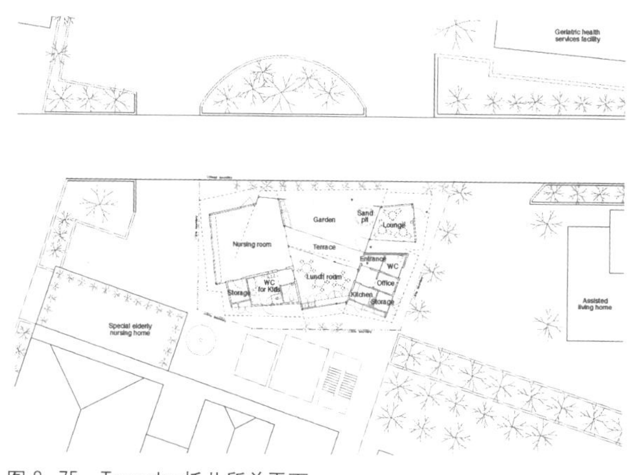

图 8-75　Toranoko 托儿所总平面

图 8-76　托儿所室内空间

老所可以照顾老人们的生活日常，提供文体娱乐活动，保障老人的心理和身体健康，为工作的子女解决后顾之忧。

8.9.1　基本类型

1）居住单元内设置

驻区老人数量不多时，也可利用底层住宅单元作为功能用房，选择时应考虑建筑物与环境的良好融合，有方便老人活动的户外场地。

2）单独设置

老人数量较多时可选择单独设立托老所，在 2018 新的城市居住区规划设计标准中规定，像社

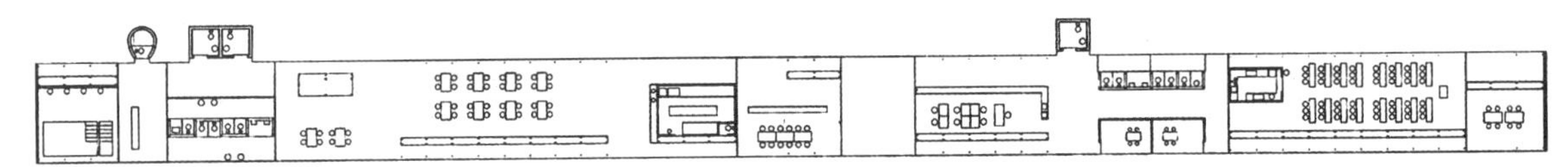

图 8–77　日本某托老所平面布置图

区托老这样的五分钟生活圈居住区配套设施宜集中式布局，联合建设，并且形成社区综合服务中心，服务半径不宜大于 300m，建筑面积在 350 ～ 750m² 之间。用地尺度满足功能布局基本要求，户外活动场地也需要有足够的空间。

8.9.2　设计要点

1）选址与场地设计

社区托老所需要选择环境质量好、绿地面积充足、交通便捷的场地，作为规划的先决条件，应当靠近基本的社区公共设施，同时远离喧闹的文娱场所，保证环境的安静。

2）建筑设计

空间布局上要体现老年人安全性和便捷性。设备与设施按老年人的尺度和心理、生理需求特点进行合理设计，兼顾老人与照顾者的使用要求，空间具可改造性，可在满足需求的基础上营造供老年人交往的空间。

图 8–78　日本某托老所室内空间

图 8–79　日本某托老所周边环境

3）景观设计

景观设计要有年龄针对性，在植物的选择上不要选择过敏源植物，植物配置应尽可能做到四季有景可观，植物搭配上尽量使用乔、灌、草组合，使植物空间富有层次感。

4）活动空间

户外活动空间的色彩选择和氛围的营造同样也是重点。设施的选择除了有健身器材以外还应有一些景观椅和休息亭廊的设置，方便老人休息交往。在空间的设计上尽量做到有引导和识别度，完善无障碍设计。

8.9.3　设计实例分析

日本某一住宅社区托老所，建筑只有一层，从平面图上看包括几个房间以及公共区域，功能分隔不强，室内空间具有流动性，满足了社区老人活动的需求，整体建筑立面为大片玻璃材质，整个建筑结构整体简洁，敞亮的空间使得老年人身心愉悦（图 8–77 ～图 8–79）。

第9章

照明景观

居住区景观照明的场所包括入口、街道、院落、广场和庭园等。照明的主要目的是增强人们对物体的辨别能力，提高夜间出行的安全性，良好的夜间照明可以保证居民晚间活动的正常开展。同时，可以利用街道、绿化、雕塑、水景、小品等的装饰照明，创造温馨而柔和的室外光环境，增加居住区外部空间的艺术表现力（图 9-1、图 9-2）。

人工照明装饰可以通过灯具的自身造型、质感、色彩及灯具的排列组合对景观空间起到点缀和美化的效果（彩图 9-2）。照明作为景观的组成要素，设计中既要符合夜间的使用功能，又要考虑到灯具本身白天的造景效果，在环境艺术化的过程中，照明景观一定程度上起到了锦上添花的作用（图 9-3、图 9-4）。

建筑大师密斯·凡·德罗提出在建筑设计中"少即是多"，这样的观念也可适用于照明景观的设计。随着现代化进程的加快，夜间的都市已逐渐成为"不夜城"，灯红酒绿的商业街成了时尚和现代的标志，就连很多城市公园和居住区内也必来个夜间照明，光亮工程一度成为城市的"面子"和"名片"，造成了严重的光污染和能源浪费，同时干扰了人和动植物正常的生理和心理平衡，影响着人们的身

图 9-1 柔和的水景照明

图 9-2 造型别致的灯具

图 9-3 昼夜均具造景效果的灯具

图 9-4 黑白鲜明对比、造型简洁的灯具点缀着室外空间

心健康，也影响了生态的平衡和发展。在照明景观设计中注意应尽可能采用最精炼最简洁的光营造出最精彩的景观空间效果。精简光亮意味着生态保护，尽量使用节能环保灯具和绿色生态能源，从而使“生态”成为照明空间的一种内在的、自然的属性，推进居住区照明景观的和谐发展（图 9–5）。

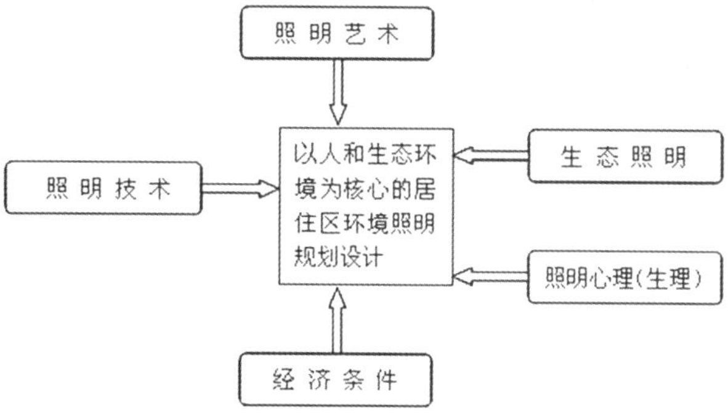

图 9–5　受各种因素影响的居住区照明设计
资料来源：城市居住区室外照明规划与设计，赵沛

9.1　照明及灯具的基本类型

9.1.1　照明类型

按用途来分，居住区的照明方式主要有明视照明及饰景照明两大类。前者是以满足居住区环境照明基本要求为主的安全性照明；后者则是从景观角度出发、营造出与白天完全不同的夜景装饰性照明。

按适用场所来分，可分为车行照明、人行照明、场地照明、装饰照明、安全照明、特写照明六大类（表 9–1）。

照明分类及适用场所表　　**表 9-1**

照明分类	适用场所	参考照度（lx）	安装高度（m）	注意事项
车行照明	居住区主次道路	10 ~ 20	4.0 ~ 6.0	①灯具应选用带遮光罩下照明式。②避免强光直射到住户屋内。③光线投射在路面上要均衡
	自行车、汽车场	10 ~ 30	2.5 ~ 4.0	
人行照明	步行台阶（小径）	10 ~ 20	0.6 ~ 1.2	①避免眩光，采用较低处照明。②光线宜柔和
	园路、草坪	10 ~ 50	0.3 ~ 1.2	
场地照明	运动场	100 ~ 200	4.0 ~ 6.0	①多采用向下照明方式。②灯具的选择应有艺术性
	休闲广场	50 ~ 100	2.5 ~ 4.0	
	广场	150 ~ 300		
装饰照明	水下照明	150 ~ 400		①水下照明应防水、防漏电，参与性较强的水池和泳池使用12V安全电压。②应禁用或少用霓虹灯和广告灯箱
	树木绿化	150 ~ 300		
	花坛、围墙	30 ~ 50		
	标志、门灯	200 ~ 300		
安全照明	交通出入口（单元门）	50 ~ 70		①灯具应设在醒目位置。②为了方便疏散，应急灯设在侧壁为好
	疏散口	50 ~ 70		

续表

照明分类	适用场所	参考照度（lx）	安装高度（m）	注意事项
特写照明	浮雕	100 ～ 200		①采用侧光、投光和泛光等多种形式。②灯光色彩不宜太多。③泛光不应直接射入室内
	雕塑、小品	150 ～ 500		
	建筑立面	150 ～ 200		

资料来源：居住区环境景观设计导则（2006 版）

设计者常综合运用高位照明、低位照明、地脚照明、集中区域照明、漫射光照明、投光照明等手法（图 9–6 ～图 9–9）。

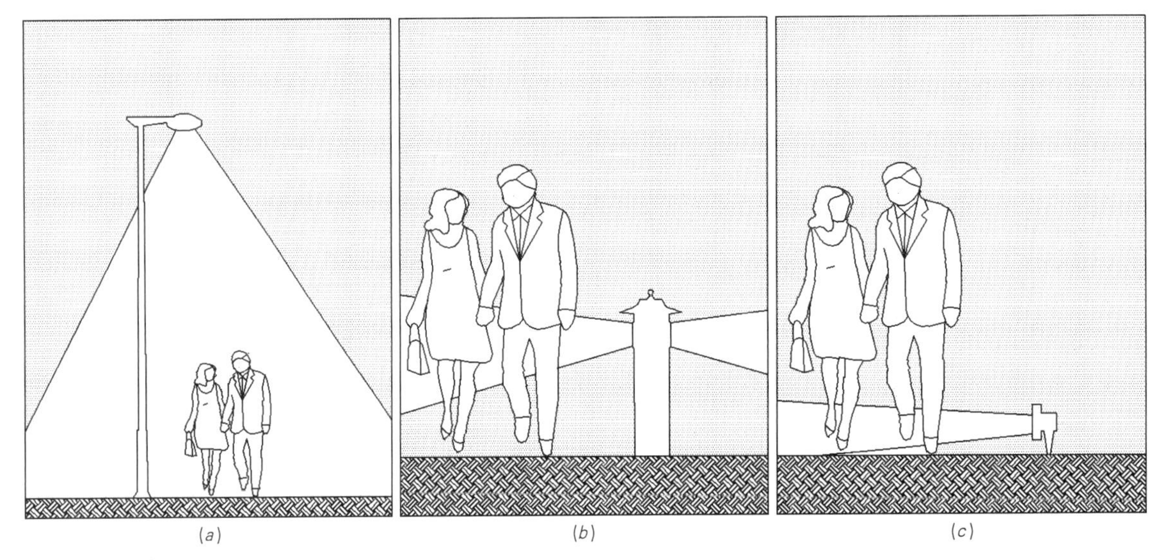
(a)　(b)　(c)

图 9–6　下照光
(a) 高位照明　(b) 低位照明　(c) 地脚照明

图 9–7　集中区域照明　图 9–8　漫射光照明　图 9–9　投光照明

9.1.2　灯具类型

按照灯具的风格，灯饰可以简单分为中式、欧式、日式、现代等不同的风格，这些类别的灯饰各有千秋（图 9–10 ～图 9–13）。

图 9–10　镂空图饰的中式灯具

图 9–11　造型精美的欧式灯具

图 9–12　自然随意的日式灯笼

图 9–13　简单质朴的现代灯具

居住区室外照明常用的灯具类型有：景观灯、步行灯、道路灯、草坪灯、庭院灯、地埋灯、投光灯、广场灯、水池灯、门灯等（图 9–14 ～图 9–17）。

照明灯具类型远比上述列举的要多，一般居住区内常用的有杆式道路灯、柱式庭院灯、短柱式草坪灯等。

杆式道路灯一般高度在 5 ～ 8m，伸臂长 1 ～ 2m，仰角小于 15°，多用于有机动车行使的道路上，是道路采用的主要照明灯具。光源多采用高压钠灯或高压汞灯，因为这类光源的光效高、使用期长、照明效果好，非常适宜道路这种需要足够照度的场所（图 9–18）。

柱式庭院灯主要用于居住区广场、休闲步道、绿化带和一些装饰性照明场所，灯高一般在 3 ～ 4m，可根据不同的周边环境选用与之相协调的灯具。柱式庭院灯要求光色接近日光，多采用白炽灯和金属卤化物灯，前者光效低，使用期短，后者光效高，使用期长，但造价较高（图 9–19）。

短柱式草坪灯主要用于小型开放空间或草地，由于灯具矮小，较易受到破坏，应尽可能选用质

图 9–14　具有导向作用的地埋灯

图 9–15　具有雕塑效果的广场灯

图 9–16　水池灯使水景充满了韵味

图 9–17　门灯丰富了入口景观

图 9–18　杆式道路灯

图 9–19　柱式庭园灯

地坚硬的材料，玻璃灯罩不宜使用。短柱式庭院灯的灯高多为 0.6 ～ 1m。短柱式草坪灯一般采用白炽灯或是紧凑型暖色节能荧光灯，主要是满足发出的光柔和而温馨（图 9–20）。

上述三种形式的灯具依照照明场合和灯具种类的不同，间距也有所不同，一般为 10 ～ 20m，杆式路灯间距可在此基础上增大一些，而短柱式草坪灯的间距可根据环境的不同缩小。

9.2.　景观照明的设计要点

掌握居住区的地理及地域文化特征，了解居住区景观建构的基本特点，结合视度学、光度学及色度学的基本原理，合理的选择光源和灯具，将照明技术有效地运用于设计中，是成功打造居住区景观照明的基础。以下是需要注意的设计要点：

1）统一规划

以经济、简洁、高效为原则，做到照明的适度设计和统一规划，反映照明景观的主题，以符合不同场所的具体使用要求，突出居住区的特色。

2）发掘地域及历史文化资源

居住区灯光的载体是城市居住区环境，而特定城市有着特定的民风民俗和历史文化，决定了灯具及灯光艺术的内涵和外延，设计中可充分利用这些文化元素加以造景。

3）光效与周围环境的风格协调统一

要讲究光环境的整体塑造，同时也要注重各个功能区域的特点，彼此协调。通过灯具的造型和光影效果来衬托景观环境的美，营造温馨柔和的居住氛围。光影的大小和明暗变化是丰富景观空间层次感和立体感的重要因素。

4）安全保障

室外灯具由于要经受日晒、雨淋、刮风下雪，必须具备防水、防喷、防滴、抗风、防火、对气温变化有一定的抵抗力等性能，灯具的电器部分应该防潮、防漏电和防雷击。在兼顾管养的便捷性的同时，线路和设备都要采用安全措施。水下照明应尽量采用低压灯具，以备安全。

5）节能设计

尽可能使用高效节能灯具产品和绿色生态能源，挖掘照明设计的节能潜力。如采用 LED（发光二极管）光源、各种高效新型光源和灯具、利

图 9–20　短柱式草坪灯

用太阳能进行照明设施设计等。

6）光源配置

应避免光源直接进入视野，同时，为避免产生侧面眩光，应选择可控制眩光的灯具或合理布光角度。

7）减小或避免反射

自室内观赏室外庭院照明时，如室内光照强，会在室内玻璃上映照出室内光源而形成反射，从而影响观赏效果。因此应在室外靠近窗口的地坪上布置照明，以减小反射。

8）合理铺设管线

道路弯道地段照明应布置于弯道外侧，交叉节点地段应布置于转角附近，对于直道部分可依据路幅宽度大小在双边布置或单边布置或交错布置，当路宽小于 7m 时可单边布置。

9）灯具选择与设计

（1）场所与灯具　在居住区内的同一区域，场所的面、形体及细部是灯光塑造的不同素材，可以根据被刻画物的特点采用同一类型或不同类型组合的灯具。不同功能场所对照明的显色性、平均照度及光源的高度、间距和照度有不同的要求。如在公共活动区域，采用泛光照明或局部重点照明的方式，选用装饰性和功能性相结合的灯具；而景观、小品的照明，则采用局部重点与轮廓照明结合的方式，选用装饰性强、能与小品共同形成景观要素的灯具。

（2）视距与灯具　视距对不同种类的灯具有着不同的观感和要求。如在散步道或低位设置的路灯，应注重细部的精致处理，以达到“于细微处见精神”，使灯具本身成为造景元素；而对于高杆灯，则应注重整体造型及排列的效果。

（3）被照物与灯具　根据被照物的特点、材料和外观的不同，慎重选择灯具的材质、造型、布局及光源。如照射草坪或花坛，可利用光环形成有韵律的图形以丰富照明景观。

10）各场所照明原则

（1）车行照明　需要考虑路面亮度、均匀度、眩光控制和诱导性等，避免突然出现的景物和持续时间很短的视觉印象（图 9–21）。

（2）人行照明　采用柔和光线照明，营造出恬静、温馨的氛围（图 9–22）。

图 9–21　车行照明

图 9–22　人行照明

（3）场所照明　灯光更具艺术性，光色的选择更多且亮度更高。多种照明方式交织在居住区的中心庭园，使其成为光环境的重心（图 9–23）。

（4）装饰照明　运用灯光的抑扬、隐显、虚实、动静以及投光角度的变化，凭借电光源的强弱以及灯具自身的特点，来建立光的构图、秩序和节奏，创造空间气氛和意境（图 9–24）。

（5）安全照明　多采用泛光照明的方式，以确保居民夜晚室外活动的安全性。此外，应急灯宜设在侧壁，应急照明要满足紧急情况下人流疏散的要求。

（6）特写照明　采用侧光、投光和泛光等多种形式，营造光的意境，使得特写对象更富感染力（图 9–25）。

景观照明设计就是要根据居住区的特点，针对不同场所的不同视觉要求，综合光学设计的色温、显色性、照度、亮度、眩光控制等因素，设计出能体现居住区"特色"和"生态"的景观照明系统，满足视觉的舒适性和视觉美感的要求。

图 9–23　场所照明

图 9–24　装饰照明（右）
图 9–25　特写照明（左）

第10章

居住区景观设计的发展趋势

10.1　开放式住区的景观设计

10.1.1　开放式住区概念

开放式住区是和封闭式住区相对的概念，就是住区不再设置围墙，让城市道路穿越住区内部，使住区对城市开敞，释放住区内部空间，在街区内部形成开放的社区广场、绿地、步行街和交通空间，这些空间由城市所有并进行管理。为满足居民完全及管理的需求，可形成局部的封闭居住单元。

当前提倡的开放式住区，即为“小街区、密路网”的交通组织方式，一是指居住区域物理空间的开放，如穿行的城市通道形成的积极开放界面，让更多商业临街，提高城市活力；二是指内涵上的开放，通过空间营造使得人与城市之间的情感联系更加直接开放，此外还要考虑城市管理和经济发展的要求，兼顾以上因素才能为使用者提供更加优质的生活模式（图 10–1）。

10.1.2　开放式住区的景观设计原则

开放式住区受地块面积限制，不能像封闭式小区一样形成较大面积的景观，但由于地块与城市的无缝衔接，开放式住区景观为居民与外来人员的沟通和交流提供了可能，帮助人们实现社会交往的需要，丰富社区生活，使城市空间形成相互连贯的有机整体，形成积极的城市界面，同时具有美化环境、净化空气、改善住区小气候等作用，在设计时需要遵循以下原则：

1）开放性原则

开放式居住区与围合式居住区最显著的不同点。开放式住区不排除外界人员的参与交流和景观等资源的共享，为人们之间的相互交往提供了更加广泛的空间和机会。

2）人文性原则

开放式住区既要具备现代物质生活气息，也要具备一定的人文气息。在植物景观配置上需要以植物材料为主体，山石、水体、园林建筑为辅，充分发挥开放式居住区绿地生态功能，从自然与精神的角度来达到景观与人文的完美结合。

3）整体性原则

开放式住区要依托当地的地理、自然条件等客观因素，并在考虑人文环境等因素的基础上，通过对居住区生活功能和规律的综合分析，提炼出一种体现开放式住区浑然一体的景观特征。在进行植物景观配置时，要按照一定的比例及合理的结构进行配置，将常绿树种与落叶树种结合搭配、乡土树种和外来树种合理搭配，做到植物群落的生态效益与景观效益有机结合。

图 10–1　开放式住区提供的友好街道空间

4）舒适性原则

开放式住区景观的舒适性不但体现为使用功能的舒适性，还体现为视觉的舒适性，能够让居民和外来人员体验到轻松、舒适的居住氛围。在进行植物景观配置时，应以园林美学理论为基础，充分发挥园林植物的姿态美、质感美、色彩美、季相美等景观特性，并与其他园林要素组成丰富的景观。

5）特色性原则

开放式住区的景观设计要营造出具有地方特色的居住景观环境。在进行植物景观配置时，通过乔、灌、草和藤本植物的合理搭配，形成具有特色的生态植物群落结构。

6）自然生态的原则

开放式住区的生物要素要与生态环境要素之间均衡发展，保证良好的生态环境质量，使街区的空气、土壤符合国家相关标准，满足使用要求。

7）社会生态的原则

充分考虑人的活动区域，使居民在景观环境中有安全感、场所感和归属感，满足居民丰富多彩的社区活动。应强调空间的开敞性，以空间的流动替代围墙的束缚，包括贯通住区的城市道路、嵌入住区的城市广场、延伸至住区内部的绿化公园等，让居民更加方便地参与到城市活动中去。

10.1.3 开放式住区景观设计要素及方法

从景观视觉体验角度来看，开放式住区景观与传统封闭小区景观最基本的区别在于对景观视线的阻隔与否。开放式住区景观的设计要素包括地形、植物、铺装和景观构筑物。

1）设计要素

（1）地形

在开放式住区中地形改造是对过于开敞的空间分割，同时，微地形分割空间能使被分割的空间连绵、延伸，微妙的地势高差也能对不好景观进行视线的阻挡。在垂直面中，地形可影响可视目标和可视程度，可构成引人注目的透视线，从而创造出景观序列和层次（图 10–2）。

图 10–2 微地形的处理有利于景观空间的营造

（2）植物

植物对于开放式住区空间的分割与限定起到重要作用。利用植物自身的生长结构限定空间和控制开放式居住区小区的景观视线，既可以满足开放式住区私密空间的要求，也可营造不同视线的遮挡或通透。根据植物的类型特点，可分为花果观赏类、彩叶乔灌类、修剪整形类等。

①花果观赏类模式：选择开花结果的、观赏及实用价值高的树种，以丰富景观效果。配置过程中要注重色彩的变化与对比，充分利用植物的花色、花期等，与周围环境和其他植物相协调，体现特色（图 10–3）。

②复层乔灌类模式：结合季相色叶植物、常色叶植物和植物的色调等特点进行合理搭配，丰富植物景观效果（图 10–4）。

③修剪整形类模式：选择适当的修剪整形方法，用较为简洁的手法营造现代景观气息（图 10–5）。

（3）铺装和景观构建物

人在放松、平视的状态下，视线向下的视野比向上的大，而在行走中向下的视野则更大，对于行走的人来讲，地面上的物体更为吸引人的眼球。比如，地面铺装、景观设施、景观小品等。所以在对开放式住区的景观设计时尤其要注重这些要素，地面铺装可以代替去掉的围墙用于区别住区与其他公共空间。而铺装材料对景观视线的引导也有一定作用，不同的铺装材料可以把人的视线从一个目标引导到另一个目标（图 10–6、图 10–7）。

图 10–3　观果植物景观

图 10–4　乔冠类搭配的植物景观

图 10–5　修剪整齐的植物景观

图 10–6　吸人眼球的地面铺装

图 10–7　景观小品的设置有助于吸引行人

组成住区景观空间的各种视觉因素都是为了吸引人的参与，促成人与人之间的交流。合理利用景观要素控制小区景观视线为人们呈现步移景异的景观效果，对于整个小区的景观设计的体验很重要。

2）设计方法及建议

为了解决小街区地面营造景观环境空间不足的问题，可采取底层架空花园、屋顶花园和垂直空中绿化等多种形式达到丰富景观的效果，尽可能满足人与自然的零接触。

（1）底层架空花园

开放式住区由于地块小，绿化面积常常较为零碎，为增加绿化面积，延伸空间效果，可结合社区主题、建筑立面、植物景观等元素进行综合设计，使住区的环境氛围延伸到建筑底部架空局部或全部区域，增加住区的景观通透性和整体性。在具体的细节设计上，可以绿化小品和居民休闲设施为主，若是多单元的连续底层架空，可利用空间层次较多，引入丰富的园林“造景”的手法来构建整体的空间环境，合理布置绿植与水体，尤其是将室外的步道、小品、绿化、水系引入过渡到架空层，会更加利于空间层次的划分与收放，增加使用者的体验感（图 10–8）。

（2）立体入口 + 屋顶花园

为了保证住户的隐私和安全性，提高开放式住区的入户体验，可以采用立体入口 + 屋顶花园的二层平台体系方式进行设计。具体方法是通过在二层设置住区的会所，从底层用自动扶梯或大踏步直接引入二层会所，再到达每个单元的出入口，采用门禁和监控系统进行安防阻断外部人流进入（图 10–9）。住区二层会所可设有书吧、泳池、健身房、迷你影院、儿童活动空间、养身会馆等，还可连接在空中的屋顶阳光花园，形成社区的主要活动空间，增加住户的私密性和安全性。而底层临街部分则安排积极的商业，住区通过大踏步留一个便捷口与城市街道相连，这样较为清晰地空间界定城市公共和私密的不同层级。

图 10–8　底层架空花园的设计增加开放式社区的通透感

图 10–9　底层自动扶梯直接引入二层会所

开放式住区常常使用屋顶花园来增加绿化和活动空间，屋顶花园不仅起到降温隔热的效果，也能给予住户绿色情趣的享受，让住户有更多的户外活动空间，可使人在被建筑包围的压抑感中得到释放（图 10–10）。

图 10–10　提供社区交往的屋顶花园

（3）垂直空中花园

开放式住区由于地块面积不足，通常建设高层住宅。在开放式住区中引用空中花园，可以缓解人们对于封闭压抑的高层建筑的不适感，可以令人心旷神怡、视野开阔。先进的生态设计方式让空中花园满足了人们对于生态环境的需求。空中花园作为城市发展的产物，其绿色生态的特点日益受到人们的欢迎，空中花园每层的平台都配置有植被，除了柔化建筑冰冷硬朗的外立面，改善人的视觉感受外，还对居住建筑有着降温隔噪的作用（详见 10.3）。

开放式住区在我国尚未全面实施，有很多需要大家关注的问题，首先应注重和城市景观的协调，在保证小区绿化率的同时，考虑到城市景观的系统性。另外应营造积极的城市界面，设计充分考虑景观小品、景观与人的交流互动，吸引人的参与，创造舒适、亲切和轻松的休息环境。最后，可通过立体的空间处理适当划分公共空间与私密空间，以保证社区的安全性。

10.2　海绵社区的景观设计

海绵社区是综合运用生态学、环境水文学、风景园林学等多个学科建构的，海绵社区是海绵城市构建体系中不可缺少的景观斑块，同时也是城市生态系统的基本组成部分。海绵社区在设计中首先要结合当地实际情况选择适宜的雨水利用模式，协调好建筑、景观和水体之间的关系；其次还要将各类雨水利用技术与小区景观相结合，注重视觉景观的营造。海绵社区的景观设计包括地形、水景、景观选材、植物配置和建筑五个方面的人工要素，结合雨水花园、植草沟、下沉式绿地等主要设计途径完成。

10.2.1　人工要素

1）地形

地形承载着居住区内其他各项景观元素，是贯穿整个场地的景观骨架，对景观设计有着重要的意义。海绵社区应改变传统的集中建设模式，将小规模的下凹式绿地渗透到每个街区中，应注意土地的节约利用，合理规划道路、公共绿地等用地，提高土地使用效率。可依托重力将雨水从地势较高的区域引向低洼地区的低影响开发设施内，尽可能保留原生态表土，不随意弃土、回填土及平整土，防止原生态水土流失，破坏原生态环境。当场地内无明显高差时，可通过局部微地形的改造，

图 10–11　波形绿地

图 10–12　阶梯式地形

图 10–13　下凹式地形

设计阶梯式地形、波形绿地和下凹式地形，通过微地形的改造以达到延长雨水传输时间、净化水体、丰富居住区景观层次以及增加居民室外活动空间等目的（图 10–11 ～图 10–13）。

2）水体

水体景观宜具备雨水调蓄功能，在设计和维护中，应注重节水技术与水资源循环利用技术，尽可能地利用低影响开发技术使其在满足健康标准的同时满足景观视觉以及生态功能的要求。同时还应充分对小区所在地区的降雨规律、水面蒸发量等通过全年水量平衡分析，以确定景观水体的规模大小。海绵社区中常见的水体景观处理方式有喷泉景观、跌水景观以及人工湿地等。

（1）喷泉景观

喷泉景观作为海绵社区中最为常用的一种景观形式，在美化住区环境的同时，可以收集雨水，缓解住区排水压力，达到节约用水的目的。通过对喷泉的设计，在雨水流入喷泉池之前设置前置塘等设施，对雨水进行初步的过滤与沉淀以达到净化水质的目的。喷泉池内的水体可用来浇灌周边绿化、冲刷广场等（图 10–11）。

（2）跌水景观

依据场地内地形的变化，在海绵社区内还可设计跌水景观用来传输雨水。在跌水池的前端会设置雨水受纳储蓄池，对收集到的雨水进行初步的沉淀与净化；当雨水漫过蓄水池的排水口时，水体流入层层递进的跌水池，从视觉和听觉上让住区居民感受到赏心悦目、动静结合的独特景观效果，也对收集到的雨水进行二次沉淀让生态效益最大化（图 10–12）。

（3）人工湿地

利用生物生态污水处理技术，以生态学原理为指导，将生态系统结构与功能应用于水质净化，充分利用自然净化、生物间的相克作用和食物链关系改善水质，适用于观赏用水等多种场合。在人工湿地周围应设置植被缓冲带、前置塘等预处理设施，让雨水流入湿地之前得到一定的过滤及缓冲；同时采用植草沟等设施传输污水可有效降低径流污染负荷，结合适宜的植物配置为住区居民提供一个自然生态的景观环境。常用的方法有，在一定的基质如土壤、卵石上，种植特定的水生植物如芦苇、灯芯草、菖蒲等，同时养殖一些鱼、虾、蚌、螺等水生动物来分解水中的污染物，达到净化水质的目的（图 10–14 ～图 10–16）。

图 10–14 喷泉景观

图 10–15 跌水景观

图 10–16 人工湿地景观

3）景观材料的选择

景观造景应尽可能考虑使用可以减少资源和能源消耗、降低环境影响、提高再生利用率的生态材料，使用无害、无毒、无放射性、无挥发性有机物的建筑材料和产品和可重复利用、可循环利用和再生材料。如耐久性强、无污染的废置材料瓦砾、砖石、砂土等都是很好的选择。地面铺装应采用透水性材料，如采用透水砖、透水沥青混凝土作为道路铺装材料代替普通沥青和混凝土，停车场铺设嵌草砖，人行道采用青砖、砾石、卵石等。环保材料的使用可以涵养地下水，节约原材料、降低成本、减少污染，增加生态效益（图 10–17、图 10–18）。

4）植物配置

海绵社区中的植物配置应符合下列规定：

（1）利用植物造景手法，创造具有个性的植物小群落空间，充分展现植物的观赏特性，丰富景观环境（图 10–19、图 10–20）。

（2）应充分了解当地水分条件、径流雨水水质等情况，在低影响开发设施内宜选择耐盐、耐淹、耐污等能力较强的植物。

（3）优先选用对本地气候环境有良好适应性的乡土植物，以达到降低后期养护成本及打造富有地域性景观的目的。考虑到海绵社区内低影响开发设施内旱涝交替的特殊性，对于适应性较强的外来品种也不可完全排斥，设计时需结合实地情况灵活考量。

（4）海绵社区内如湿地景观等水生植物密集区域容易产生蚊虫滋生等问题，可选择少许防蚊或香型植物，以保证居民日常活动体验。

（5）宜选用病虫害少，无污染、无刺、无毒植物，同时可搭配一些开花结果的植物，招蝶引鸟，增加人工群落的生物丰富性。

图 10–17　透水材料铺装

图 10–18　生态美观的驳岸造景

图 10–19　植物种类丰富的地被景观

图 10–20　植物搭配丰富的海绵社区景观

（6）在进行种植设计时，植株间距不可过大，防止种植土外露。株缝间隙可以用细小的景观砾石加以覆盖，在增加景观观赏度的同时也可对经过的雨水起到一定的净化作用。

5）建筑景观

融合了海绵社区理念的建筑景观设计可以使屋面收集到的雨水得到充分的净化与利用，增加住区内的绿化面积，改善居民生活环境。其设计主要体现在屋顶绿化、围墙或墙面绿化以及建筑底部设计等几个方面。

（1）屋顶设计

海绵社区中屋顶的设计在承重、防水以及坡度合适的情况下，主要以绿色屋顶的形式出现。相比于传统的屋顶形式，绿色屋顶可以有效地减少地表径流、改善空气质量、储存一定的灌溉和路面清洁用水，其表面的植被层遮挡了阳光直射还能起到降低建筑温度以及减少热岛效应的功能（图 10–21）。

图 10–21　绿色屋顶

图 10–22　住区围墙立体绿化

（2）墙面设计

墙体绿化从景观功能和海绵社区雨水管理体系上来说均是对建筑顶平面绿化的补充。墙体绿化可分为藤蔓式和铺贴式。海绵社区中墙体绿化可以延缓雨水径流速率，并且有着增加蒸腾作用、提升建筑立面景观、改善小气候等功能（图 10–21）。另外，在建筑对雨水的排放与收集过程中雨水管作为不可缺少的一部分，在设计时应结合建筑本身的风格风貌，从造型、色彩以及位置等多方面充分考虑，亦可为建筑立面提供不错的景观效果（图 10–22）。

（3）建筑底部设计

为了避免雨水从雨水管排出后造成的局部冲浊和土壤污染，在建筑底部的雨水排放处应设置如雨水桶、雨水种植池等相关低影响开发设施，加大对雨水的收集与利用。雨水桶是一种在地上或地下封闭式的简易雨水集蓄利用设施，与建筑雨落管相连，通常由塑料、金属、玻璃钢制作而成。雨水桶收集的雨水可以用来灌溉社区内的植物，减少社区内用水支出；同时收集到的雨水经过初步的自然沉淀后还可用作消防、车辆清洗的备用水源（图 10–23）。雨水种植池与下凹式绿地相似，其作用主要有净化水质、延缓径流时间等。在高层住宅区中，雨水种植池可以很好地弥补建筑周边缺少的绿地，协调建筑与周边室外铺装的关系，丰富建筑的景观细节（图 10–24）。

10.2.2　主要设计途径

海绵社区的设计主要有雨水花园、植草沟、下沉式绿地三个途径。

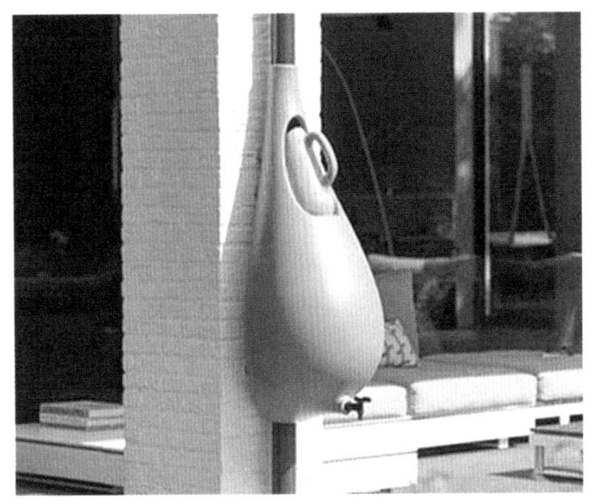

图 10–23　带有后喷壶和水龙头的雨水桶

图 10–24　建筑周边的雨水种植池

1）雨水花园

雨水花园是指通过人工挖掘或者自然形成的浅凹绿地，通过其中的植物、沙土等综合作用使来自屋顶和地面收集而来的雨水得到净化，并且缓慢渗透进土壤，涵养地下水资源，达到雨水资源化管理的目的。运用景观化处理，能给雨水花园赋予较高的观赏价值，丰富住区内的景观（图 10–25）。

雨水花园在设计时还应注意以下几点：

（1）为了避免建筑基础收到雨水侵蚀，雨水花园的边线与建筑基础之间至少留有 3m 的距离。

（2）雨水花园在设计时应选择地势平坦、土壤排水性好的场地上。

（3）为了避免暴雨来临时雨水花园储水量饱和的现象，还应在低于汇水面 10cm 的地方设置溢流设施。

（4）雨水花园的规模不宜过大，一般面积为 30 ～ 40m^2，应分散布置（图 10–26）。

2）植草沟

植草沟是指在地表被一定植被覆盖的沟渠，在住区中有雨水收集、排水、输送的作用。植草沟内喜湿耐旱的植草可有效地拦截地表径流中泥沙和污染物，能减缓小区内雨水径流的速度，沟底地砾石和沙层还能起到雨水的下渗和过滤（图 10–27）。

植草沟在设计时还应注意以下几点：

（1）布局时应注意与场地自然环境的结合，并且要避免对植草沟两侧坡岸的冲刷侵蚀，断面形式可采用抛物线形、三角形或梯形。

（2）植草沟内最大水流速度不可大于 0.8m/s。

（3）植草沟内植物应选用景观效果好、抗逆性强、耐潮湿、耐水性的湿生植物，且高度一般控制在 100 ～ 200mm 之间。

（4）植草沟的纵向坡度取值范围以 0.3% ～ 2% 为宜，不应大于 4%；沟两侧边坡的坡度取值范围以 1/4 ～ 1/3 为宜（垂直 / 水平），同时深度一般不可超过 0.6m（图 10–28）。

3）下沉式绿地

海绵社区中所指的下凹式绿地是指低于周边铺砌地面或道路在 200mm 以内的绿地，下沉式绿地在设计时应满足以下要求（图 10–29）：

（1）下沉式绿地的下凹深度一般为 100 ～ 200mm，其深度在设计时还应充分考虑土壤的渗透性以及植物的耐淹性。

（2）下沉式绿地还应在低于绿地 50 ～ 100mm 的位置设置溢流口，以保证暴雨时的溢流排放（图 10–30）。

10.3　空中花园的景观设计

随着我国对开放式住区的相关政策大力推行，住区的内部道路变成城市的公共道路，居住区逐渐由传统的全封闭式转变为开放式。城市公共空间的占用导致居住区内原本绿化面积的缩减，使得居民对公共活动空间的需求愈发强烈。空中花园作为住区内绿色空间的良好补充，为居民提供了一处贴近自然、缓解压力的休憩之地，在居住区景观设计中扮演了重要的角色。

图 10–25　设置于建筑周边的雨水花园

图 10–27　植物配置丰富的植草沟

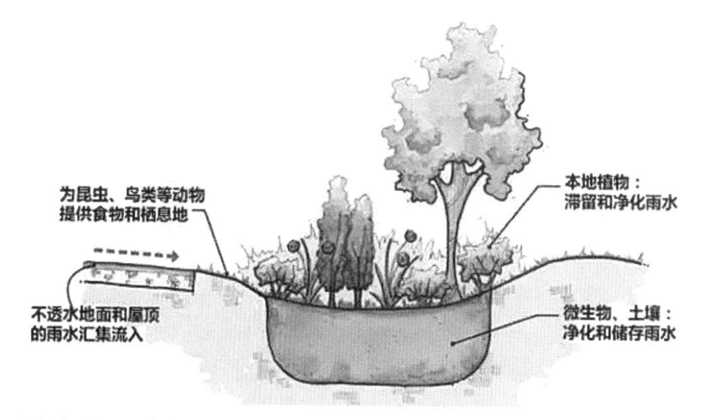

图 10–26　雨水花园生态功能

图 10–29　社区下沉式绿地

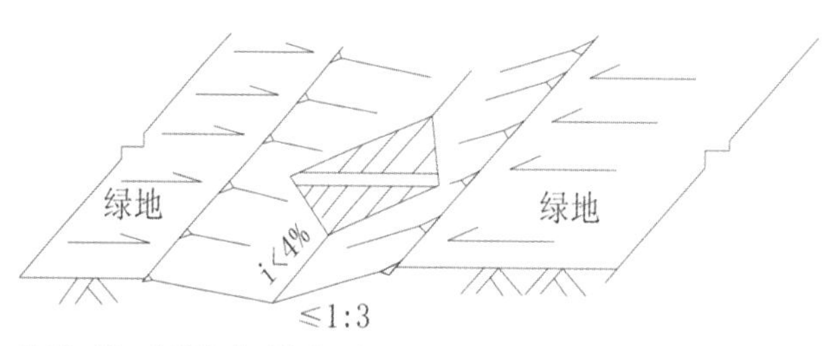

图 10–28　植草沟典型构造示意图

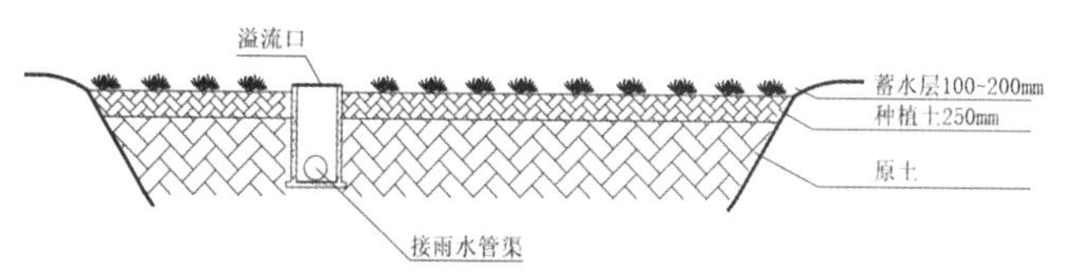

图 10–30　下沉式绿地典型构造示意图

10.3.1　空中花园景观的主要功能

1）调节居住单元温度与湿度

空中花园由于其表面植物对太阳辐射的吸收和反射作用，使其受到的净辐射热量远小于传统的建筑外立面。加上绿色植物本身的蒸腾作用以及潮湿土壤的蒸发，在缓解热岛效应，降低温度的同时，对空气湿度也能有所改善。

2）降噪隔声

空中花园的植物能很好地阻挡或吸收城市噪声，可以有效地降低过往车辆产生的噪声对住区居民带来的影响。

3）美化居住区景观

空中花园可以在极大程度上软化建筑边缘给人们带来的生硬感；地面绿化与空中花园还会形成很好的景观组合，丰富居民的景观视觉体验。

10.3.2　空中花园景观设计的构成要素

有限的空中花园设计要素主要由植物、铺装和景观家具三部分组成。

1）植物

（1）考虑到空中花园所处位置的特殊性，特别是雨季来临时风雨交加给植物带来的恶劣生存环境，故应尽可能选择抗风、不易倒伏且耐积水的植物；选择适应能力较强的本土植物，也能增加空中花园植物对环境的适应性。

（2）空中花园内土层普遍较浅，应选择一些水平根系较发达的浅根系植物，避免植物根系对楼层结构产生破坏。

（3）受场地大小的限制，在空中花园进行植物栽植时要在紧凑的空间内与小品、铺装等其他景观要素相融合，通过对植物形状、色彩、机理以及数量的搭配，形成层次丰富的植物景观（图10–31）。

（4）在植物配置时，还要充分考虑居民生活的私密性，可通过乔灌草的合理搭配，以对外来视线起到一定的遮挡作用（图10–32）。

2）铺装

（1）设计时要注意与空间的尺度以及植物等要素的协调，可通过材质、色彩等合理搭配利用，让场地显得更为精致温馨（图10–33）。

（2）在铺装材料的选择上应注重轻质化原则，以减轻对楼面的荷载；同时要避免选用反射性较强的材料以减少反光与刺眼，防腐木、卵石、烧面花岗岩等是不错的材料选择。

（3）受场地所处环境限制，应避免使用沙砾、木屑等松散材料，以降低风雨来临时造成的下水堵塞的风险。

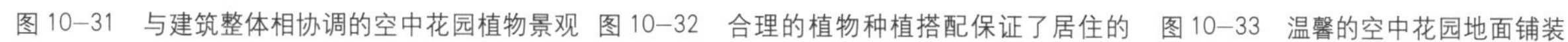

图 10–31　与建筑整体相协调的空中花园植物景观

图 10–32　合理的植物种植搭配保证了居住的私密性

图 10–33　温馨的空中花园地面铺装

3）景观家具

（1）景观家具在设计时，要充分考虑采光等因素且与整体风格相迎合，在为使用者提供便利的同时也让整体景观更加自然、生动（图 10–34）。

（2）受烈日和下雨天气的影响，为了让景观家具有更好的耐久性，可选择塑钢或合金材料以更好地适应天气的变化。

10.4　田园类景观设计

居住区中田园类景观的出现有助于建立和谐融洽的社区环境，住区内的园艺劳作不仅可以为社区提供一定的食物，更重要的是可以拉近邻里之间的关系并能普及相关科普知识。田园类景观设计的过程中要结合当地环境，反应地域特色，营造出集休闲、互动、观赏、科教于一体的住区景观空间（图 10–35、图 10–36）。

图 10–34　适宜的景观家具让场地环境更加协调

10.4.1　居住区田园类景观设计原则

1）客观性原则

设计前要对使用者和管理者进行充分的调研，以多方面的需求为依据，避免仅从设计者主观的角度出发导致后期使用时产生矛盾。

2）整体性原则

景观营造时要充分考虑区域整体情况，处理好场地与周边绿化、地形、道路以及各个空间的关系，注意整体景观的统一性（图 10–37）。

3）遵循因地制宜原则

依据不同的气候、地势以及土壤类型等方面选择适宜的作物，以增加植物的成活率。在实际设计时还应尽量遵循场地地形现状，结合如梯田式、盆地式等多样的田园形式，创造出更具地域性与多样性的景观效果。

4）参与性原则

田园景观可为住区居民提供交往场所，居民主动参与到农作物的栽植、耕地、施肥、收获之中，丰富居民业余生活的同时可增进相互间的情感交流，拉近邻里关系（图 10–38）。

图 10–35　可食用的田园类景观

图 10–36　儿童在田园类景观中体验收获的乐趣

图 10–37　田园类景观与住区小径的契合

图 10–38　增进邻里之间的交流互动

5）可持续发展的原则

可结合小区的废物利用、雨水收集等进行系统的规划设计，在社区内建立实时的反馈机制，使得田园景观的管理可以得到及时的调整。为了让田园景观能顺应居住区未来的发展，设计之初应预留一定的发展空间。

10.4.2　居住区田园类景观内常用栽培技术及方法

1）种植床技术

种植床最基本的形式是植物种植于高出地面并且混有堆肥土壤的框池中。这一技术在田园类居住区景观中非常适用，相比于普通的地面种植技术，具备以下优势：

（1）根据原场地情况的不同，种植床的设计形式可以自由变化；并且其高度也可根据不同作物在栽植时对土壤深度的不同要求做出调整。

（2）种植床可以更好地保持土壤和水肥，同时还能增加种植密度，减少杂草生长。

（3）受土质影响较小，可在土壤贫瘠甚至在硬质广场上进行种植。

（4）种植土壤不会被踩踏，便于日后的维护与管理。

2）伴生种植方法

伴生种植是指利用不同作物之间生长特性的差异，使作物之间相互帮助，进行混植。最常见的伴生种植如玉米、南瓜和菜豆的混植，玉米可以作为菜豆攀爬生长的支撑，菜豆的固氮作用可以增加土壤中的氮含量；而南瓜宽大的叶子匍匐在地面生长，可以遮挡阳光减少杂草的生长，避免土壤营养的流失。

在居住区田园类景观中利用伴生种植，一方面可以改善土壤的营养结构，提高作物抗病性，提高农作物的产量及质量；另一方面还能丰富居住区内植物栽培形式，增添景观内容。

3）植物疫苗使用

植物疫苗可通过灌根或叶面喷施的方法作用于植物上以抵御病虫害的发生，提高植物自生的免疫力。对于蔬菜、瓜类、豆类、果树、茶桑、中药等均适用。居住区田园类景观在栽培管理中可加大植物疫苗的推广，减少农药的使用，增强作物的品质，让产出的食物更加有机健康。

4）间作、套作、轮作的种植方法

设计时不光要考虑丰富的景观性，还要兼顾农作物之间的相互作用，通过选用间作、套作、轮作等技术让景观达到美观且科学合理的效果。

（1）间作，是指两种或两种以上在同一田地上且在同一生长期内的作物，分行或分带相间种植的种植方式。将农作物合理的间作，有助于提高土地的利用率，抑制病虫害的发生。

（2）套作，是指上一轮植物未完成收获时将后一轮植物种入上一轮植物的行间。套作可缩短两种植物共同的生长期。

（3）轮作，是指在一定年限内不同的作物按顺序轮流种植在同一块土地上。轮作可以使土壤的养分得到较均衡地利用，调节土壤肥力，改善田间杂草以及病虫害问题；同时还能定期更换景观，增加新鲜感。

10.4.3 适宜于居住区田园景观的植物类型

优秀的田园景观的营造离不开适宜的农作物，本着便于居住区栽培管理的原则，初步选择了具备较好形态、颜色、质感的经济作物作为参考，实际设计时还应结合当地实地情况进行选择。居住区田园类景观常用植物见表 10–1。

居住区田园类景观常用植物 **表 10-1**

植物类型	植物品种
果树类	樱桃、杨梅、柠檬、核桃、桃树、石榴、枣树、板栗、柑橘、柿树、木瓜、山楂、桑树、杏树、苹果等
藤木类	冬瓜、四季豆、南瓜、丝瓜、黄瓜、葡萄、猕猴桃、扁豆、葫芦、苦瓜、佛手瓜、菜瓜等
地被类	土豆、葱、蒜、胡萝卜、韭菜、油菜、黄花菜、白菜、生菜、薄荷、百里香、甘蓝、莴苣、菠菜、芹菜、花椰菜、空心菜、苋菜、玉米、水稻、小麦等
水生类	茭白、菱角、水芹、莼菜、荷花、荸荠、莲藕、水白菜、水芋、慈姑等
香草植物	薄荷、迷迭香、茴香等
食用菌类	木耳、香菇、金针菇等

10.5 基于康养理念的景观设计

居住区景观设计的康养，包括两个层面的意思，其一是健康，如在住区景观设计时考虑各类人群的运动设施及活动场地，针对人的身体主动运动而设置，本书在第五章已有相关的详细内容，其二是康养，主要针对人体器官对环境反馈产生的积极正面作用而设置，也就是我们在此节需要重点阐述的内容。

人通常会凭借视觉、触觉、嗅觉、听觉和味觉来对场地环境形成整体的印象，优美的景观环境带来的五感体验对于释放工作压力、缓解紧张焦虑的情绪具有重要的作用，多种研究发现通过关注五感的综合设计有益于人们的身心健康。在设计时不能仅只考虑某种感官，而是需将五感相辅相成地融入环境设计中，达到更好地感官体验效果。

1）视觉感官

视觉感官往往是人感知环境最直接的方式，色彩的选择应根据具体使用人群作相应的变化。

（1）色彩的选择应注意使用对象，颜色鲜艳的植物以及色彩跳跃的铺装，可给青少年带来积极、健康向上的情绪。而在老年活动场地中，植物通常以绿色为主，铺装也会选用具有亲和感的暖色调以营造安静、清闲的氛围（图 10–39）。

(2) 应选用无毒、无害、无刺的植物，防止居民从视觉上产生不安的情绪，同时乡土植物的运用也会带来一定的归属感。

(3) 住区应尽可能运用较为开阔的视觉景观，避免过于紧凑的视线给人们造成心理上压迫感。

2）听觉体验

住区中的自然声音，可以让肌体得到充分的放松，平复浮躁的心情起到保健养生的效果。

(1) 适宜的水流声对于帮助人们放松心情、调节情绪具有很好促进的作用。在设计时要充分考虑水流量、水体深度以及选用材料等因素以达到控制水声的目的，在居住区中通常可设置喷泉、小型叠水、瀑布等（图 10–40）。

(2) 可在住区内的花丛中或者水景中设置小型音箱，通过播放悠扬的乐曲也能达到放松身心的目的，让人们更好地融入环境之中。

(3) 位于居住区边界的位置，可种植隔音绿篱、树带等以降低来往车辆发出的噪音对住区居民产生的烦躁情绪。

3）味觉体验

可在住区内集中辟出一块种植园，栽植果树、蔬菜等可食性植物，形成田园类景观。居民在自发的农耕活动中，增进了邻里间的交流互动，果实成熟之后的采摘和食用，让居民具有很好的参与感和成就感，丰富的味蕾体验能让心情变得愉悦，缓解生活和工作的压力（图 10–41）。

图 10–39　暖色调的铺装给人带来安逸的情绪

图 10–40　水流声能缓解人们紧张的情绪

4）嗅觉体验

香气能有效调节人的生理和心理反应，并对缓解紧张的情绪有着显著的改善作用。通过合理搭配观赏性芳香植物，在丰富园林意境的同时还会给人带来深刻的场地记忆（图 10–42）。

(1) 香气主要来源于植物的散发，通常以选择具有易释放抑菌物质的乡土植物搭配开花植物为主。

(2) 根据使用人群的不同，要将浓香型、淡香型和其他植物灵活搭配，例如在儿童活动区中可配置种类丰富的芳香型植物，满足儿童对发现未知事物的渴望，如薰衣草、迷迭香、茉莉等。在老年人活动较密集的区域，应以淡香型植物配置为主，如含笑、桂花、栀子等。

图 10–41　收获的果实带来丰富的味蕾体验

图 10–42　芳香植物与景观小品的融合营造惬意轻松的氛围

图 10–43　不同材质让接触者在使用时更贴近自然（一）

图 10–44　不同材质让接触者在使用时更贴近自然（二）

5）触觉体验

在居住区环境中，与水体、动植物、铺装、小品等要素的接触均能给使用者带来不同的体验。

（1）避免使用带刺或有异味产生的树种，如岸边垂柳等枝条柔软的植物能很好地达到安抚接触者情绪的作用。

（2）在铺装方面，应该选用摩擦较大的材料可给人们产生一种稳重、安全的心理感受。在适宜的条件下选用鹅卵石铺装可对过路人脚底产生按压的功效，有益于身体健康。

（3）设计时还应注重景观细节的处理，比如在大理石饰面的花坛外围将生硬的边缘作打磨处理，让接触者有更柔和的景观体验；又或如在景观小品的构造中选用砾石、卵石或是原木材料，能让人有不同的触感，材料的使用让人有回归自然的感受（图 10–43、图 10–44）。

10.6　基于文化理念的景观设计

谈到文化，是一个严肃而有沉重的话题，但又是坚决回避不了的问题。很难给文化下一个准确的定义，文化是凝结在物质之中又游离于物质之外的，有历史，有内容，有故事。简单概述，文化第一可以表现为广泛的知识并能将之活学活用，第二则是内心的精神和修养。

图 10–45　复兴传统的方法

中国几千年以来，园林可以说是最能体现文人雅士精神和修养的文化，中国传统园林以再现自然山水为设计原则，追求建筑和自然的和谐，人工美和自然美的结合，体现人工建造对自然的尊重与利用，注重建筑与院落的相得益彰，以"虚实相间，以虚为主"强调建筑与环境的共融。

图 10–46　重新诠释的方法

近年来随着生活水平的提升，居住区景观越来越受到居住者关注。前些年建筑和景观设计的过度崇洋和西化，引发了国人的反思。对自身文化认可度的提升使得在景观设计中对园林文化有了新的认知和诉求，新中式景观也因此有了孕育的沃土。目前关于新中式风格在居住区景观设计中的应用很常见。

居住区中新中式景观设计主要使用传统的造园手法、运用色彩、图案符号、植物空间、水体景观等特色等来营造具有中国韵味的现代景观空间，表达出唯美、含蓄、精致的特征。确切地说，应该称为新亚洲风格，因为这些景观中有中式的庄重、日式的极简和东南亚的开放。新亚洲风格中常用景观元素为精致含蓄的东方物件，如景墙、水池、枯山水，植物素材也很多样，基于本土树种的基础上，日本黑松等外来之无常作为重要的点景树种。

目前"新亚洲景观"在形式上主要分为复兴传统法和重新诠释传统法。

复兴传统法：主要体现中国文化，即把传统的地方建筑和设计方法基本保持下来，突出文化特色，删除某些过于繁琐的细节，强调形式主义。

重新诠释传统法：使用传统的色彩及符号达到标识的作用，强调文化感和意境上的相似，多种文化及景观设计手法并存。

以下主要就重新诠释传统的方法展开讨论，由于此方法是多种文化及设计手法并存，且称为新亚洲风格。

10.6.1　新亚洲风格景观的造园要素

新亚洲风格景观的造园要素主要有：图案、文字、色彩、植物、园林建筑及小品、地面铺装和水体景观。

（1）图案及文字：山水画卷、祥云、中国结、太极、剪纸、贴花、书法等（图 10—47）。

（2）亚洲色彩：以中国红、琉璃黄、长城灰、玉脂白、国槐绿为主，原木色既是中国传统园林喜用的颜色，在东南亚国家也常常使用。黑色主要用于地面铺装和水池底部以及景观小品，显得沉稳内敛（图 10—48、图 10—49）。

（3）植物元素：有象征中国文化的梅兰竹菊、荷花、牡丹、石榴、桃花、盆景，也有来自日本的黑松等（图 10—50、图 10—51）。

（4）园林建筑及小品：山水景墙、也有拴马桩、石臼、宫灯、香炉、棋子、月洞门、亭、廊、阁等（图 10—52 ～图 10—55）。

图 10—47　中国文字在景观中的应用

图 10-48　整体色调和谐大方

图 10-49　灰色和黑色的搭配

图 10-50　景观中的竹元素

图 10-51　采用日本黑松点景

图 10-52　景观中的拴马桩

图 10-53　景观中的月洞门

（5）地面铺装：雕砖卵石铺地、卵石铺地、方砖或条石铺地、嵌草铺地、砾石铺地、枯山水等（图10—56、图10—57）。

（6）水体景观：首先是静水，不流动且平静，给人以宁静安详、朴实之感，它能客观地、形象地反映周围的景物，如倒影，能增强园林水景的美感及景观效果（图10—58），另一类是动水，包括河流、溪流、喷泉、瀑布等，具有活力，令人欢快愉悦。

图10—54　模拟自然山水画景墙

图10—55　模拟自然山水景墙

图 10–56　中国传统地面铺装

图 10–57　日式枯山水

图 10–58　开敞的静水面

（7）院落空间：使用中式或是东南亚风格的屏风、廊道划分空间，展现出庭院空间的层次之美（图 10–59、图 10–60）。

10.6.2　新亚洲风格景观的造园方法及设计探讨

目前常采用中国造园中常用的障景、对景、框景、抑景、借景、漏景、夹景、添景等手法将造

图 10–59　庭院空间（一）

图 10–60　庭院空间（二）

园要素融合在一起，通过生态、场所精神等创造景观空间，达到传统空间的意境再现。在新亚洲景观设计探索中，有许多设计因此取得了较好的市场效果，也为设计提供了一些新的思路和方法。

但是反观目前居住区景观中的新亚洲风格设计，存在较为突出的三个问题：

第一，为追求“文化”及“品位”，景观设计盲目跟风追求所谓新亚洲风格，致使放眼全国楼盘景观同质化严重，缺乏地域性和可识别性；

第二，许多设计对文化的理解还停留在表层，虽然可以罗列中国传统造园手法及现代景观中的运用方式，但仍然缺乏对景观内涵的深入剖析，拼贴和堆砌现象突出；

第三，新亚洲风格的设计在居住区景观中大多仅限于样板区，居住区内的景观无论从设计细节还是造价都远远无法与样板区相比。样板区景观作为一种唯美的存在，已失去了本身三个字的含义，脱离了人使用的本质，作为一种展示性的景观对消费人群有一定的误导。

针对以上三个问题提出以下思考：

一是任何设计都是为人服务的，当谈及文化时，首先考虑的应是地域文化而非中国文化或是亚洲文化。由于地理环境和气候特点的差异，人的生活习惯和行为特征会有多不同，受众人群的不同也会给景观设计带来不同的思考。

二是景观设计中文化体现还在探索的路上，设计应更多地将侧重点放在人的行为活动上，文化和艺术的前提是对人的尊重和对自然的热爱，景观亦是如此。

三是样板区固然是一个楼盘的代言，但拒绝浮夸、贴近真实不仅是一种良心，更是一种责任。缩小样板区和住区内部景观的差异，也有利于公众正确认识景观的价值。

本章就近年来居住区景观设计的主要发展方向，梳理了开放式住区的景观设计、海绵社区的景观设计、空中花园的景观设计、体验及田园类的景观设计、基于健康理念的景观设计和基于文化理念的景观设计的设计原则、要点及基本方法，并提出相应的建议和思考。

居住区景观设计包括多种综合因素，在进行景观设计时，应注意整体性、实用性、艺术性和趣味性的结合。景观不只是供观赏的，更重要的是使居民可以徜徉其中，在休息活动和观景空间中，创造性地设计并赋予空间一定的特色。居住区景观对于生活在城市中的每一个人都格外重要，从忙碌的工作回到属于自己身体和心灵的“家”，摆脱城市的喧嚣和繁杂，享受那一份自然、温馨和惬意，是我们大家美好的愿望。

第11章

案例分析

本章节通过对一个居住小区和一个样板区景观设计的构思分析，加深对前几章的理解，“云南映象——水之景”片区（C 区）居住组团以水景为营造特色，充分利用场地中的坡地、台地、谷地等潜在的景观利用价值，创造属于该场地、属于“云南映象”的特色景观。华夏四季中央售楼部则通过剖析场地周边主景色，借助典故，营造地域性特色鲜明的景观情趣。

11.1 案例一 “云南映象——水之景”片区（C 区）居住组团

项目名称：云南映象——水之景

项目地点：昆明市北市区

开发商：昆明城建股份房地产开发股份有限公司

景观设计单位：云南木森城市景观规划设计工程有限公司

景观施工单位：云南木森城市景观规划设计工程有限公司

竣工时间：2007 年

资料提供：云南木森城市景观规划设计工程有限公司

11.1.1 项目概述

1）场地气候及景观资源分析

场地所处的云南省是全国少数民族最多的省份，这里是滇族部落的生息之地。素有“彩云之南”美称。气候复杂，省会昆明四季如春、降水充沛，干湿分明。场地中有台地、坡地，沟壑及土埂等景观资源。多民族的文化及场地特有的景观资源促成了小区“云南映象—水之景”片区的景观设计思路及理念。

2）项目状况分析

该项目位于昆明市北市区， 整个社区坐落在两边高、中间低缓坡谷地上，高差在 20m。总用地 15.99 万 m^2，总建筑面积 43.99 万 m^2，总居住户数 3012 户，容积率 2.47，绿地率 50.5%，建筑密度 13.78%（图 11–1、图 11–2）。

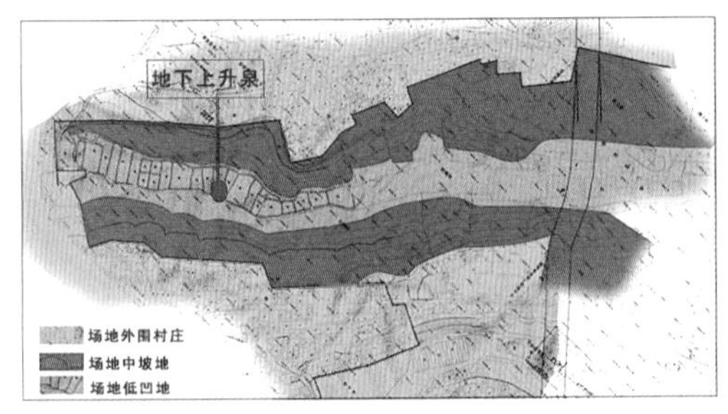

图 11–1 场地地形平面分析图

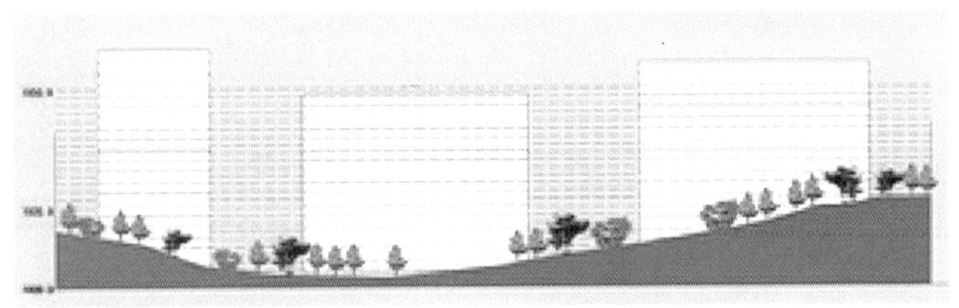

图 11–2 场地地形断面分析图

11.1.2　景观设计指导思想

1）减少外围村庄对整个社区的影响；

2）挖掘场地的资源，发挥景观价值最大化；

3）在特殊的场地上创造属于其自身特有的景观；

4）解决建筑、规划与场地之间的矛盾；

5）充分利用“云南映象”的名称将云南少数民族丰富的文化和景观资源体现出来。

11.1.3　景观设计原则

1）以人为本

人是衡量场地的第一尺度要素，场地中的土丘、高埂、荒草地等都会唤起人心底关于云南红土高原的感受。设计充分利用人的这一特点，将人的心理感受和景观设计紧密结合起来，以满足居住者对当地文化的心理渴求。

2）尊重场地原有要素

尽量保留场地原有的水系、鱼塘、台地、高埂、土丘、竹林等，并有效利用，使其成为整个景观体系的骨架要素。

3）挖掘场地潜在景观价值

场地中的坡地、台地、谷地具有潜在的景观利用价值，保留改造场地中的典型地貌如山丘、高埂，谷地等，创造属于该场地、属于“云南映象”的特色景观（图 11–3）。

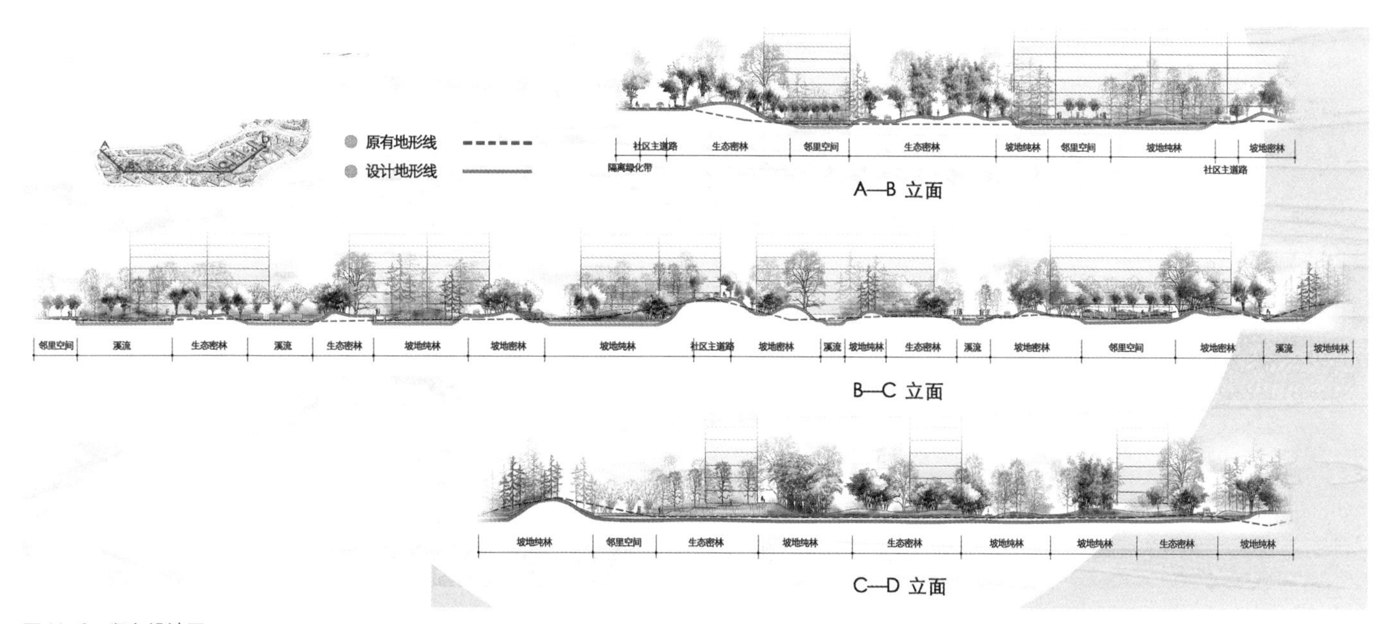

图 11–3　竖向设计图

11.1.4 设计思路

1）再现森林河谷的艺术

用景观语言描写各种水的形象如春水、秋水，江水、河水，波平如镜的水、一泻千里的水、曲似柔肠的水和脉脉无声的水，体现“临水而居”的理念。

2）生活原场景的体现

“韵律的原生，快乐的生活”理念，是人们最向往追求的生活。充分挖掘云南各少数民族特有的生活场景，如洗菜台，石磨，草垛、青稞架等，提炼成场景设计元素，营造最简单、最质朴生活景观。

3）原生态的景观设计

追求景观的质朴和纯净。利用场地原有的地形地貌，水体等，合理布局与安排隔离景观系统、河流景观系统及坡地纯林系统和人文邻里景观系统四大景观系统，将人的活动与生态景观充分结合起来。

4）时尚文化和时尚运动的享受

设计追求文化的本土特色，结合现代技术如音乐漂流，生态湿地，视线走廊及林下健身等设计，为居民营造充满时尚气息的居住空间（图 11–4）。

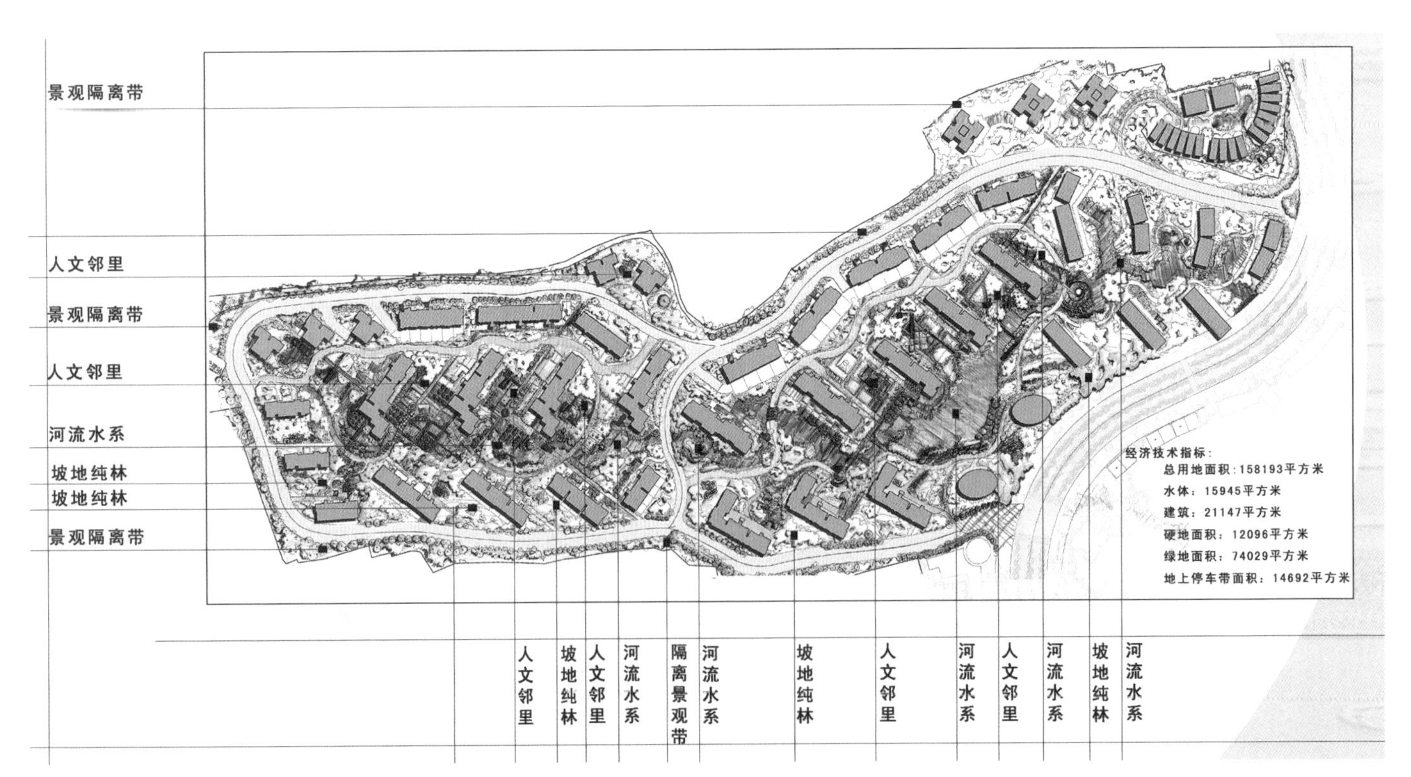

图 11–4 总体规划平面图

11.1.5　景观格局分析

1）隔离景观系统

该场地外围有村落，景观条件较差，影响整个居住区的居住品质，设计上考虑建立生态高篱隔离带。在与主道路平行的隔离系统上建立平行高篱隔离带，在道路转折处或视线的交点上建立立体高篱隔离带（图 11–5）。

2）河流景观系统

在原有水系、低洼地、缓坡的基础上与三江并流的概念相结合，通过湿地、水湾、缓坡、滩涂、瀑布、叠水的营造形成多种形态的自然河流景观系统。

（1）河流景观系统形态模式分析

根据河流的自然生态过程以源头形成溪流，经过汇集成河流，河流流淌在开阔的低凹地上形成湖面、水湾、湿地，在落差大处形成瀑布，最后流入江河、大海。场地提供的天然条件和规划条件可形成独特的河流景观形态（图 11–6）。

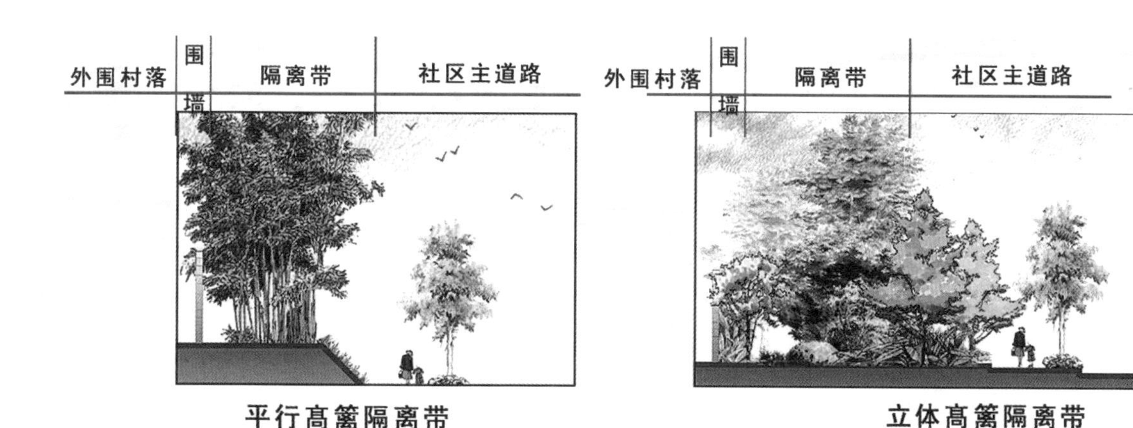

图 11–5　隔离景观系统结构图

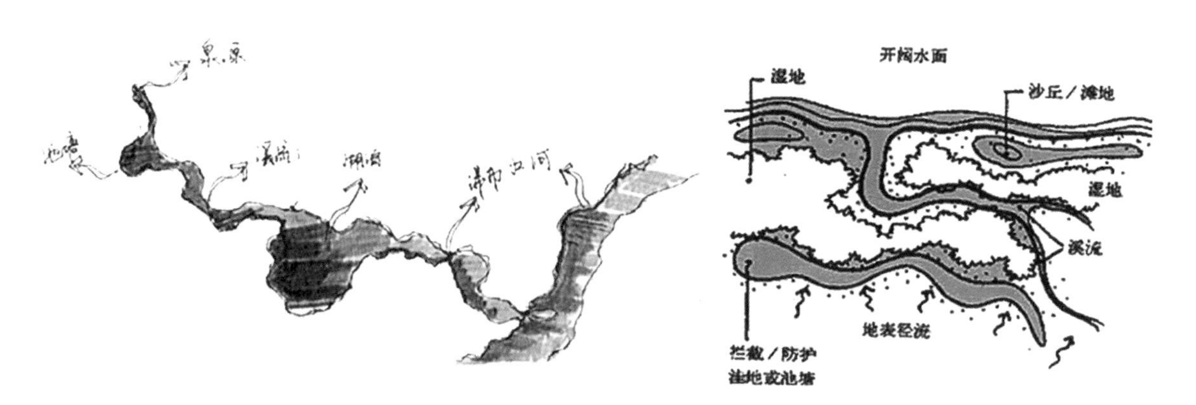

图 11–6　河流自然过程形态示意图

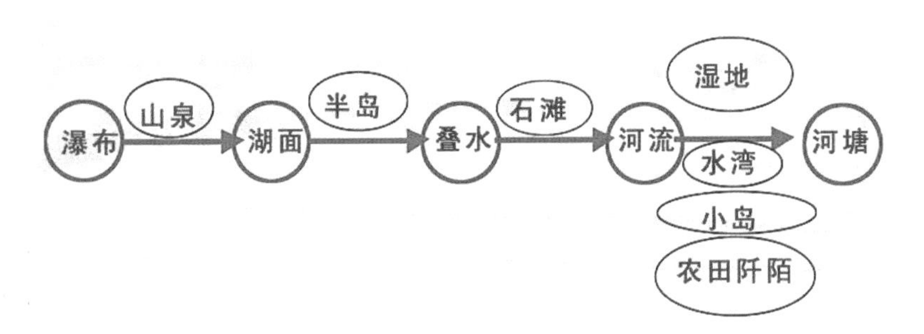

图 11-7　河流景观形态模式图

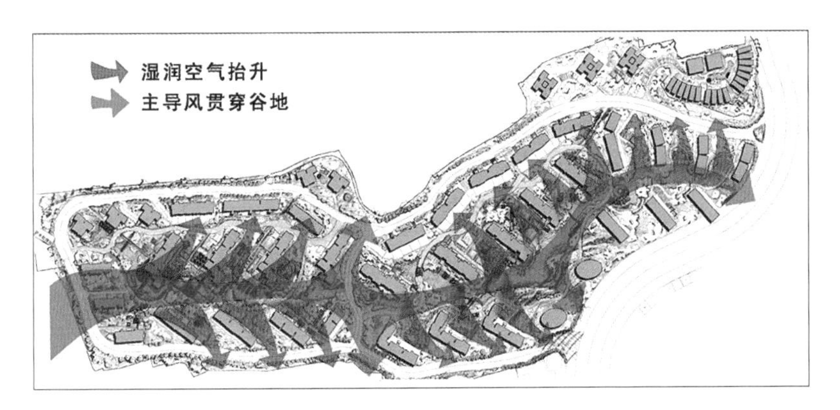

图 11-8　平面气流分析图

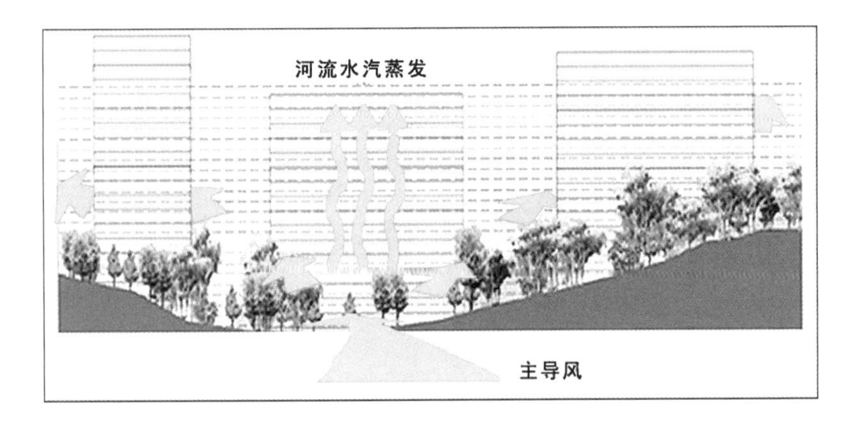

图 11-9　竖向气流分析图

（2）河流系统景观设计

由于地下车库、规划道路、建筑、坡地与河流系统之间存在高差，在设计上主要形成硬质驳岸和自然生态驳岸。植物设计上从坡地到河流中心形成乔木—挺水植物—浮水植物—沉水植物的完整的生态系统，在植物品种的选择上兼顾观赏效果和生态作用（对水质的净化）（图 11-7）。

3）坡地纯林景观系统

设计上最大限度保留坡地上建筑和建筑之间的地形，结合纯林的布局，将建筑和供人们活动的设施、场地溶解在坡地纯林之中。

（1）适应气候生态效应

通过纯林疏密有机地布置，将主导风（西南风）导入到居住区中，使得谷地通风良好。气流经过水面后增加湿度，再通过林带的阻挡和引导将湿度大的空气引导至坡地上，增加高处的湿度（图 11-8、图 11-9）。

（2）坡地处理

尽可能地保留建筑和建筑之间的典型地貌。道路坡地在高差大处可形成观景平台。坡地和河流交接处则充分发挥其边缘效应形成水鸟栖息地。结合纯林的种植形成坡地景观系统。注重林下空间的利用（图 11-10、图 11-11）。

（3）林下空间利用与处理形式

①林下空间的利用

纯林垂直构成较简单，在林下形成大量的活动空间，设计上充分组织安排林下空间。林下活动空间运用设计为：

a. 林下健身：在纯林中设置步道和健身设施，满足人们有氧健身的需求；

b. 林下书吧：为住户创造林下、树丛中学习交流的场所；

c. 林下负粒子氧吧：在纯林下空气中的负粒子会增加，特别是在水边的水杉林内尤为明显，可满足人们紧张生活之余的提神醒脑；

d. 林下自由空间：马尾松、风响杨等林下空间，当落满树叶后既有情调又富有野趣，人们可以

图 11–10　转折观景平台断面示意图

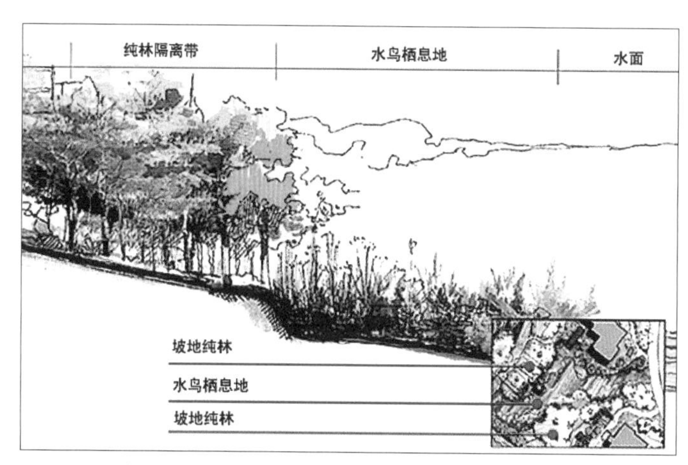

图 11–11　坡地和河流交接断面示意图

在其下自由活动以舒缓身心；

②林下空间的处理形式：

保留林下的地形丰富的景观层次，　林下种植草坪形成疏林草地，供人们沐浴阳光，也可以享受绿荫。

（4）坡地植物设计

坡地植物设计以纯林植物种植为主，近暖远冷的植物色系搭配，单一树种与混交林结合的林带布置，常绿树种与秋色叶树种的错落分布，慢生树种与速生树种的搭配应用，使坡地植物景观丰富多彩。

4）人文邻里景观系统

将人们生活、生产的原生态场景如洗菜台，石磨，草垛、青稞架、渔人码头，田间阡陌等，以现代景观的方式展现，营造最简单、最质朴的景观空间，提升居住的品质，唤起人们心灵的共鸣，让人们认识并热爱自己的文化。人文邻里景观有利于吸引人们走出房间，融入景观，促进人的交往和社区文化的形成。

11.1.6　景观节点空间分析

全区共有景观节点43个，广泛分布于全区各景观环境中。景观节点的设置主要以体现林景、水景、人文邻里印象景观及休闲活动场所景观为主。“林景”如林下休闲、树阵栈台、坡地纯林等各种树林景观；“水景”如河塘映像，山泉映月、汩汩溪流、水湾湿地等各种形式的水景；“人文邻里印象景观”如收谷场、磨坊、草垛映像、竹排码头、洗菜场等多种反应乡村生活场景的人文景观。“休闲活动场所景观”如林下健身、林下博弈等活动场所（图 11–12）。

下面就四个较为典型的景观节点作设计分析：

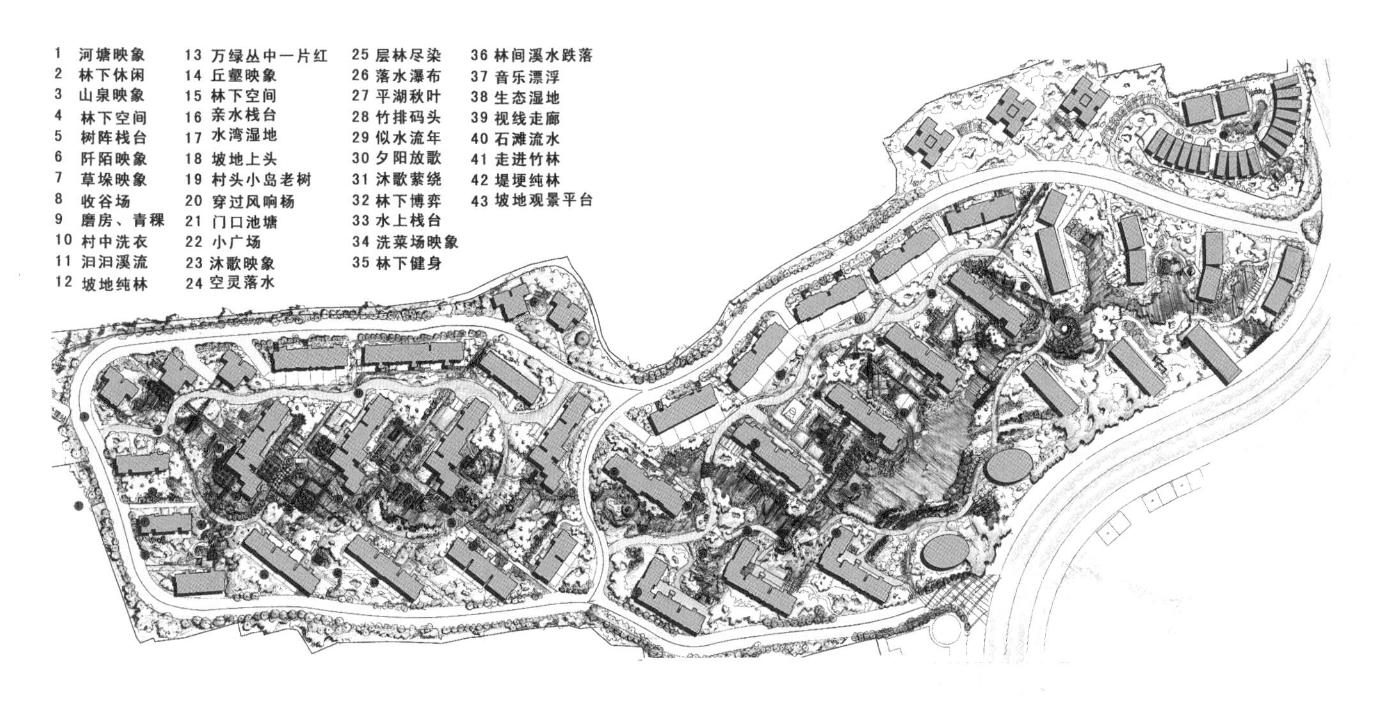

图 11–12　景点分布图

1）景观节点 1

景观节点 1 旨在营造一个充满人文气息并提供居民亲水赏水的景观环境。设计将平台和树阵布置在建筑及自然湿地之间，同时使自然景观渗透到了架空的泛会所。在邻里空间中以现代景观的方式展现人们生活、生产的原生态场景，如质朴的花架，碾磨以及草垛等（图 11–13、图 11–14）。

2）景观节点 2

该景观节点主要以趣味性小品结合不同水体形式为儿童提供一个亲水、戏水的场所。如水边竹排做的码头，停泊着的渔船以及码头对面的瀑布叠水。在纯林和水面之上设置花架，旁有小溪，木栈台伸到湿地中，人们在这里可以同时感受到鱼跃和鸟鸣（图 11–15、图 11–16）。

3）景观节点 3

该景点主要以参与性强的设施布置为主，满足不同人群的户外娱乐。在丛林中间、在水面之上架着挑水平台，建立起人和水的一种亲和关系。水面上配以现代音乐棚，为经过这里的人们带来美妙的听觉享受（图 11–17、图 11–18）。

4）景观节点 4

该景点主要以营造水中生态小岛景观为主。小岛不但有效地划分了水面空间，而且可以增强居民亲水活动的趣味性。岛上种植高山榕，可提供人们乘风纳凉；岛屿旁水中种植的荷花是居民夏天赏花、初秋采莲游戏的好地方，戏水声、树叶的沙沙声和孩童的欢笑声构成了一幅和谐的水中小岛景象（图 11–19、图 11–20）。

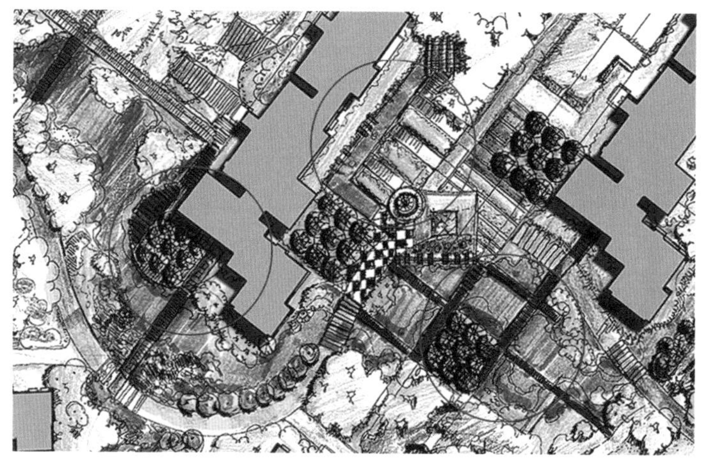

图 11–13　景观节点一平面图

图 11–14　景观节点一之草垛效果图

图 11–15　景观节点二平面图

图 11–16　景观节点二之落水小品效果图

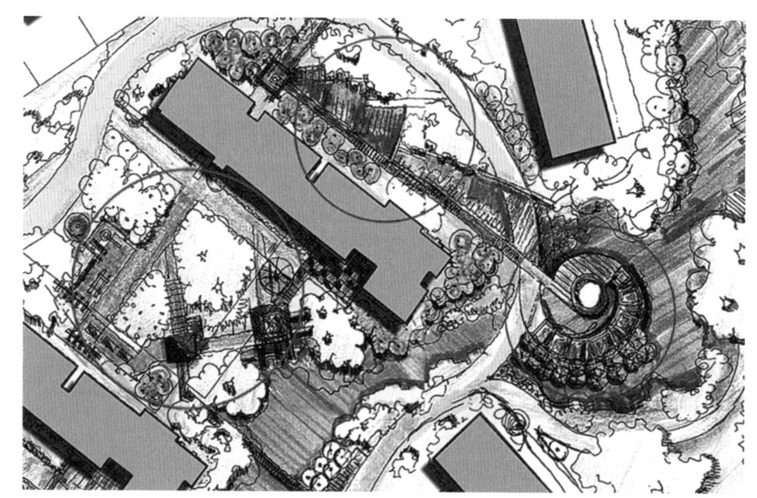

图 11–17　景观节点三平面图

图 11–18　景观节点三之水景效果图

图 11–19　景观节点四平面图

图 11–20　景观节点四之水中小岛效果图

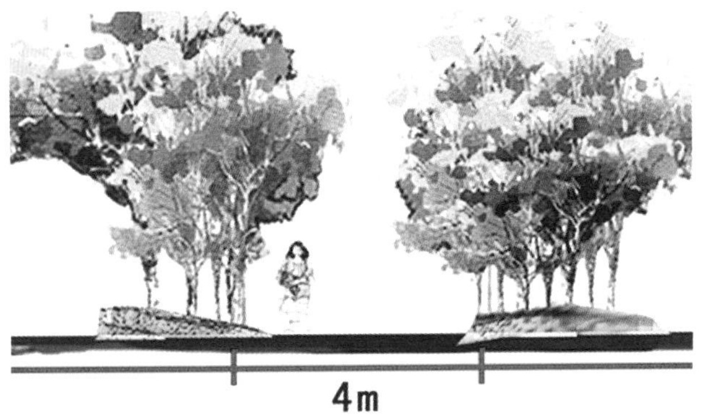

图 11–21　道路车道立面示意图

图 11–22　社区外围停车带示意图

11.1.7　道路·停车带·私家花园设计

道路等级系统设计为四级：

1）一级：外围社区主道路，满足社区内的主要交通、与外界的联系和消防等功能，宽 15m，道路两边设置平行停车带。

2）二级：内部主要车行道，满足内部的主要交通、出入地下车库和消防等功能，宽 6m。

3）三级：主要景观步道，起到连接各景观节点、提供住户步行及消防的作用，宽 4m（图 11–21）。

4）四级：景观小园路，设置在丛林间的小路，水上的木栈道，主要满足人们的步行要求，宽 0.9～2.1m。

5）停车带：停车带主要安排在社区外围 15m 道路上，在外围结合隔离带建立林下生态停车带；在内部局部的纯林下建立停车带（图 11–22）。

11.1.8　给排水分析

1）水系补水可利用山泉水补给、地下上升泉补给及收集的雨水补给等方式。

2）绿化浇灌可采用从景观水系中取水浇灌或利用小区中水系统给水浇灌。

3）雨水收集方式可通过拦蓄降水径流，设置过滤层，引导雨水下渗补充地下水，同时过滤后的部分雨水通过排水管道排至景观水体或下渗到生态湿地景观水系。

4）水系循环方式有利用水泵在跌水和瀑水处形成局部循环或利用鼓泡、喷泉和吐水等水景来减少死水区等方式。

5）水系净化方式可通过生态湿地进行水体净化。

湿地植物系统由乔木、挺水植物、浮水植物、沉水植物组成，品种有水杉、池杉、垂柳、白杨、荷花、芦苇、茭瓜、莎草、千屈菜、鸢尾、睡莲、狐尾藻等，景观效果好，净化污水能力强。基质主要采用碎石、陶粒、煤渣、细、粗砂按一定比例混合组成。

11.1.9　植物景观设计

1）植物设计的原则

（1）根据不同光照环境进行不同植物的选择

如建筑的北部区域基本上终年不见阳光，因此，应种植耐阴植物。在阳光充裕的区域设计特色植物景观，如秋叶林及春季的花海。

（2）植物景观的生态性

植物体现云南生态景观，营造出具有一定休闲度假氛围的居住环境，形成自然、生态和宜居的植物景观体系。如水生种植田景观、榕林景观、芭蕉林等。

（3）利用植物进行空间分隔

植物具有营造空间的功能。利用植物营建疏密有致的空间，分隔出内在、外在和流动空间，获得开朗、幽深、静谧、娇艳、兴奋、清爽等不同的空间体验。

（4）注重植物的“五感”设计

充分利用植物本身具有的色彩、芳香以及树皮、枝叶的质感和在风中雨中沙沙作响的声音，为人们营造美妙的植物视、听、味、嗅、触的“五感”环境空间。

（5）注重植物的可参与性设计

创造条件鼓励业主参与种植向日葵、油菜、采制茶叶等各项活动，调动业主的积极性，或在林带下局部撒碎石、树皮或种植耐践踏的植物，便于人们在树下活动，通过人的不同活动的参与，营造不同的植物景观。

（6）注重植物合理配置

近暖远冷的植物色系搭配、同一树种与混交林相结合的林带构成、常绿树种与秋色叶树种相错落的分布及高观赏性与速生兼顾的树种应用等都是形成丰富植物景观的好方法。

2）植物两大设计主题

（1）营造休闲度假氛围植物景观体系

围绕水体，形成丰富的植物景观体系，秋叶林、花林，生态密林、入口的特色香草区，营造出具有休闲度假氛围的景观体系，如水生种植田、榕林、芭蕉林等。主要植物品种有滇朴、桂花、广玉兰、黄连木、榕树、橡皮榕、高山榕、羊蹄甲、鸡冠刺桐、柳树、水杉、竹子、荷花、千屈莱等。

（2）营造富有音乐美感的植物体系

利用植物形体的不同，选择有音乐节奏的植物或选择能够产生各种声响的植物进行设计，例如利用响叶杨、跳舞草等特色种植，形成充满音乐氛围的植物景观。主要植物品种：响叶杨、跳舞草、滇朴、桂花、广玉兰、黄连木、羊蹄甲、鸡冠刺桐、枣树，红千层、柳树、水杉、竹子、芦苇、鸢尾等。

“云南映象—水之景”居住组团在设计中尊重场地原有要素，充分挖掘场地潜在的景观价值，吸收云南少数民族文化与朴实的乡村生活场景，营造了富有地域特色的居住景观。

11.2 案例二 华夏四季中央售楼部

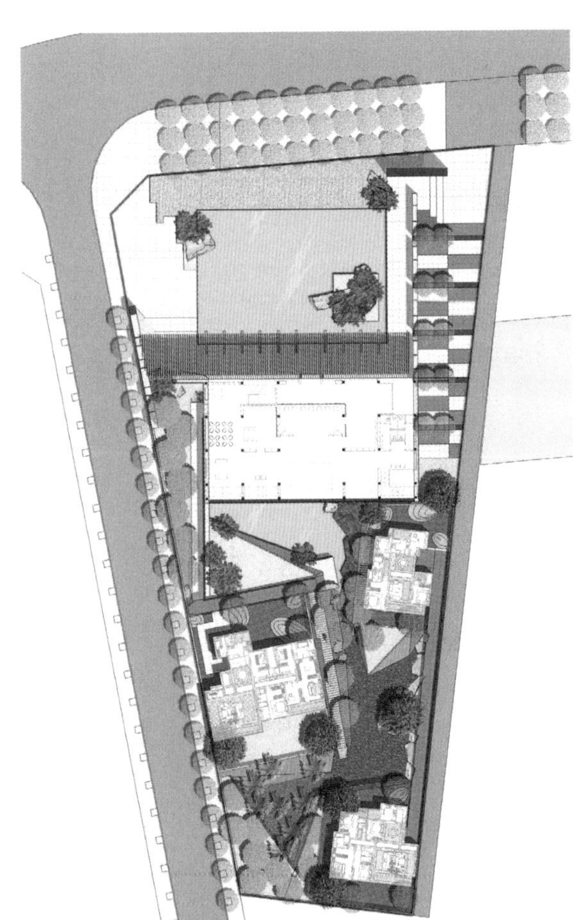

图 11—23 售楼部总平面

项目名称：华夏四季

项目地点：昆明市滇池路

开发商：华夏阳光地产有限公司

景观设计单位（者）：北京禾中地景观公司

景观施工单位：云南和润园林工程有限公司

竣工时间：2018 年

资料提供：华夏阳光地产有限公司

11.2.1 项目概况

1）场地气候景观资源分析

场地所处的昆明市是享有“春城”美誉的旅游城市，属北亚热带低纬高原山地季风气候，年平均气温 16.5℃，无霜期 278 天，四季如春，气候宜人。该项目地块位于昆明滇池片区海埂板块，滇池路中心地段。项目遥望西山滇池，坐享采莲河、船房河，周边环境优越。

2）项目状况分析

华夏四季项目地块为平地地貌，中型的小高层住宅区，距离主城区约 6km，距长水国际机场约 30km，项目的容积率为 1.29。该楼盘售楼部的总体风格与住宅统一为新中式风格，总用地面积为 6645.6m^2，

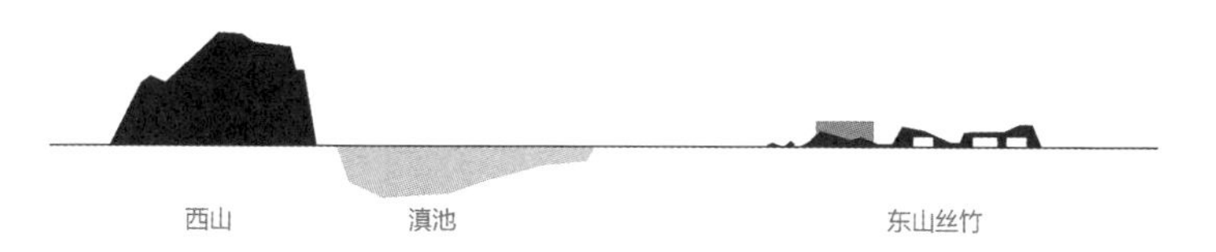

图 11-24　设计构思

东山丝竹

『东山丝竹』痒触西山滇池：
竹山围筑，水乐贯穿。
前庭内凹、敞阔；
中堂—鸳鸯厅堂，间有南庭北园；
后园三山—竹山，三山之间幽谷平池溪院。
三山源于三筑，先沿筑植树、置石，
后以竹造廊围院，以廊接山，山及廊，
廊及山，山廊院合一。
石树破山穿廊而出，虚实里外。
可出可入可眺可停。
山水间探茶亭，山谷间围溪院，
山山间织网榻。

建筑面积为 1481m^2，景观面积为 5164.6m^2（图 11-23）。

11.2.2　设计思路

（1）“东山丝竹、山静日长”为主要的设计思想以及定位，场地周边主景色为西山滇池，故借助东山丝竹典故，营造居住与游赏共存的惬意生活情趣。

（2）售楼部与样板区位处滇池路中心地段，周边环境相对杂、乱，属于动态的环境感受，故整个的小区块将使用竹格栅景观围墙，形成一个内向的、安定的静态空间。

（3）场地为平地，故设计中借助挡土坡，小草坡，水景等创造更加多样的山水、山谷、山山空间形态。在山水间探茶亭，而水景围绕建筑与小院，在山间织网榻，石树破山穿廊而出，造虚实里外之景色。

11.2.3　空间造景

1）不同节奏的空间

从入口开始，根据不同的售楼部与样板区的朝向与体量，设计不同开放程度的空间类型，或开敞或紧凑，但又有统一的元素——竹构架元素，贯穿全园景观，使得售楼部整个景观空间既富有空间节奏感又具有叙事性（图 11-25、图 11-26）。主要的序列为：前庭（主入口）——中堂——宅院（后庭区）。

（1）首先前庭内凹，主入口前的方形静水水池，搭配竹钢大门，简约而又大气。夜晚时分的前庭空间更添空间气质（图 11-27）。

（2）中堂空间主景为一处雅致的茶亭，利用不同斜度竹钢斜坡，结合造型黑松，在平地之上营造出了清幽山谷的雅致与变化（图 11-28、图 11-29）。

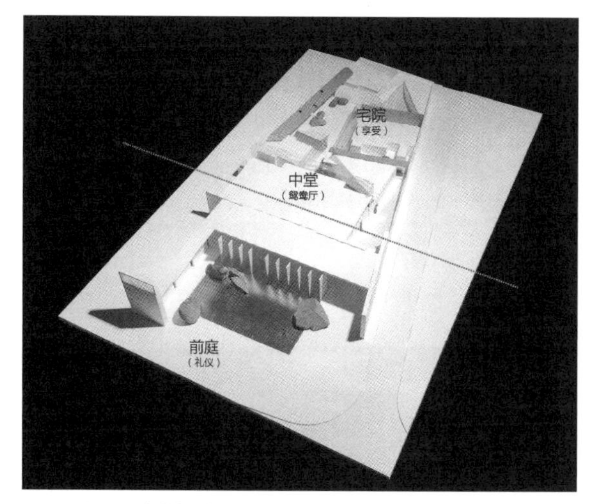

图 11-25　三大空间划分

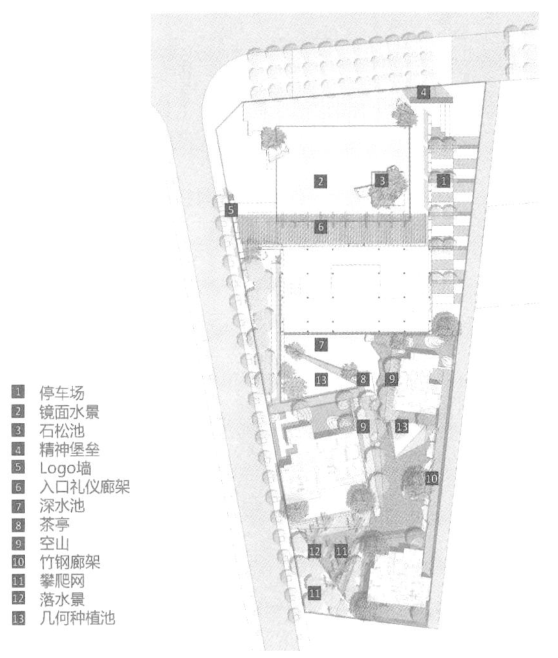

图 11–26　节点标注图

图 11–27　售楼部主入口

图 11–28　效果图

图 11–29　还原度极高的景观实景

图 11–30　后庭院景观

图 11–31　竹钢大门

（3）后庭院空间的铺装使用黑色冰裂纹石板，加上黑色碎石收边，结合小草坡与竹钢格栅、竹钢挡土墙，舒适放松又不失清雅（图 11—30）。

（4）贯穿全园的竹结构元素，主要有竹钢大门、竹钢廊架、竹钢格栅和竹钢斜坡（图 11—31 ～图 11—33）。

2）富有变化的植物景观造景

不同区块的空间不同是由于景观空间调性定位不同，运用不同的植物营造景观空间氛围（图 11—34）。依次对应的景观植物为：正直统一对应成列种植的银杏树，最突显空间轴的因子；前庭的静水水面的古雅壮大之景分别对应不同高度的造型黑松，“高古苍劲”同样对应四种不同高度的黑松，意在作为前庭空间的延伸，同时又开启了中庭空间；“山静日长”中使用滇朴，结合竹钢挡土坡，茂盛的朴树为整个步行空间带来一种悠闲、舒适之感（图 11—35）；而在“精致花园”中更多地使用乐昌含笑、大桂花、姿态果木或紫薇妆点小院，原有蓝花楹妆点夹道空间、小院墙面采用立体绿化形式；“树影妙趣”则种植加纳利海枣。

图 11—32　样板区外的竹廊架

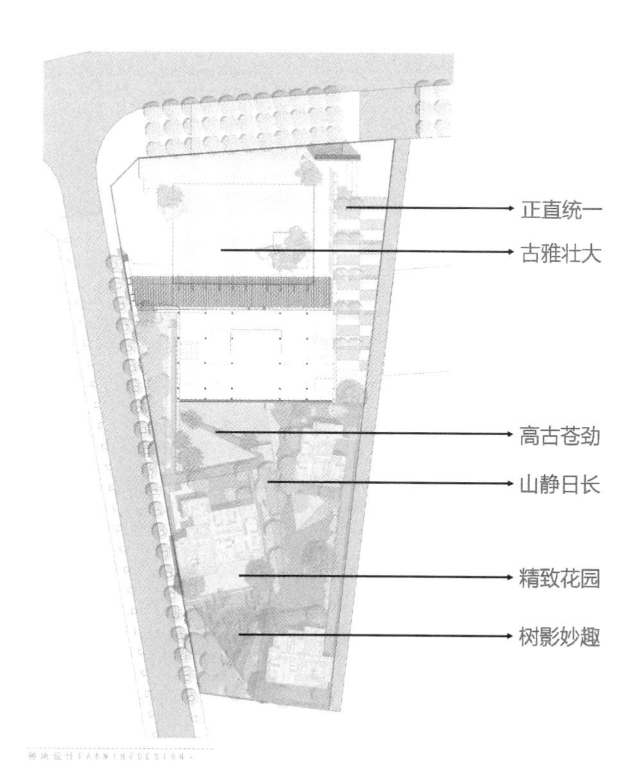

图 11—34　植物种植区划图

图 11—33　斜置的竹格栅与竹挡土坡

3）景观石造景

在应用丰富的植物引导的同时，还通过景观置石创造空间秩序，造“寻石问路”的场景（图11—36）。景石造型的选择多样，如长条形、方形、三角形、半柱形以及多块的小景石。

图 11—35　种植朴树的步行空间

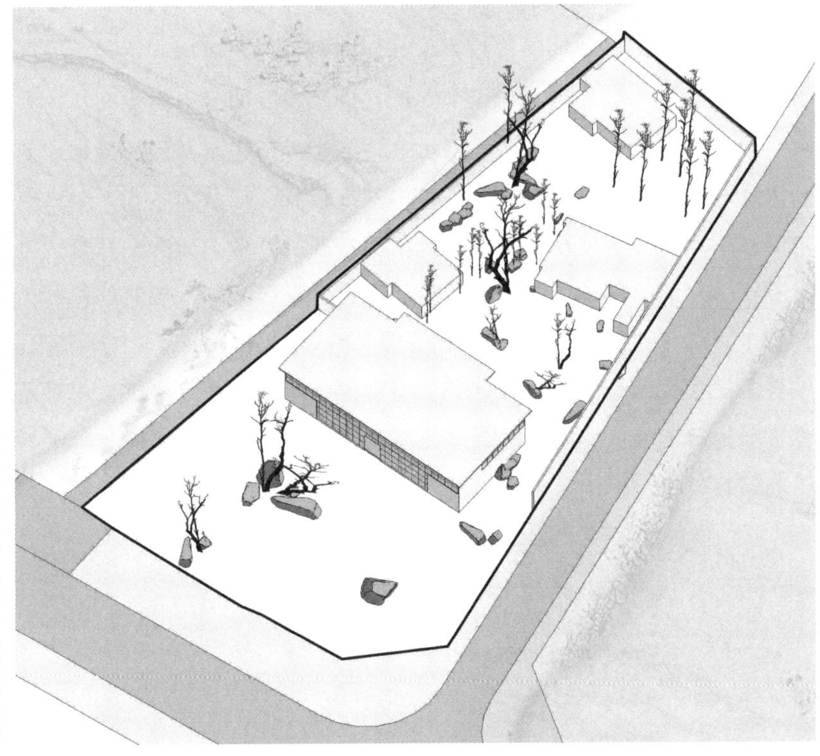

图 11—36　讲述故事情节般的置石

附录　景观绿化植物分类选用表

1 常见绿化树种分类表（见附表1）

常见绿化植物分类表　　**附表1**

序号	分类	植物列举
1	常绿针叶树	乔木类：雪松、黑松、龙柏、马尾松、桧柏 灌木类：（罗汉松）、千头柏、翠柏、铺地柏、日本柳杉、五针松
2	落叶针叶树（无灌木）	乔木类：水杉、金钱松
3	常绿阔叶树	乔木类：香樟、广玉兰、女贞、棕榈 灌木类：珊瑚树、大叶黄杨、瓜子黄杨、雀舌黄杨、枸骨、橘树、石楠、海桐、桂花、夹竹桃、黄馨、迎春、洒金珊瑚、南天竹、六月雪、小叶女贞、八角金盘、栀子、蚊母、山茶、金丝桃、杜鹃、丝兰（波罗花、剑麻）、苏铁（铁树）、十大功劳
4	落叶阔叶树	乔木类：垂柳、直柳、枫杨、龙爪柳、乌桕、槐树、青桐（中国梧桐）、悬铃木（法国梧桐）、槐树（国槐）、盘槐、合欢、银杏、楝树（苦楝）、梓树 灌木类：樱花、白玉兰、桃花、蜡梅、紫薇、紫荆、槭树、青枫、红叶李、贴梗海棠、钟吊海棠、八仙花、麻叶绣球、金钟花（黄金条）、木芙蓉、木槿（槿树）、山麻杆（桂圆树）、石榴
5	竹类	慈孝竹、观音竹、佛肚竹、碧玉镶黄金、黄金镶碧玉
6	藤本	紫藤、络实、地锦（爬山虎、爬墙虎）、常春藤
7	花卉	太阳花、长生菊、一串红、美人蕉、五色苋、甘蓝（球菜花）、菊花、兰花
8	草坪	天鹅绒草、结缕草、麦冬草、四季青草、高羊茅、马尼拉草

2 常用树木选用表（见附表2）

常用树木选用表　　**附表2**

名称	学名	科别	树形	特征
碧玉间黄金竹	*Phyllostachys viridis* cv. Houzeauana	禾本科	单生	竹杆翠绿、分枝一侧，纵沟显淡黄色，适于庭院观赏
八角金盘	*Fatsia japonica*	五加科	伞形	性喜冷凉气候，耐阴性佳。叶形特殊而优雅，叶色浓绿且富光泽
白玉兰	*Magnolia denudata*	木兰科	伞形	颇耐寒，怕积水。花大洁白，3～4月开花，适于庭园观赏
侧柏	*Thuja orientalis*	柏 科	圆锥形	常绿乔木，幼时树形整齐，老大时多弯曲，生长强、寿命久、树姿美

续表

名称	学名	科别	树形	特征
梣树	*Faxinus* insularis.	木犀科	圆形	常绿乔木，树性强健，生长迅速，树姿叶形优美
重阳木	*Bischoffia javanica*	大戟科	圆形	常绿乔木，幼叶发芽时十分美观，生长强健，树姿美
垂柳	*Salix babylonica*	杨柳科	伞形	观落叶亚乔木，适于低温地，生长繁茂而迅速，树姿美观
慈孝竹	*Banbusa multiplex*	禾本科	丛生	秆丛生，秆细而长，枝叶秀丽，适于庭园观赏
翠柏	*Calocedrus macrolepis*	柏科	散形	常绿乔木，树皮灰褐色，呈不规则纵裂。小枝互生，幼时绿色、扁平
大王椰子	*Oreodoxa regia*	棕榈科	伞形	单杆直立，高可达 18m，中央部稍肥大，羽状复叶，生活力甚强，观赏价值大
大叶黄杨	*Euonymus japonica*	卫矛科	卵形	喜温湿气候，抗有毒气体。观叶，适作绿篱和基础种植
枫树	*Liquidamdar formosana Hance*	金缕梅科	圆锥形	落叶乔木，树皮灰色平滑，叶呈三角形，生长慢，树姿美观
枫杨	*Pterocarya stenoptera*	胡桃科	散形	适应性强，耐水湿，速生。适作庭荫树、行道树、护岸树
铺地柏	*Sabina procumbens*	柏科		常绿匍匐性矮灌木。枝干横生爬地，叶为刺叶。生长缓慢，树形风格独特，枝叶翠绿流畅。适作地被及庭石、水池、沙坑、斜坡等周边美化
佛肚竹	*Bambusa ventricosa*	禾本科	单生	竹杆的部分节间短缩而鼓胀，富有观赏价值，尤宜盆栽
假连翘	*Duranta repens*	马鞭草科	圆形	常绿灌木，适于大型盆栽、花槽、绿篱。黄叶假连翘以观叶为主，用途广泛，可作地被、修剪造型、构成图案或强调色彩配植，耀眼醒目
枸骨	*Ilex cornuta*	冬青科	圆形	抗有毒气体，生长慢。绿叶红果，甚美，适于基础种植
构树	*Broussonetia papyrifera* Vent.	桑科	伞形	常绿乔木，叶巨大柔薄，枝条四散，姿态亦美
广玉兰	*Magnolia grandiflora*	木兰科	卵形	常绿乔木，花大，白色清香，树形优美
桧柏	*Juniperus Chinensis*	柏科	圆锥形	常绿中乔木，树枝密生，深绿色，生长强健，宜于剪定，树姿美丽
海桐	*Pittosporum tobira*	海桐科	圆形	白花芬芳，5 月开花，适于基础种植，作绿篱或盆栽
海枣	*Phoenix dactylifera*	棕榈科	伞形	干分蘖性，高可达 20 ~ 25m，叶灰白色，带弓形弯曲，生长强健，树姿美
旱柳	*Salix matsudana*	杨柳科	伞形	适作庭荫树、行道树、护岸树
合欢	*Albizia julibrissin*	豆科	伞形	花粉红色，6 ~ 7 月开花，适作庭荫观赏树、行道树

续表

名称	学名	科别	树形	特征
黑松	*Pinus* Thumbergii.	松科	圆锥形	常绿乔木，树皮灰褐色，小枝橘黄色，叶硬二枚丛生，寿命长
红叶李	*Prunus* cv. *cerasifera.*	蔷薇科	伞形	落叶小乔木，小枝光滑，红褐色，叶卵形，全紫红色，4月开淡粉色小花，核果紫色。孤植群植皆宜，衬托背景
华盛顿棕榈	*Washingtonia filifera*	棕榈科	伞形	单干圆柱状，基部肥大，高达4～8m，叶身扇状圆形，抗风抗旱力强，树姿美
槐树	*Sophora japonica*	豆科	伞形	枝叶茂密，树冠宽广，适作庭荫树、行道树
黄槐	*Cassia glauca*	豆科	圆形	落叶乔木。偶数羽状复叶，花黄色，生长迅速，树姿美丽
黄金间碧玉竹	*Bambusa vulgaris Schrader ex Wendland* var. *vittata* A. et C. Riviere	禾本科	单生	观赏竹，竹杆黄色嵌以翠绿色宽窄不等条纹
鸡爪槭	*Acer palmatum*	槭树科	散形	叶形秀丽，秋叶红色，适于庭园观赏和盆栽
金钱松	*Pseudolarix amabilis* Rehd.	松科	卵状塔形	常绿乔木，枝叶扶疏，叶条形，长枝上互生，小叶放射状，树姿刚劲挺拔
酒瓶椰子	*Hyophorbe amaricaulis* Mart.	棕榈科	伞形	干高3m左右，基部椭圆肥大，形成酒瓶状，姿态甚美
橘树	*Citrus reticulata*	芸香科	圆形	花白色，果黄绿，香，适于丛植
楝树	*Melia azedarch Linn.*	楝科	圆形	落叶乔木，树皮灰褐色，二回奇数，羽状复叶，花紫色，生长迅速
六月雪	*Serissa serissoides*	茜草科	圆形	常绿小灌木，叶色深绿，花色雪白，略淡粉红。枝叶纤细，质感佳，适合盆栽、低篱、地被、花坛、修剪造型
龙柏	*Juniperus chinensis* var. *Kaituka, Hort*	柏科	直立塔形	常绿中乔木，树枝密生，深绿色，生长强健，寿命甚久，树姿甚美
龙爪槐	S. j. cv. *Pendula*	豆科	伞形	枝下垂，适于庭园观赏，对植或列植
龙爪柳	S. m. cv. *Tortuosa*	杨柳科	圆形	枝条扭曲如龙游，适作庭荫树、观赏树
罗比亲王椰子	*Phehix Roebelenii Brien.*	棕榈科	伞形	干直立，高2m，叶柄薄而小，小叶互生，或对生，为美叶之优良品种
罗汉松	*Podocaarpus macrophyllus* D. Don	罗汉松科	长锥形	常绿乔木，风姿朴雅，可修剪为高级盆景素材，或整形为圆形、锥形、层状，以供庭园造景美化用
马尾松	*Pinus massoniana* Lamb.	松科	散形	常绿乔木，干皮红褐色，冬芽褐色，大树姿态雄伟
南天竹	*Nandina domestica*	小檗科	散形	枝叶秀丽，秋冬红果；庭园观赏，可丛植或盆栽

续表

名称	学名	科别	树形	特征
南洋杉	*Araucaria ecelsa* Br.	南洋杉科	圆锥形	常绿针叶乔木，枝轮生，下部下垂，叶深绿色，树姿美观，生长强健
女贞	*Ligustrum lucidum*	木犀科	卵形	花白色，6月开花。适作绿篱或行道树
蒲葵	*Livistona chinensis* R. Br.	棕榈科	伞形	干直立，可高达6～12m，叶圆形，叶柄边缘有刺，生长繁茂，姿态雅致
千头柏	*Junlperus chinensis* cv. Globosa.	柏科	阔圆形	灌木，无主干，枝条丛生
青枫	*Acer serrulatum*	槭树科	伞状圆锥形	落叶乔木，干直立。树姿轻盈柔美，可养成造型高贵的盆景，为优雅的行道树、园景树
雀舌黄杨	B. *bodinieri*	黄杨科	卵形	枝叶细密，适于庭园观赏，可丛植、作绿篱或盆栽
日本柳杉	*Cryptomeria japonica* D. Don	杉科	圆锥形，卵形，圆形	常绿乔木，枝条轮生，婉柔下垂。叶冬季变为褐色，翌春变为绿色
榕树	*Ficus retusa Linn*	桑科	圆形	常绿乔木，干及枝有气根，叶倒卵形平滑，生长迅速，宜于各式修剪
洒金珊瑚	*Aucuba japonica* cv. *Variegata*	山茱萸科	伞形	喜温暖温润，不耐寒，叶有黄斑点，果红色，适于庭院种植或盆栽
珊瑚树	*Viburnum awabuki*	忍冬科	卵形	6月开白花，9～10月结红果，适作绿篱和庭园观赏
山麻杆	*Alchornea davidii Franch*	大戟科	卵形	落叶花灌木，适于观姿观花
十大功劳	*Mahonia fortunei*	小檗科	伞形	花黄色，果蓝黑色，适于庭园观赏和作绿篱
石榴	*Punica granatum*	石榴科	伞形	耐寒，适应性强。5～6月开花，花红色，果红色，适于庭园观赏
石楠	*Photinia serrulata*	蔷薇科	卵形	喜温暖，耐干旱瘠薄，嫩叶红色，秋冬红果，适于丛植和庭院观赏
水杉	*Metasequo glyptostroboides*	杉科	塔形	落叶乔木，植株巨大，枝叶繁茂，小枝下垂，叶条状，色多变，适应于集中成片造林或丛植
丝兰	Y. *flaccida*	百合科	簇生	花乳白色，6～7月开花，适于庭园观赏和丛植
苏铁	*Cycas revoluta*	苏铁科	伞形	性强健，树姿优美，四季常青。属低维护树种。适于大型盆栽、花槽栽植，可作主木或添景树。水池、庭石周边、草坪、道路美化皆宜
蚊母	*Distylium racemosum*	金缕梅科	伞形	花紫红色，4月开花，适作庭荫树
乌桕	*Sapium sebiferum*	大戟科	锥形或圆形	树性强健，落叶前红叶似枫，适作行道树、园景树
五针松	*Pinus parviflora*	松科	散形	常绿乔木，干苍枝劲，翠叶葱茏。最宜与假山石配置成景，或配以牡丹、杜鹃、梅或红枫

续表

名称	学名	科别	树形	特征
梧桐	*Sterculia platanifolia* L.	梧桐科	卵形	常绿乔木，叶面阔大，生长迅速，幼有直立，老大树冠分散
相思树	*Acacia confusa* Merr.	豆科	伞形	常绿乔木，树皮幼时平滑，老大时粗糙，干多弯曲，生长力强
香樟	*Cinnamomun camphcra*	香樟科	球形	常绿大乔木，叶互生，三出脉，有香气，浆果球形
小叶黄杨	*Buxus sinica*	黄杨科	卵形	常绿小灌木，叶革质，深绿富光泽。枝叶浓密，终年不凋，适于大型盆景、花槽、绿篱、地被
小叶女贞	L.*quihoui*	木犀科	伞形	花小，白色，5～7月开花，适于庭园观赏和绿篱
悬铃木	*Platanus* × *acerifolia*	悬铃木科	卵形	喜温暖，抗污染，耐修剪，冠大荫浓，适作行道树和庭荫树
雪松	*Cedrus deodara*	松科	圆锥形	常绿大乔木，树姿雄伟
银杏	*Ginkgo biloba*	银杏科	伞形	秋叶黄色，适作庭荫树、行道树
印度橡胶树	*Ficus elastica* Roxb.	桑科	圆形	常绿乔木，树皮平滑，叶长椭圆形，嫩叶披针形，淡红色，生长迅速
梓树	*Catalpa ovata*	紫葳科	伞形	适生于温带地区，抗污染。花黄白色，5～6月开花，适作庭荫树、行道树
棕榈	*Trachycarpus excelsus* Wend.	棕榈科	伞形	干直立，高可达15～18m，叶圆形，叶柄长，耐低温，生长强健，姿态亦美
棕竹	*Rhapis humilis* Blume.	棕榈科	伞形	干细长，高1～5m，丛生，生长力旺盛，树姿美

3 常用草花选用表（见附表3）

常用草花选用表　　**附表3**

名称	学名	开花期	花色	株高	用途	备注
百合	*Lilium* spp.	4～6月	白、其他	60～90cm	切花、盆栽	
百日草	*Zinnia elegans* Jacq.	5～7月	红、紫、白、黄	30～40cm	花坛、切花	分单复瓣，有大轮的优良种
彩叶芋	*Caladium bicolor* Vent.	5～8月	白、红、斑	20～30cm	盆栽	观赏叶
草夹竹桃	*Phlox paniculata* L.	2～5月	各色	30～50cm	花坛、切花、盆栽	
常春花	*Vinca rosea* L.	6～8月	白、淡红	30～50cm	花坛、绿植、切花	花期长，适于周年栽培

续表

名称	学名	开花期	花色	株高	用途	备注
雏菊	*Bellis parennis* L.	2～5月	白、淡红	10～20cm	缘植、盆栽	易栽
葱兰	*Tephyranthes caudida* Herb.	5～7月	白	15～20cm	缘植	繁殖力强，易栽培
翠菊	*Calstephus chinensis* Nees.	3～4月	白、紫、红	20～60cm	花坛、切花、盆栽、缘植	三寸翠菊12月开花
大波斯菊	*Cosmas biqinnatus* Cav.	9～10月 3～5月	白、红、淡紫	90～150cm	花坛、境栽	周年可栽培、欲茎低须摘心
大丽花	*Dahlia* spp.	11月至翌年6月	各色	60～90cm	切花、花坛、盆栽	
大岩桐	*Sinningia speciosa* Benth & Hook.	2～6月	各色	15～20cm	盆栽	过湿之时易腐败，栽培难
吊钟花	*Pensfemon campanalatus* Wild.	3～8月	紫	30～60cm	花坛、切花、盆栽	宿根性
法兰西菊	*Chrysanthemum frutes*	3～5月	白	30～40cm	花坛、切花、盆栽、境栽	
飞燕草	*Delphinium ahacis* L.	3月	紫、白、淡黄	50～90cm	花坛、切花、盆栽、境栽	花期长
凤仙花	*Impatiens baisamina* L.	5～7月	赤红、淡红、紫斑	30cm	花坛、缘植	易栽培，可周年开花，夏季生育良好
孤挺花	*Amaryllis belladonna* L.	3～5月	红、桃、赤斑	50～60cm	花坛、切花、盆栽	以种子繁殖时需2～3年始开花，常变种
瓜叶菊	*Senecioa cruentus* D.C.	2～4月	各色	30～50cm	盆栽	须移植2～3次
瓜叶葵	*Helianthus cucumerifolius* Torr & Gray.	4～7月	黄	60～90cm	花坛、切花	分株为主，适于初夏切花
红叶草	*Iresine herbstii*	3～6月	白、红	30～50cm	缘植	最适于秋季花坛缘植观赏叶
鸡冠花	*Celosia cristate* L.	8～11月	红、赤、黄	60～90cm	花坛、切花	花坛中央或境栽
金鸡菊	*Coreopsis drummcndii* Toor.	5～8月 3～5月	黄	60cm	花坛、切花	种类多、花性强、易栽
金莲花	*Tropceolum majus* L.	2～5月	赤、黄	蔓性	盆栽	有矮性种
金鱼草	*Antirrhinum mahus* L.	2～5月	各色	30～90cm	花坛、切花、盆栽、境栽	易栽
金盏菊	*Calendula officinalis* L.	2～5月	黄、橙黄	30～50cm	花坛、切花	

续表

名称	学名	开花期	花色	株高	用途	备注
桔梗	*Platycodon grandiflorun* A.D.C.	4～5月	紫、白	50～90cm	花坛、切花、盆栽、缘植	宿根性有复瓣花
菊花	*Chrysanthemum* spp.	10～12月	各色	50～90cm	花坛、切花、盆栽	生育中须注意病虫害
孔雀草	*Tazetes patula* L.	5～6月 12月至翌年3月	黄、红	30～50cm	花坛、切花、境栽	易栽培
兰花	*Cymbidium* spp.	2～3月	红、黄、白、绿、紫、黑及复色	20～40cm	盆栽、自然布置	
麦秆菊	*Ammobium alatum* R.	4～7月	白、红、黄、淡红	50～90cm	花坛、境栽	秋播花大，春播花小
美女樱	*Verbena phlegiflora* cham.	3～6月	红、紫、淡红	30～50cm	花坛、切花	欲茂盛须摘心
美人蕉	*Canna generalis*	夏秋	白、红、黄、杂色	80～100cm	花坛、列植	
茑萝	*Quamoclit vulgaais* Cyosiy.	6～10月	红、白	蔓性	垣、园门、境栽	蔓性易繁茂、花小
牵牛花	*Ipomcea purpurea* L.	6～8月	各色	蔓性	绿篱、盆栽	品种颇多
千日红	*Comphrena globsa* L.	6～8月	紫、白、桃	30～60cm	花坛、缘植	夏季生育良好
秋海棠	*Begonia* spp.	4～5月	红、淡红	10～20cm	盆栽	可全年观赏
三色堇	*Viola tricolor* L.	2～5月	黄、白、紫斑等	10～20cm	缘植、盆栽	好肥沃土地
十支莲	*Portulaca grundiflora* Hook.	6～8月	黄、白、红、赤斑	20cm	花坛、盆栽	好高温及日照
矢车菊	*Centaurea cyanus* L.	4～5月	蓝、白、灰、淡红	50～90cm	花坛、切花、盆栽、境栽	肥料多易发腐败病
石竹	*Dianthus chinenis* L.	1～5月	各色	20～40cm	花坛、盆栽、切花	分歧性、丛性
水仙	*Narcissus* spp.	1～3月	白、黄	15～40cm	盆栽	好肥沃土地
睡莲	*Nymphaea* spp.	6～10月	白、黄、红	50～80cm	池	用肥沃土壤盆栽
蜀葵	*Althaea roseo* Cav.	3～6月	红、淡红	100～200cm	寄植	适于花坛中央聚植
太阳花	*Portulaca grandiflora*	6～8月	白、黄、红、紫红等	15～20cm	花坛、境栽、缘植、盆栽	
唐菖蒲	*Gladiolus* spp.	3～6月	各色	60～90cm	切花、盆栽	排水良好肥沃的土地能产生良好的球茎
天竺葵	*Pelargonium inguinans*	5～7月	红、桃色等	20～30cm	切花、盆栽	花期长

续表

名称	学名	开花期	花色	株高	用途	备注
万寿菊	*Ragetes erecta* L.	5～8月	黄、橙黄	60～90cm	花坛、绿植	易栽培
五色苋	*Alternanthera bettzichiana*	12月至翌年2月	叶面有红、黄、紫绿色叶脉及斑点	40～50cm	毛毡花坛	
勿忘我	*Myosotis sorpioides* L.	3～5月	紫	20～30cm	花坛、切花	
夕颜	*Calonyction aculctum* House.	6～8月	白	蔓性	绿篱、盆栽	
霞草	*Gypsophila panivulate* Biob.	3～5月	白	30～50cm	花坛、盆栽、切花	易栽、花期长
香石竹	*Dianthus caryoplhyus* L.	1～5月	白、赤、蓝、黄、斑等	30～50cm	花坛、盆栽、切花	欲生长良好须在9月插本，适于桌上装饰
香豌豆	*Lathyrts osoratus* L.	11月至翌年5月	各色	100～200cm	花坛、花境	好肥沃土地，须直播，移植不能结果
香紫罗兰	*Cheiranthus chirt* L.	3～5月	黄、淡红、白	30～60cm	花坛、切花、盆栽	
向日葵	*Helianthus annus* L.	6～8月	黄	1m	花坛、境栽	植花坛中央或后方为宜
小苍兰	*Freesia refracta* Klett.	2～4月	各色	30～40cm	切花、盆栽、花坛	
雁来红	*Amaranthus tricolor* L.	8～11月	赤、红、黄	1m左右	花坛、切花	观叶栽培
一串红	*Salvia splerdens Sello*	周年2～3，11月	红赤等	60～90cm	花坛、切花	性强，易栽
樱草花	*Cyclamen perslcum* Mill.	4～6月	桃、淡红	15～20cm	盆栽	栽培难，管理须周到
郁金香	*Tulipa gesneriana* L.	3～5月	红、白、黄、其他	20～40cm	花坛、盆栽	
虞美人	*Papaver rhoeas* L.	3～5月	红、白	50～60cm	花坛、盆栽	忌移植
羽扇豆	*Lupinus perennis* L.	3～5月	红、黄、紫	50～90cm	花坛、切花、盆栽	忌移植、须直播
羽衣甘蓝	*Brassica Oleracea* var. *acephala* f.*tricolor*	4月	叶色多变。外叶翠绿，内叶粉、红、白等	30～40cm	花坛	喜冷凉温和气候，耐寒耐热能力强
樱草	*Primula cortusides* L.	3～5月	白、赤、桃、黄	15～30cm	盆栽、切花	发芽时须注意
紫罗兰	*Matthiola incana* R. Br.	3～4月	红、淡红	30～50cm	花坛、切花、盆栽	
紫茉莉	*Mirabilisj alapa* L.	6～7月	赤、淡红、白	60～90cm	花坛	宿根性、周年生育
酢浆草	*Oxalis cariabilis* Jacq.	3～4月	黄、淡红	15～20cm	盆栽、缘植	

表1、表2和表3资料来源：居住区环境景观设计导则（2006版）[M].北京：中国建筑工业出版社，2006.

4 人工湿地常用植物表（见附表 4）

人工湿地常用植物表 **附表 4**

中文名	拉丁名	高度（m）	根系长（mm）
欧洲慈姑	*Sagittaria sagittitolia*	0.6	
宽叶慈姑	*Sagitaria latifolia*	0.6 ~ 0.8	254 ~ 305
变色鸢尾	*Lris Versicolor*	0.9	203
黄菖蒲	*Lris Pseudacorus*	0.2 ~ 1.0	203
美洲莎草	*Scripus americanus*	3	305 ~ 457
马蹄莲	*Zantedeschia aethiopica*	0.6 ~ 0.9	203 ~ 305
红叶半边莲	*Lobelia cardinalis*	0.8	152 ~ 203
宽叶香蒲	*Typha latifolia*	0.9 ~ 1.8	152 ~ 305
水烛	*Typha angustifolia*	0.9 ~ 1.8	152 ~ 305
镳草	*Carex Pseudocyperus*	0.8	
象耳豆	*Calocasia esculentia*	0.9	305 ~ 457
花蔺	*Butomus umbellatus*	0.6 ~ 0.9	305 ~ 610
巨型芦苇	*Phragrnites australis*	0.5 ~ 2	610
大蓝半边莲	*Lobella siphilitca*		
马尾草	*Equisetum hyemale*	0.3 ~ 1	152 ~ 203
燕子花	*Lris laevigata*	0.8	
鹿蹄草	*Caltha palustria*	0.3	152
雨久草	*Pontederia cordata*	0.2 ~ 1.5	381
玉簪花	*Hosta Species*	0.2 ~ 1.6	203 ~ 254
灯芯草	*Juncus Species*	0.2 ~ 1.8	305 ~ 457
莞草	*Scirpus Species*	0.9 ~ 1.2	
姜花	*Carex Species*	0.6 ~ 0.8	
菖蒲	*Acorus Calamus*	0.6 ~ 0.8	
莎草	*Crperus Species*	0.6 ~ 1.8	

附表 4 资料来源：彭应运 . 住宅区环境设计及景观细部构造图集 [M]. 北京：中国建材工业出版社，2005.

附图　节点大样及部分施工图

（1）置盆

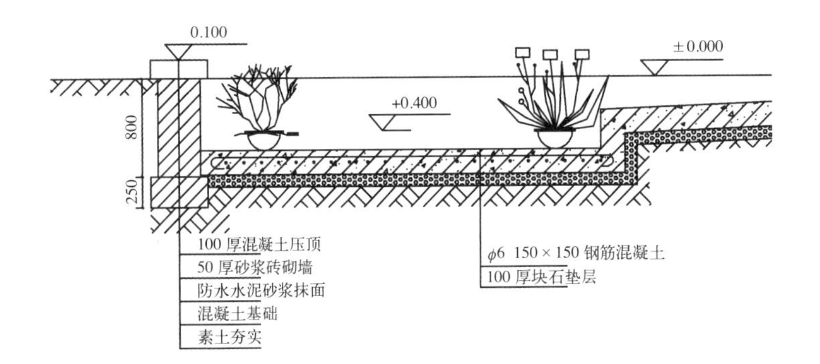

（2）种植池

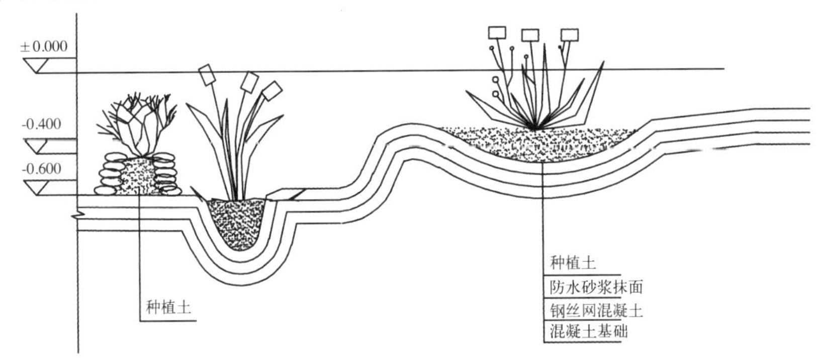

种植池－1

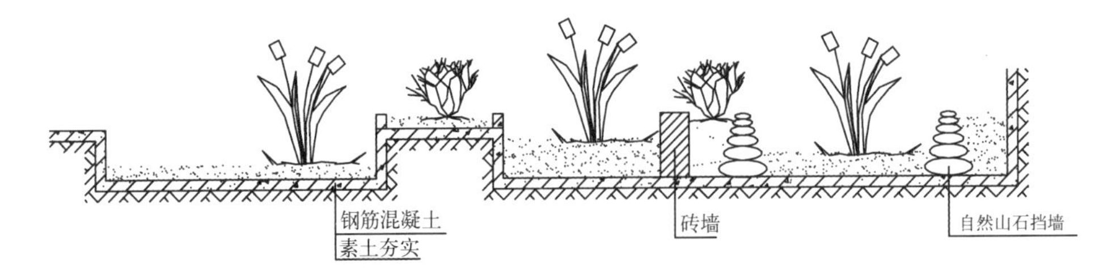

种植池－2

附图 4—1　水生植物种植池做法大样

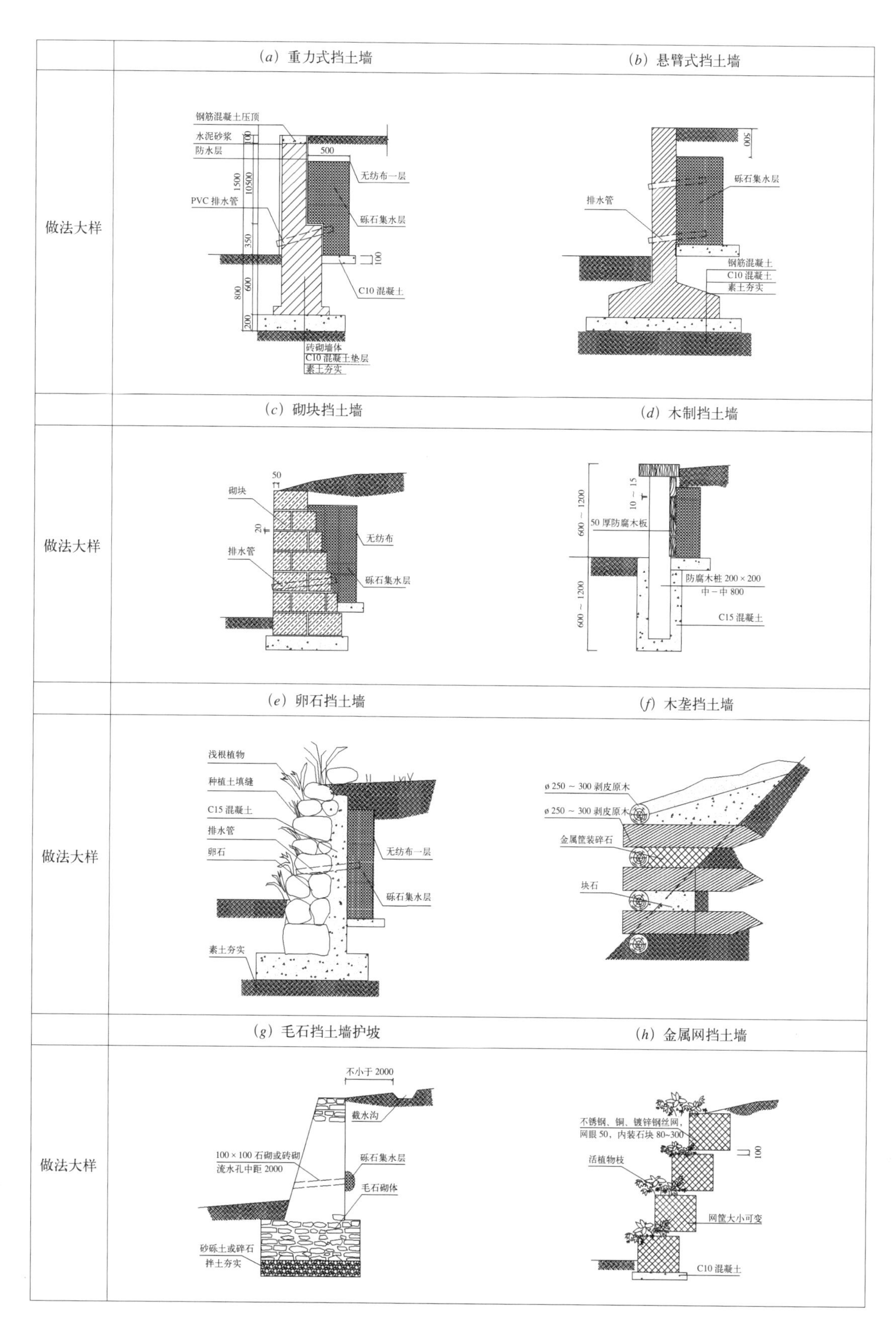

附图 6—1　常见挡土墙做法及大样

注：附图 6–1 依据《住宅区环境设计及景观细部构造图集》重新绘制。

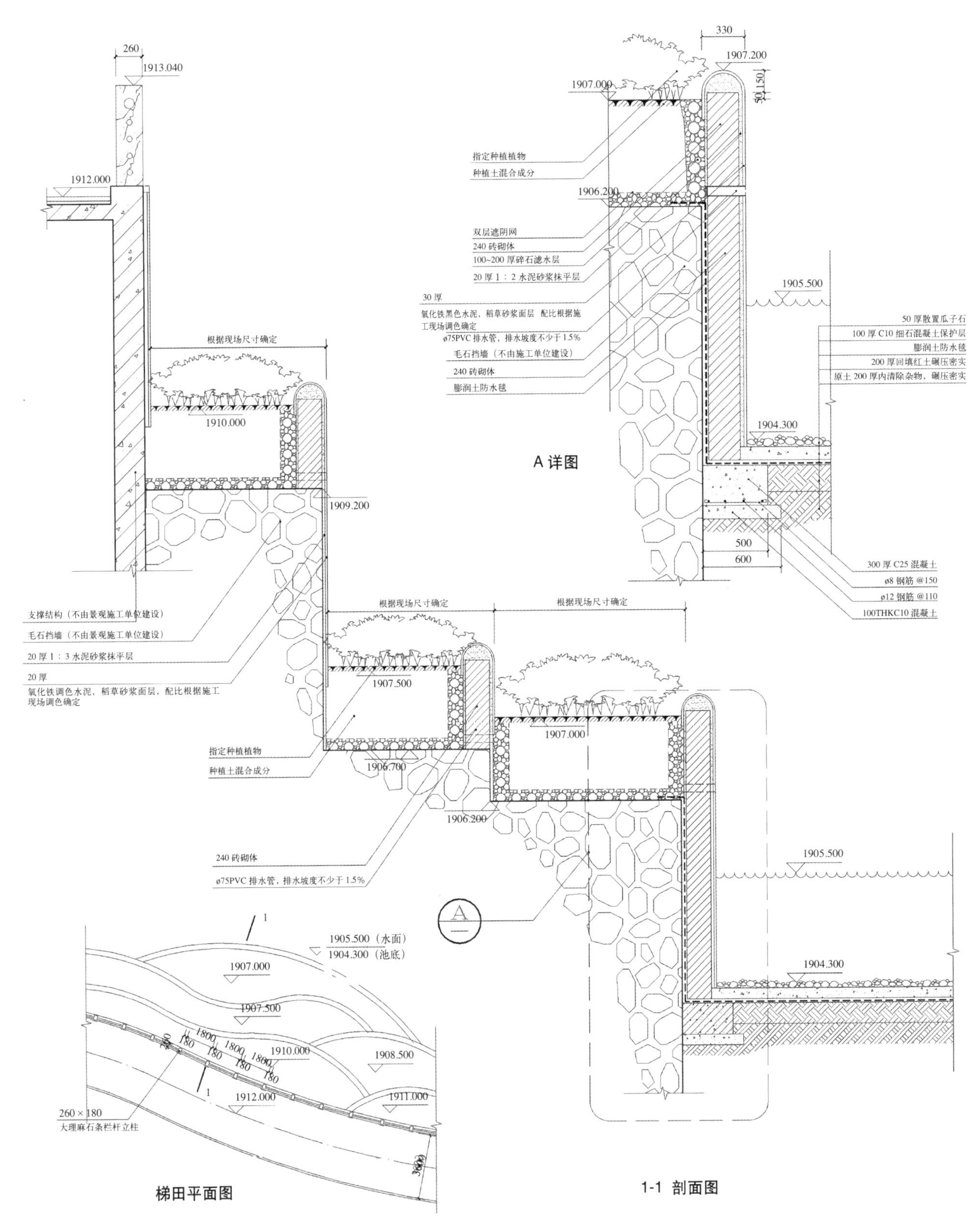

附图 6—2　梯田挡土墙做法大样图

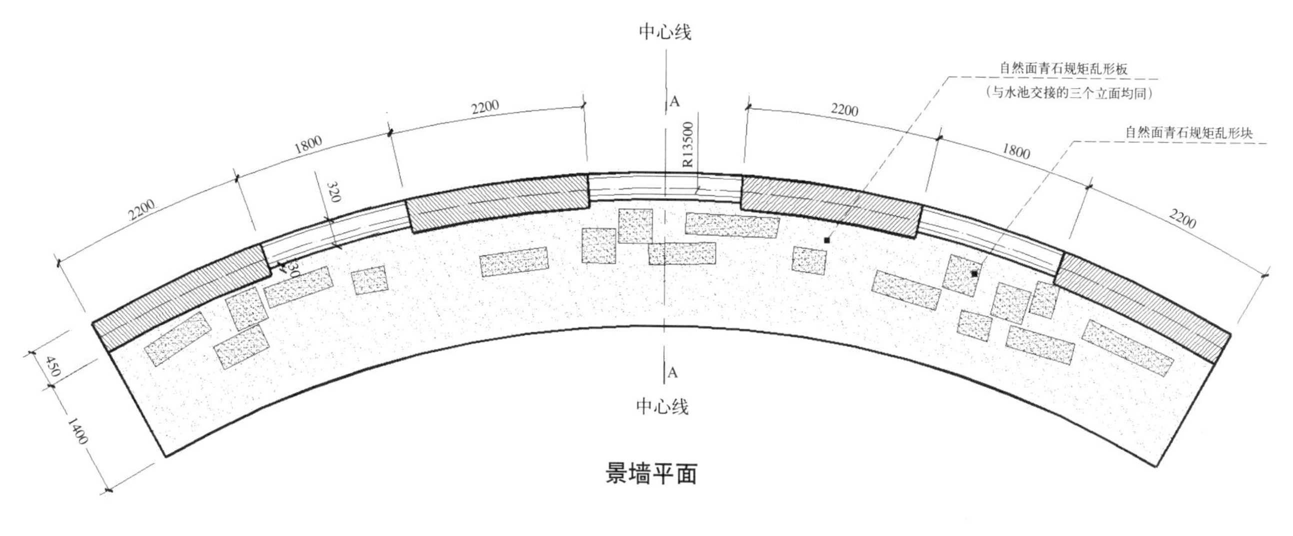

景墙平面

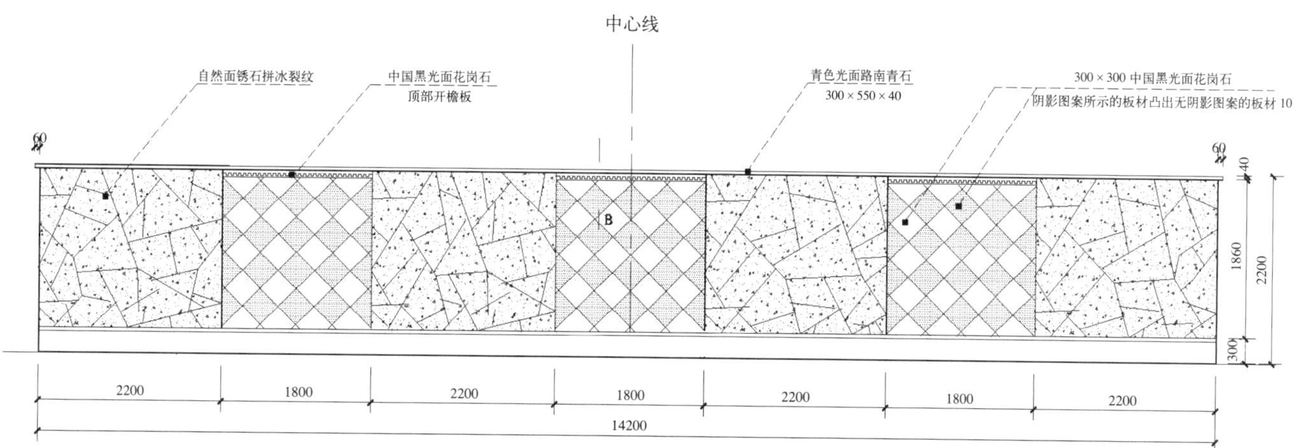

景墙展开正立面图

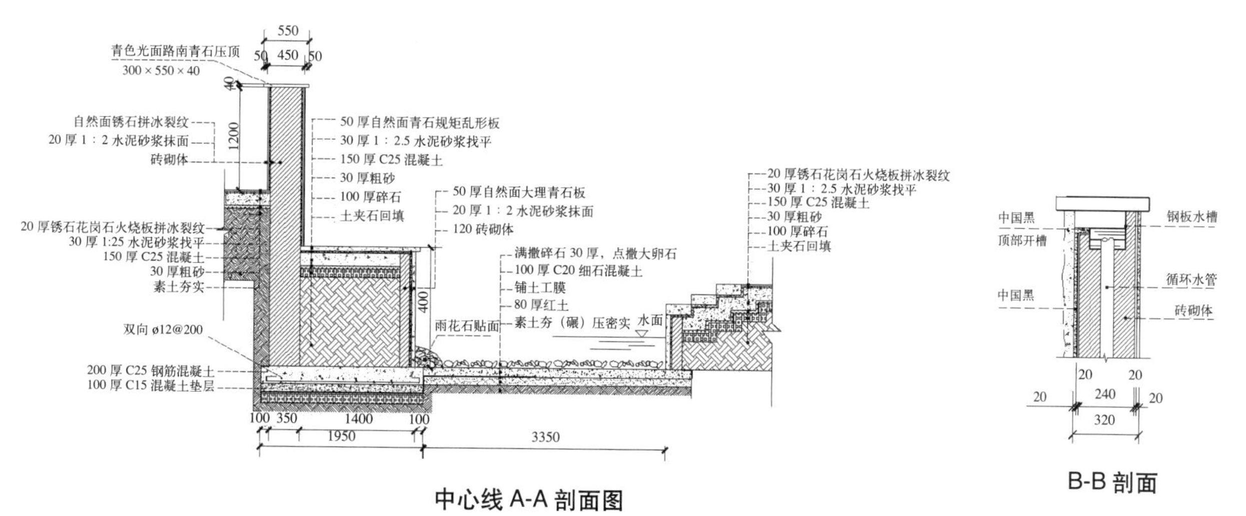

中心线 A-A 剖面图

B-B 剖面

附图 6—3　水体装饰挡土墙

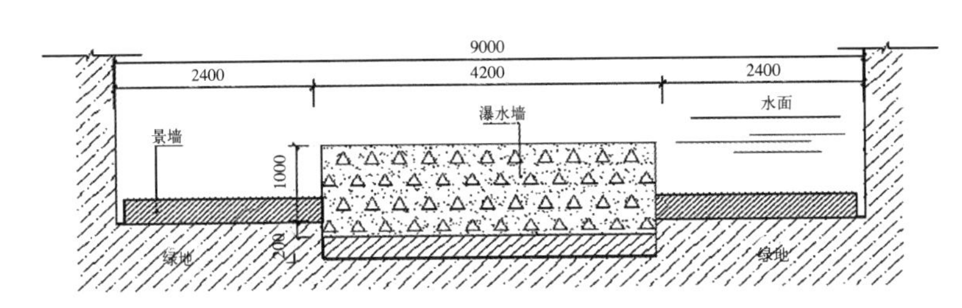

景墙平面图

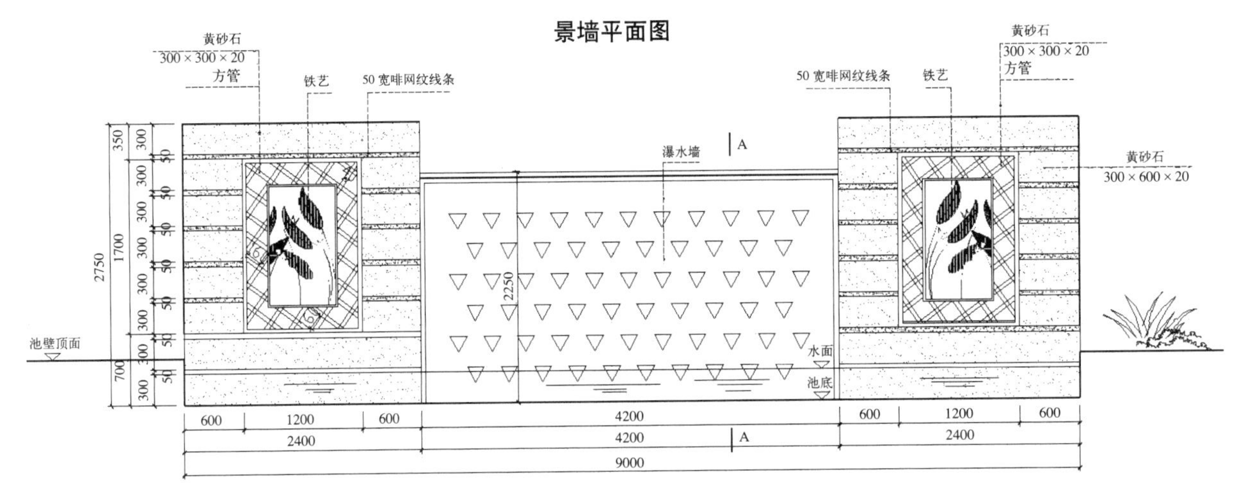

景墙正立面图

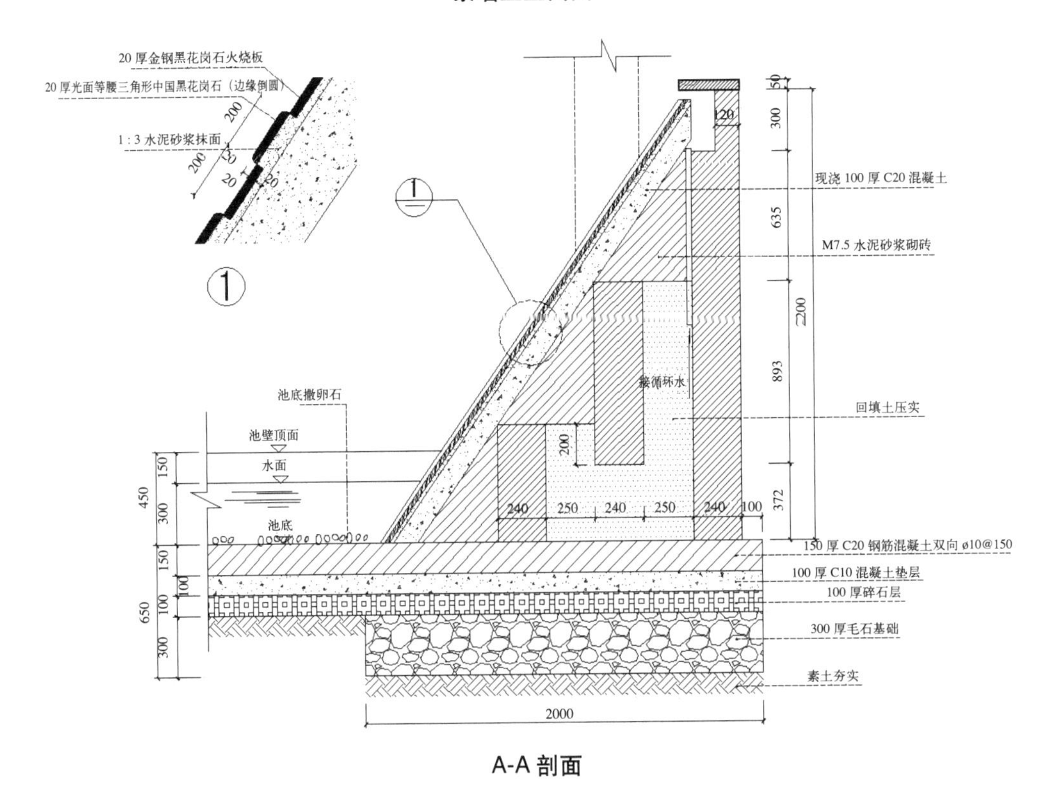

A-A 剖面

附图 6—4　吐水景观挡土墙做法大样图

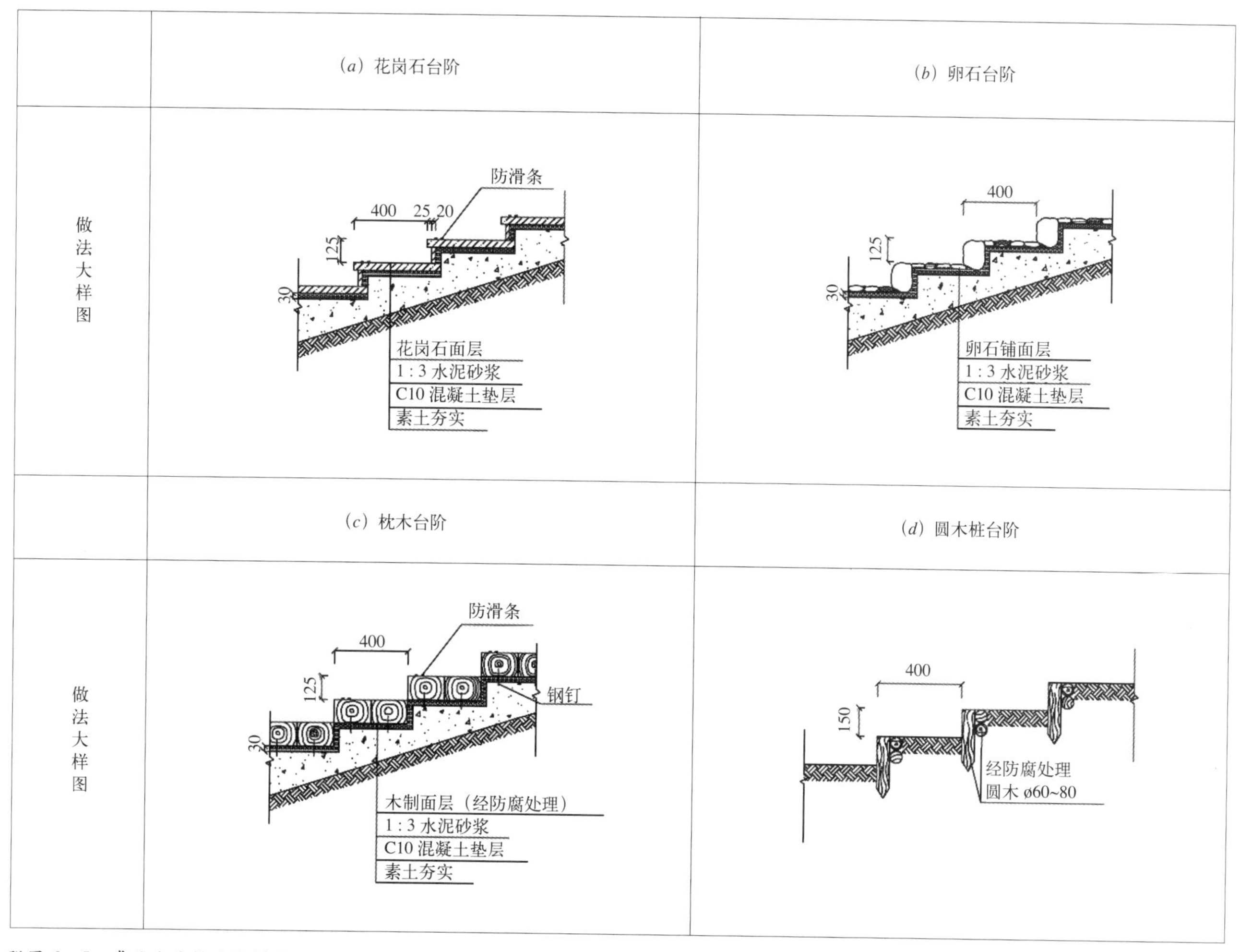

附图 6—5　常见台阶做法大样图

注：附图 6–5 依据《住宅区环境设计及景观细部构造图集》重新绘制。

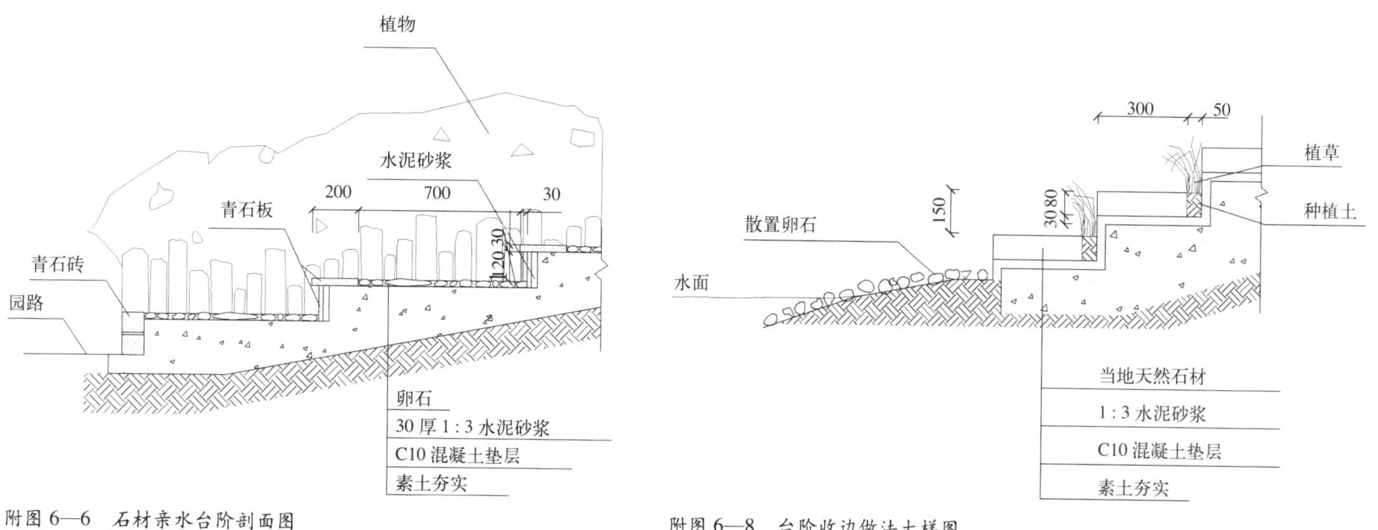

附图 6—6　石材亲水台阶剖面图

附图 6—8　台阶收边做法大样图

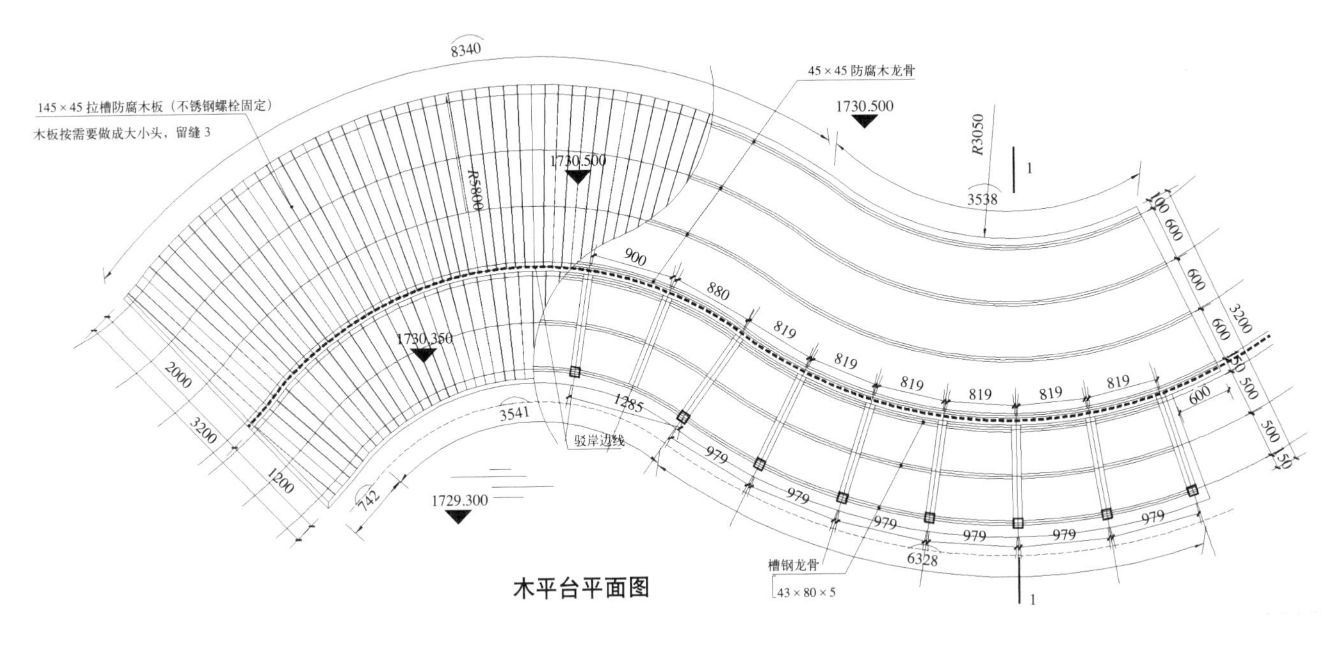

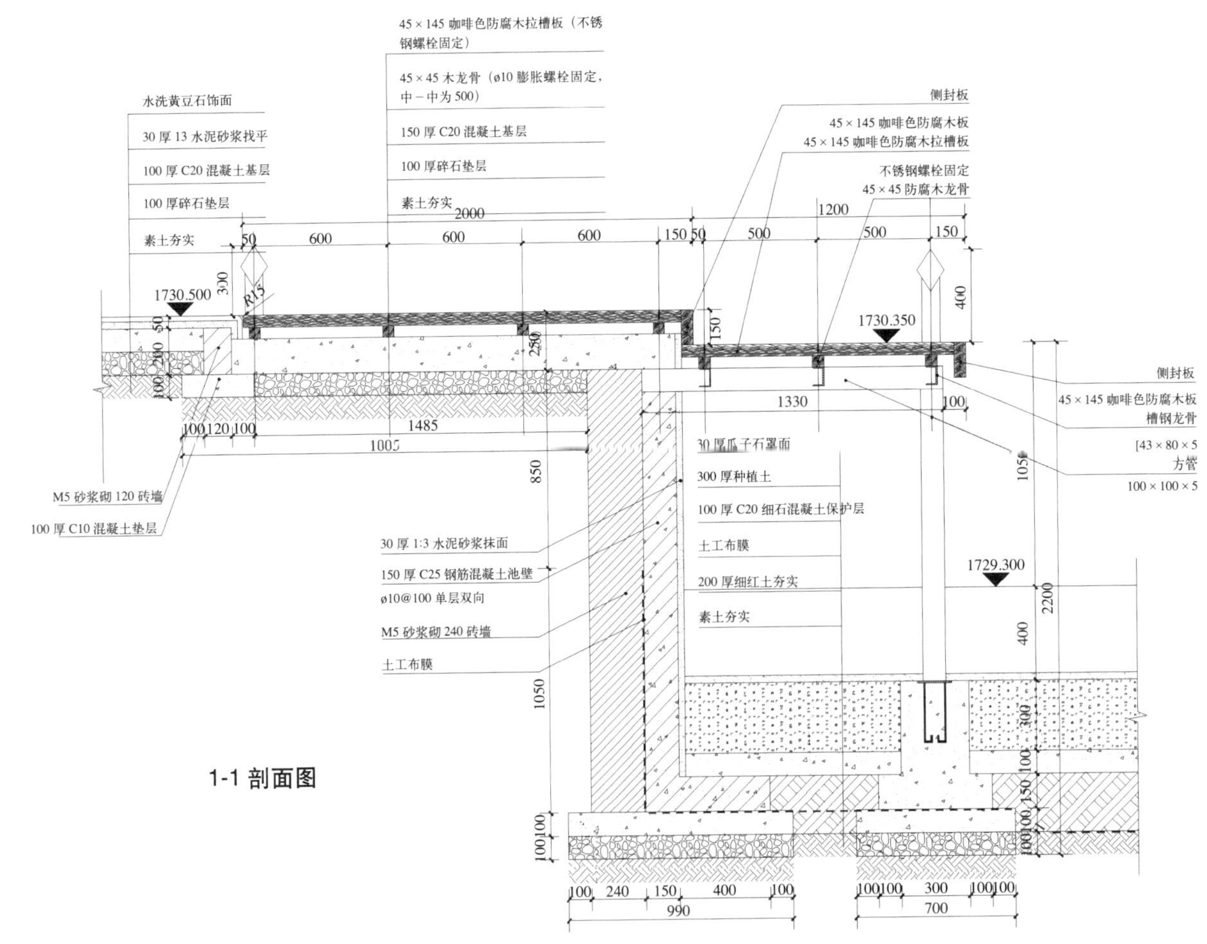

附图 6—7　临水台阶做法大样图

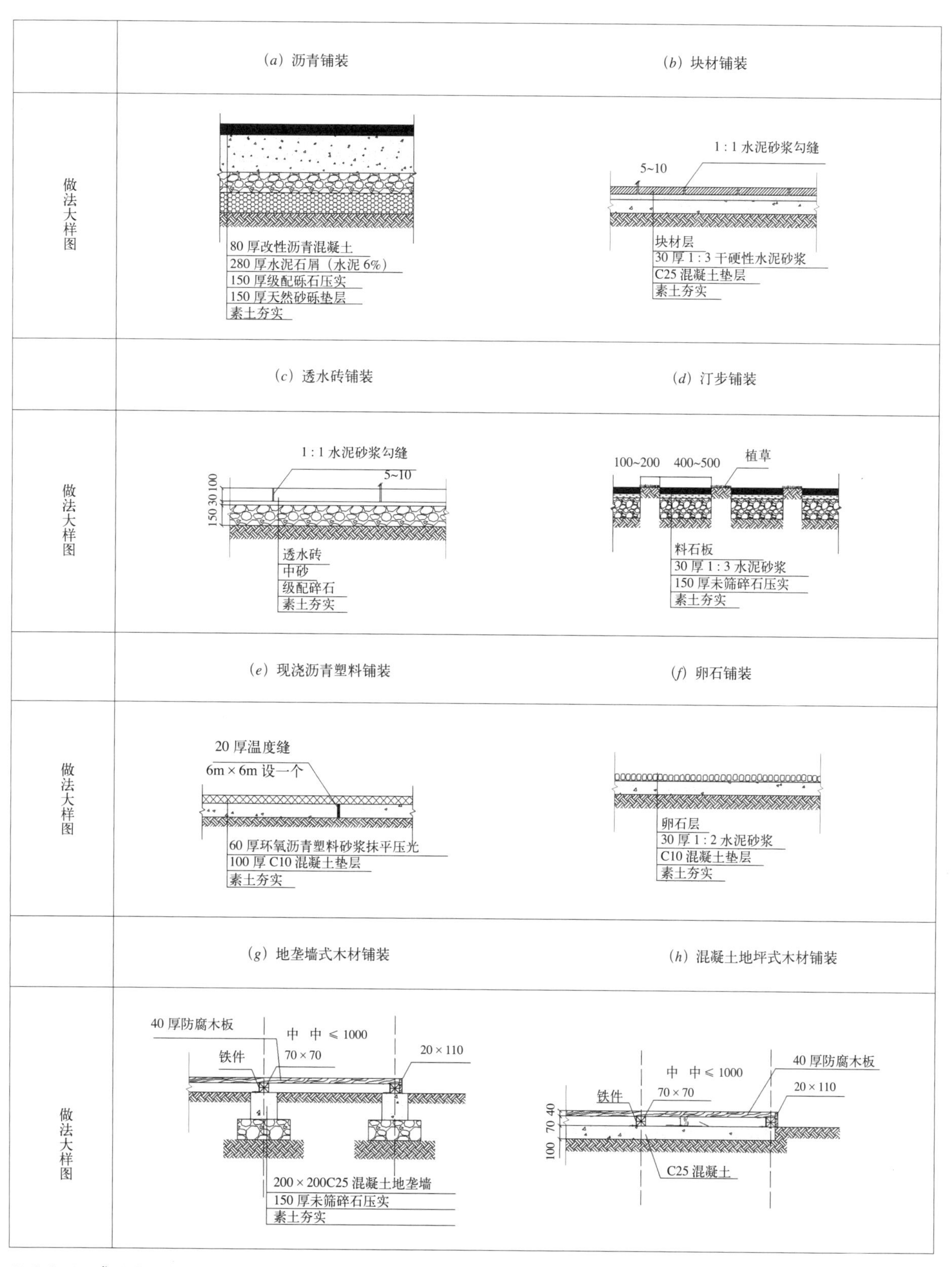

附图 6—9 常见地面铺装做法大样图

注：附图 6–9 依据《住宅区环境设计及景观细部构造图集》重新绘制。

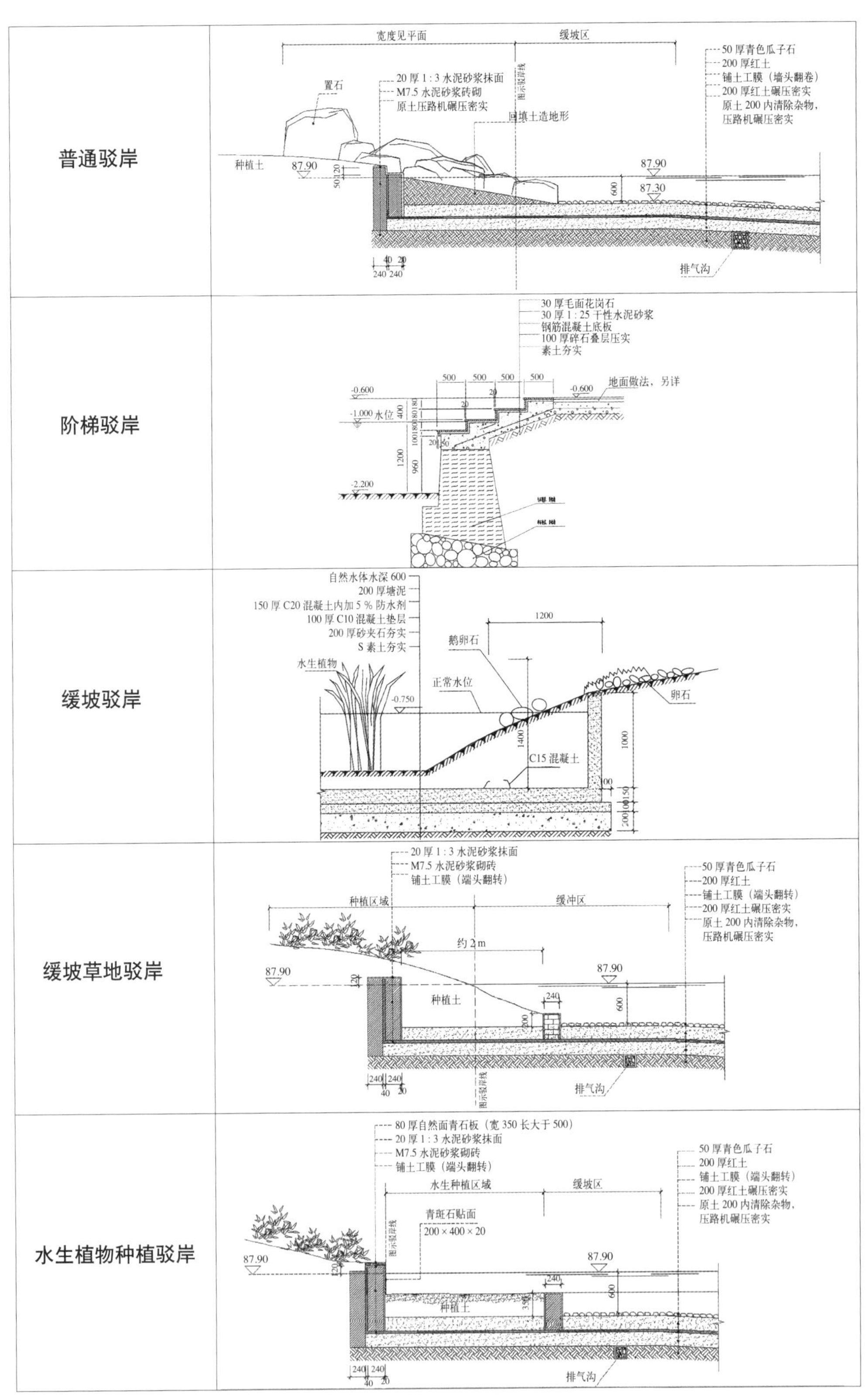

附图 7—1　不同类型驳岸做法大样

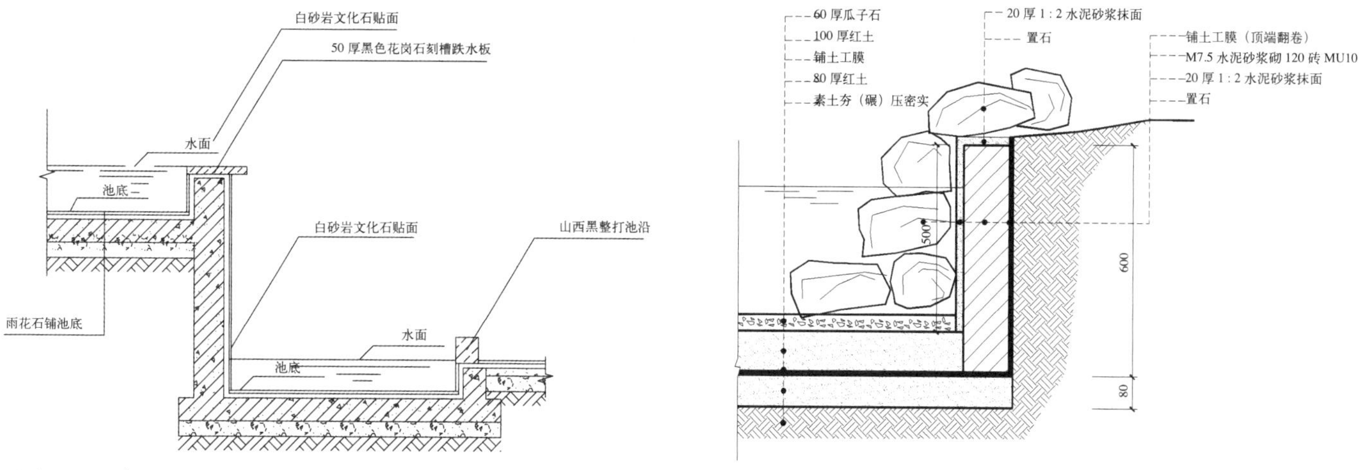

附图 7—2　跌水做法大样图

附图 7—3　溪流边驳岸做法大样图

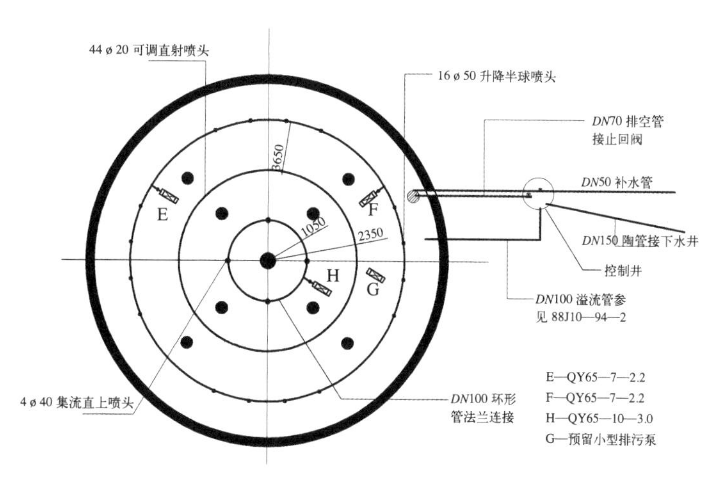

附图 7—4　喷泉水系平面图

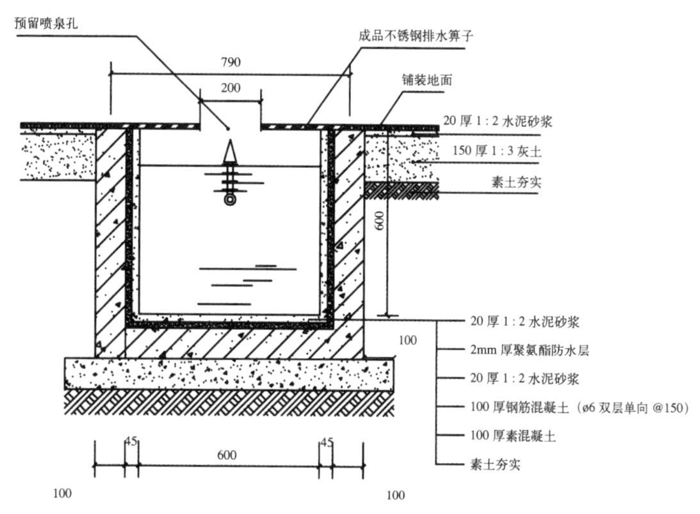

附图 7—5　旱喷剖面图

① 50厚200×400棕黄色砂岩板。池壁内侧磨圆边。
② 10厚防水膜，30厚C20细石混凝土找坡，玻璃锦砖贴面。
③ 钢筋混凝土结构参见工程师详图。
④ ø50PVC排空管，接排污系统。
⑤ ø25PVC溢水管，接排污系统。
⑥ ø25PVC给水管，接给水系统。
⑦ 指定之铺装材料。

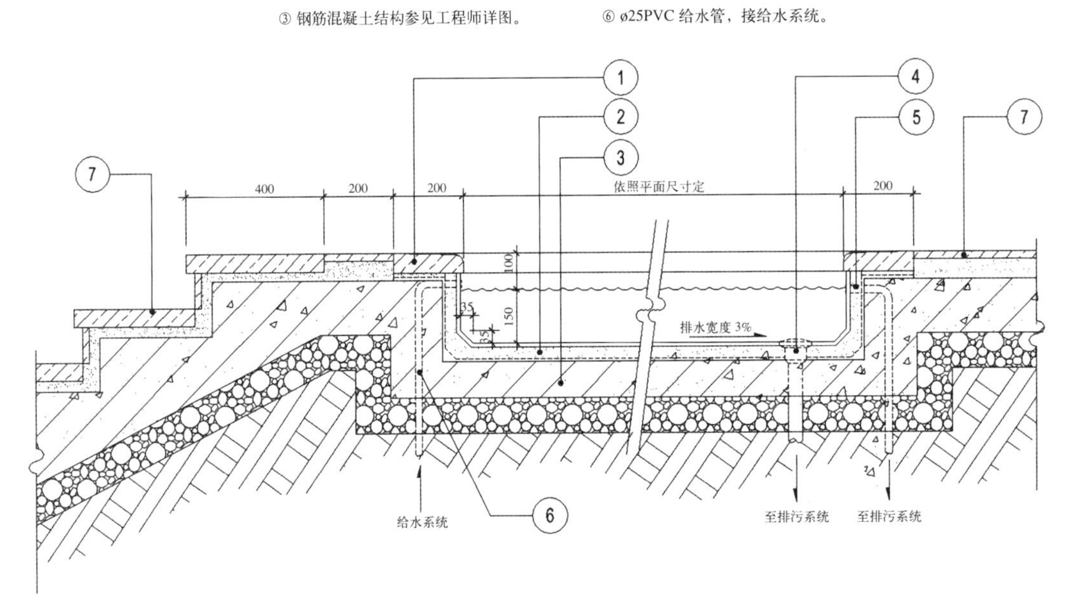

附图 7—6　消毒池构造大样图

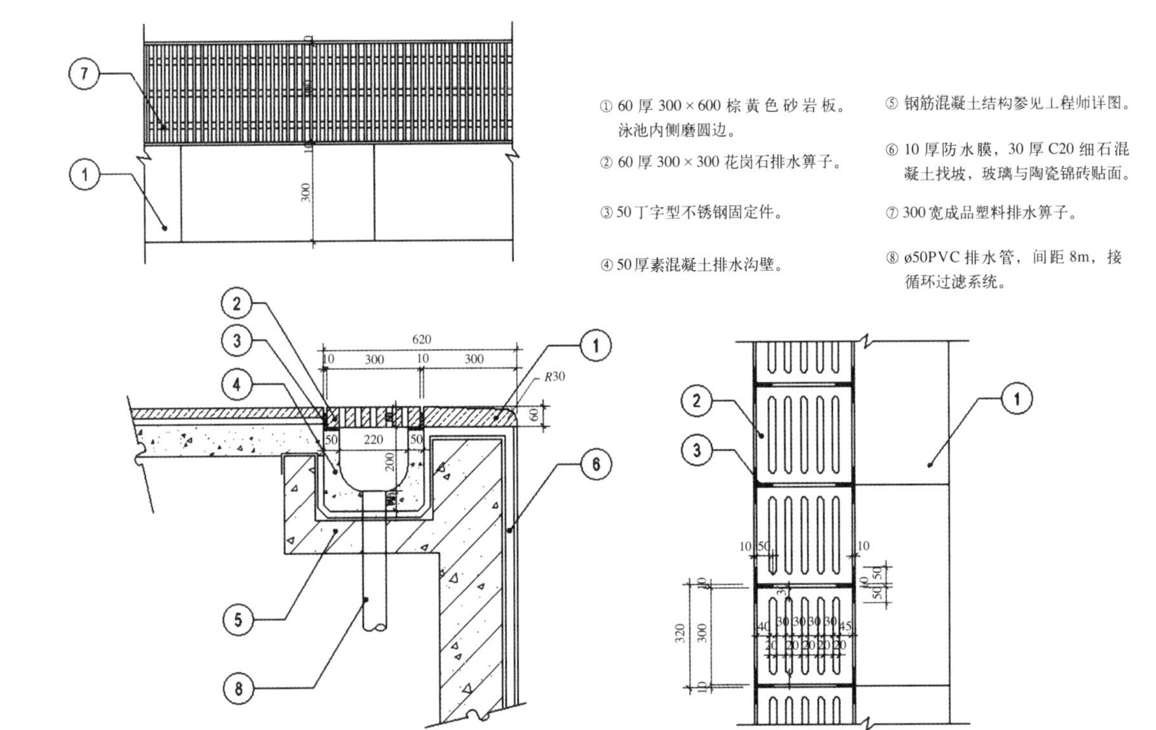

附图 7—7　溢水沟构造大样图

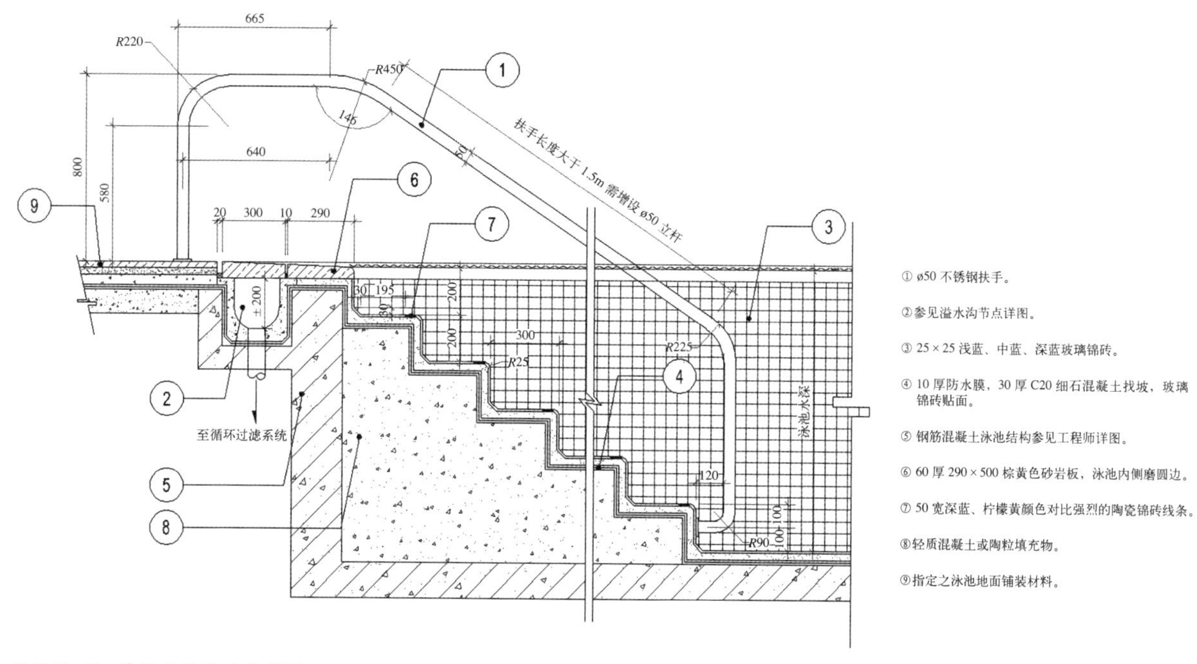

附图 7—8 泳池台阶构造大样图

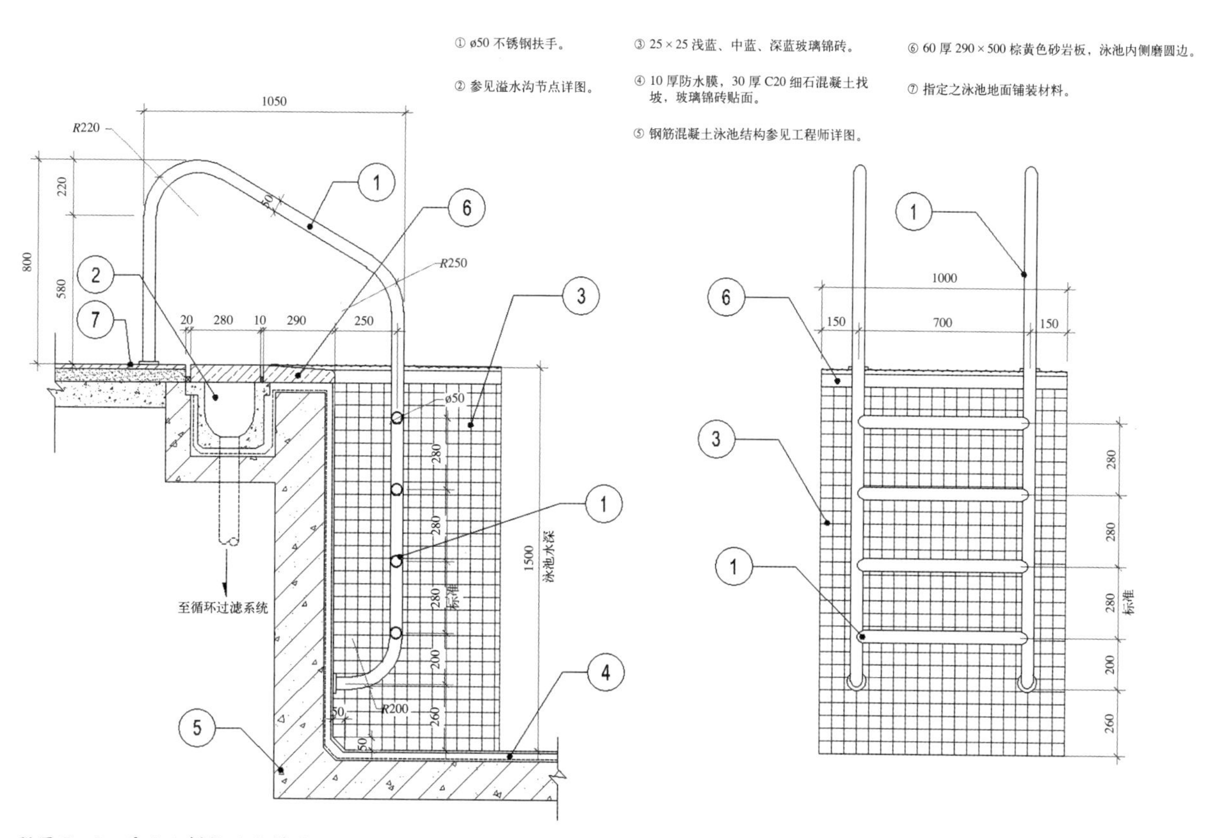

附图 7—9 泳池爬梯构造大样图

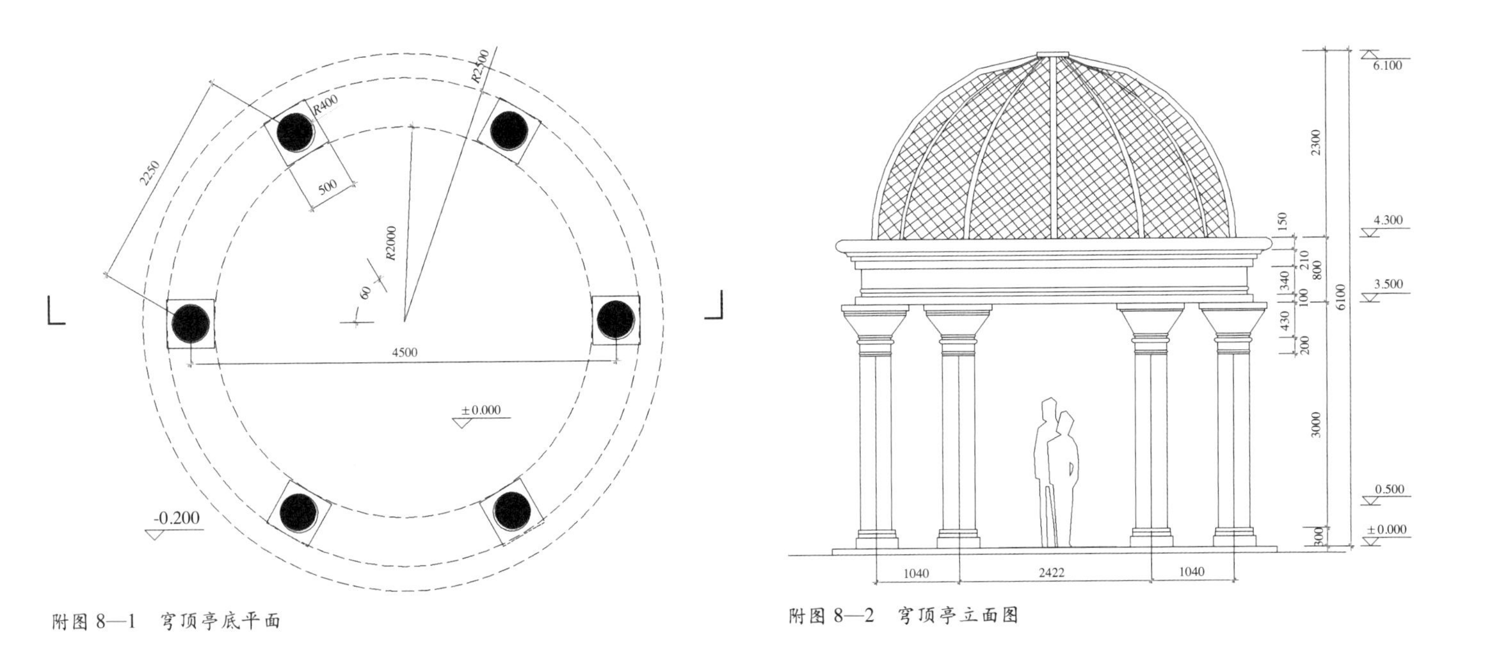

附图 8—1　穹顶亭底平面

附图 8—2　穹顶亭立面图

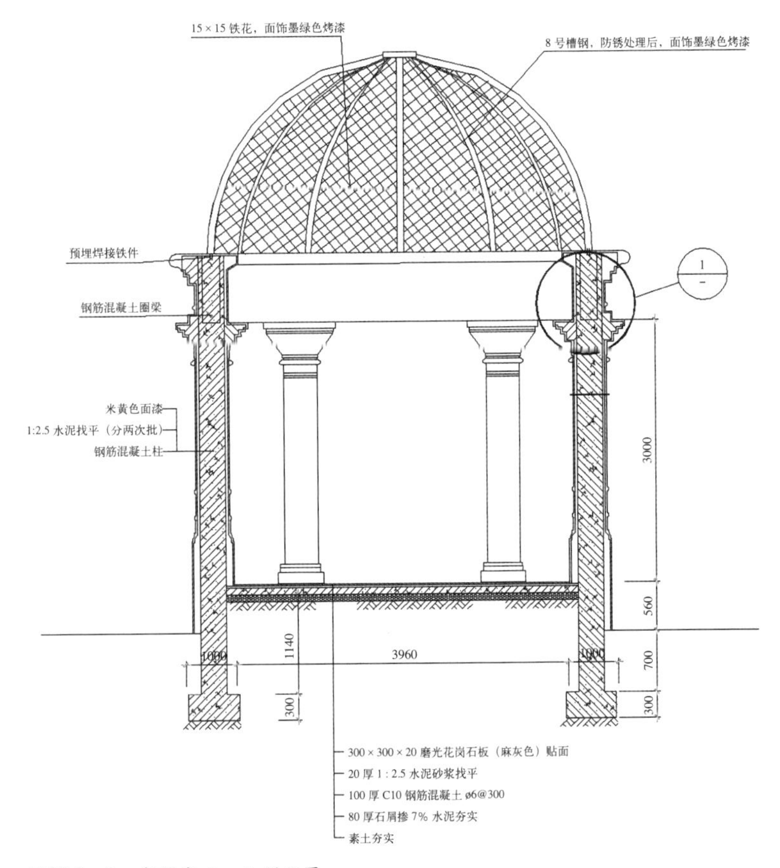

附图 8—3　穹顶亭 A—A 剖面图

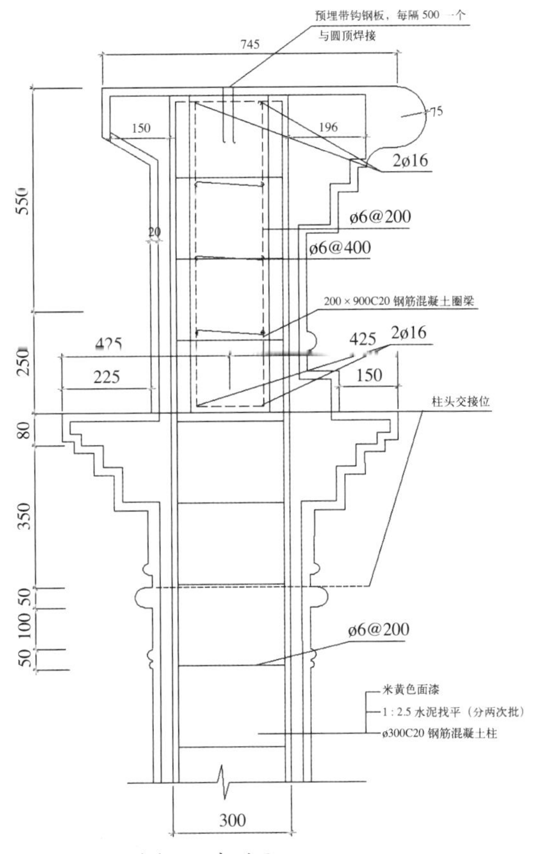

附图 8—4　节点—局部详图

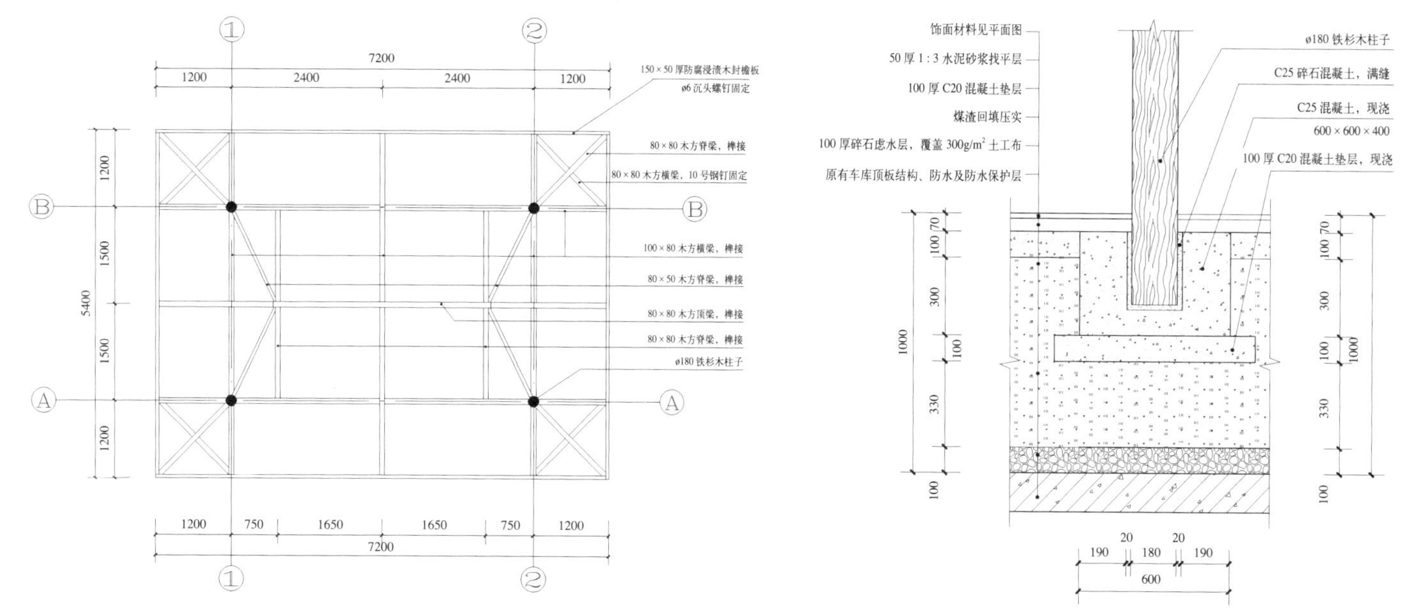

附图 8—5　茅草亭屋顶结构平面图

附图 8—6　柱子基础剖面图

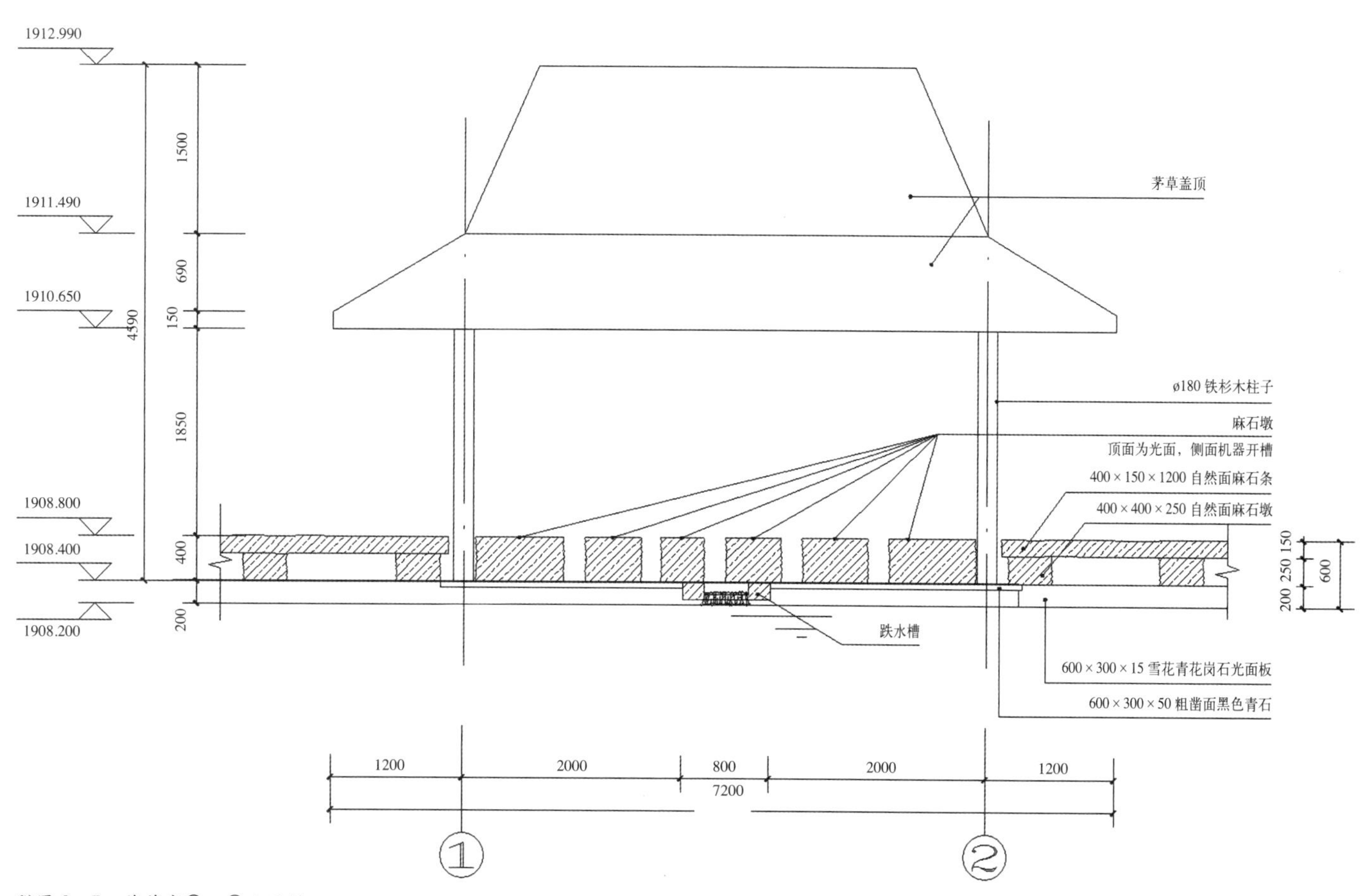

附图 8—7　茅草亭①—②立面图

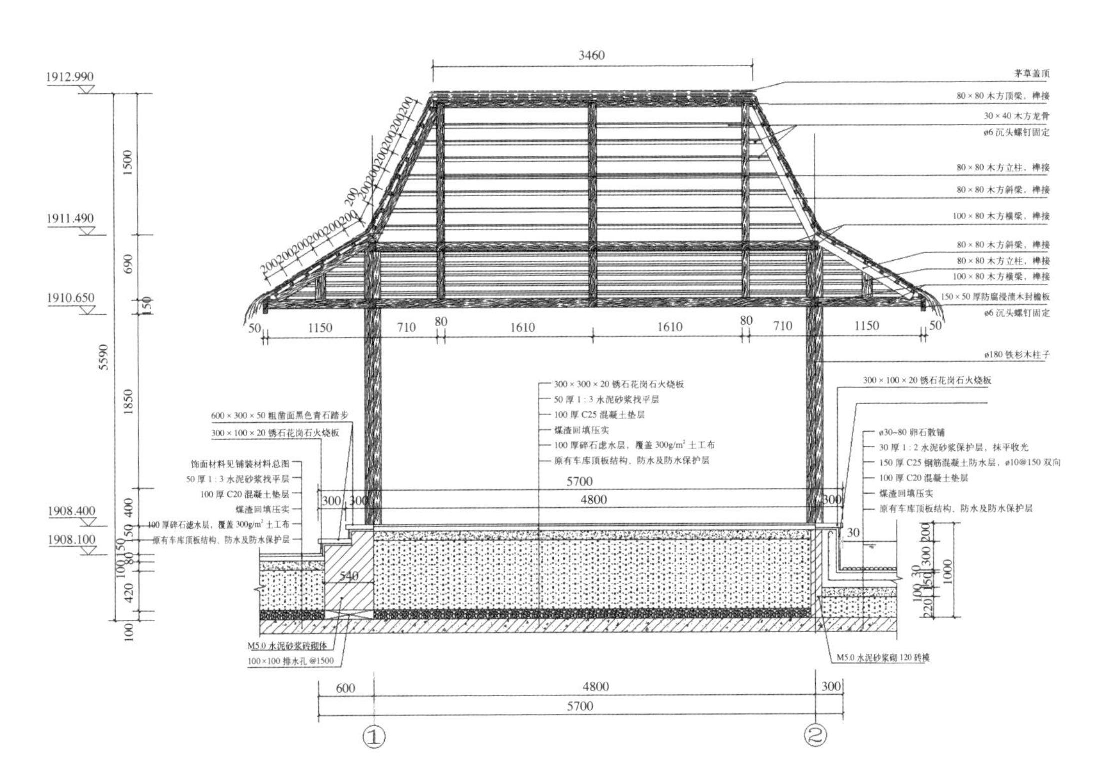

附图 8—8　茅草亭①—②剖面图

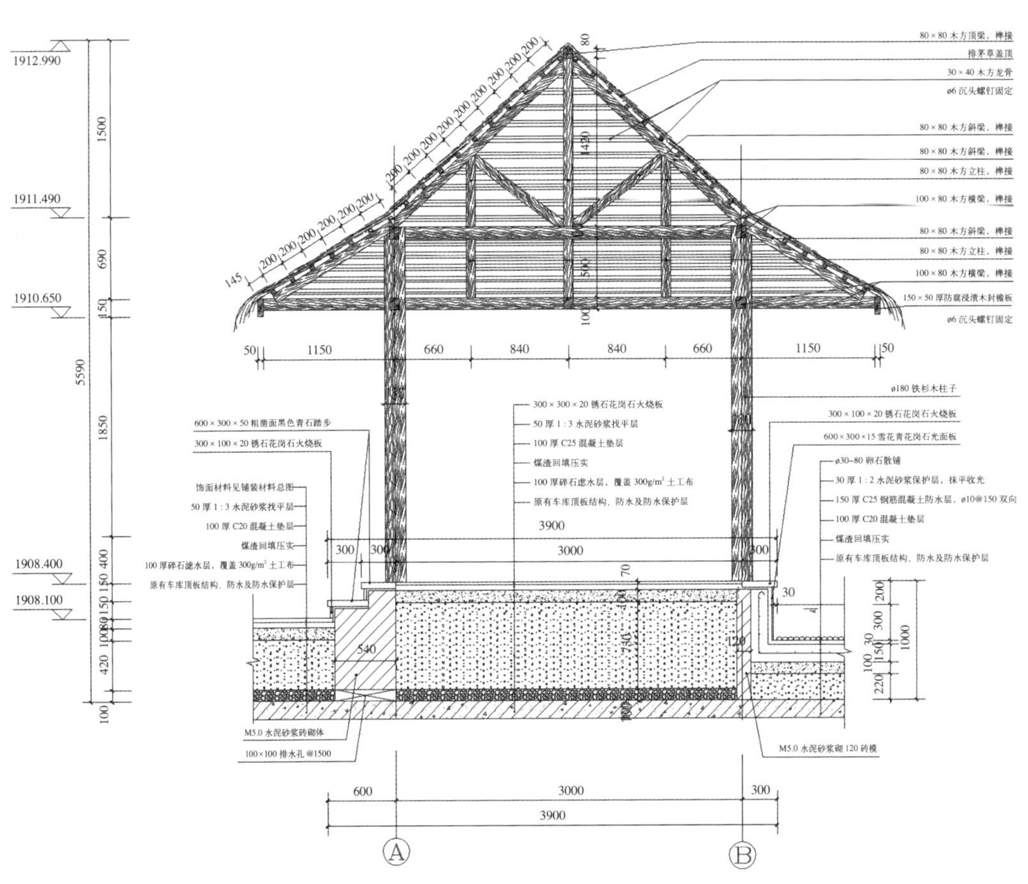

附图 8—9　茅草亭Ⓐ—Ⓑ剖面图

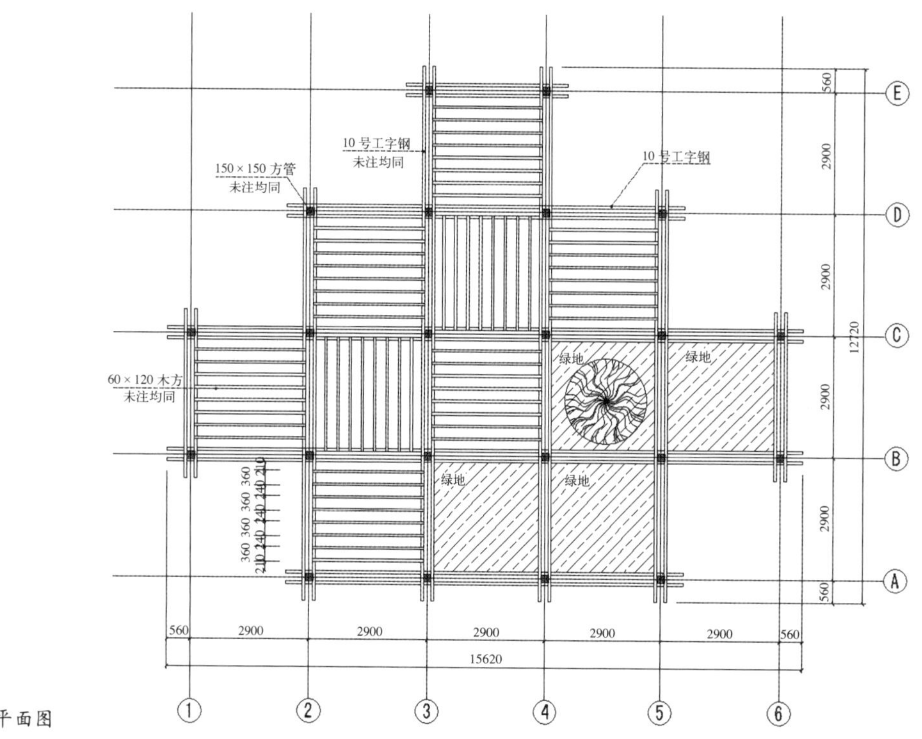

附图 8—10　钢构架亭平面图

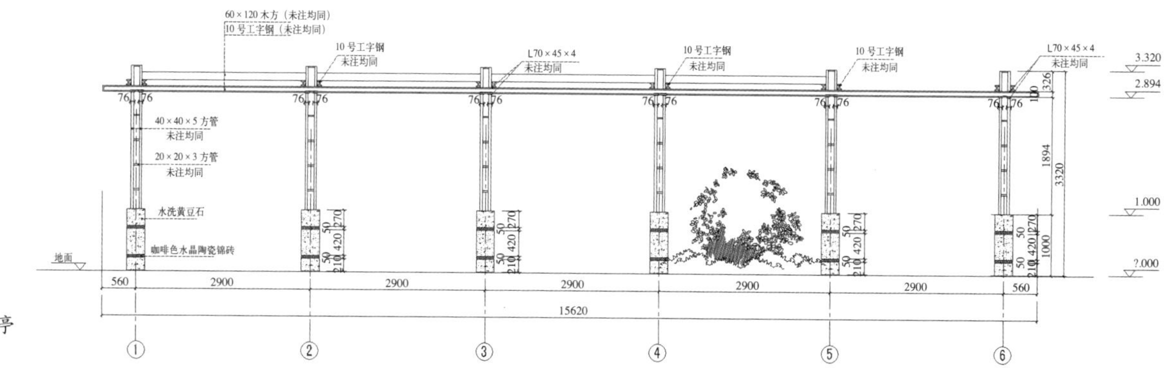

附图 8—11　钢构架亭
①—⑥立面图

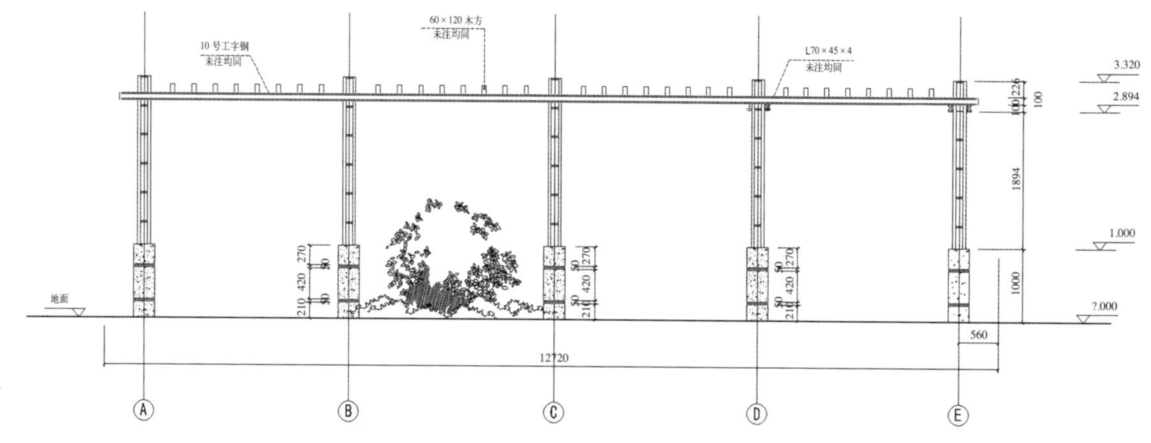

附图 8—12　钢构架亭
Ⓐ—Ⓔ立面图

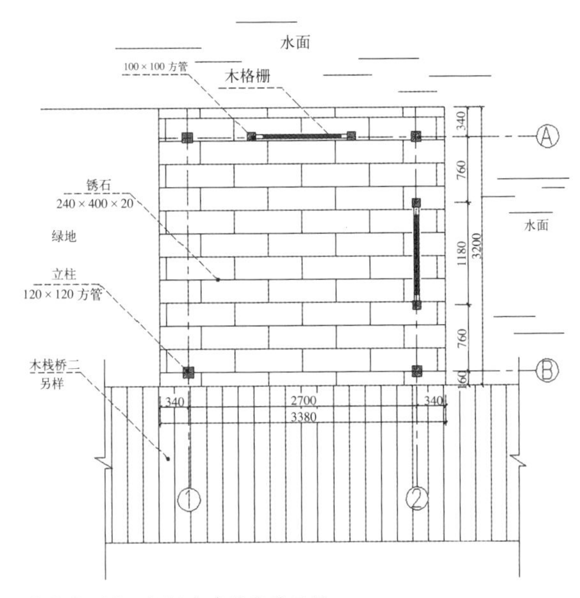

附图 8—13 轻钢玻璃顶亭平面图

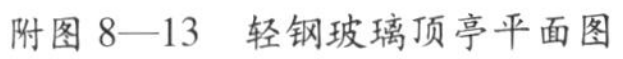

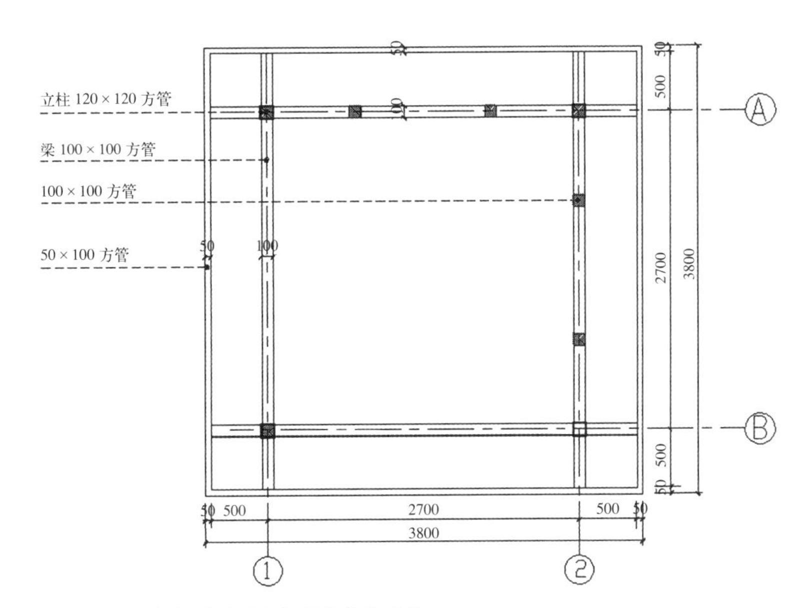

附图 8—14 轻钢玻璃顶亭钢梁结构平面图

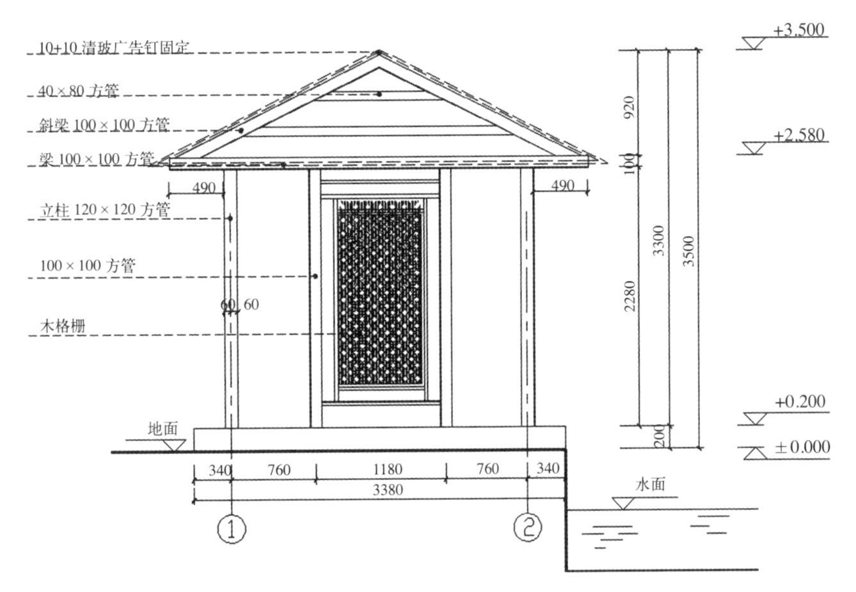

附图 8—15 轻钢玻璃顶亭①—②立面图

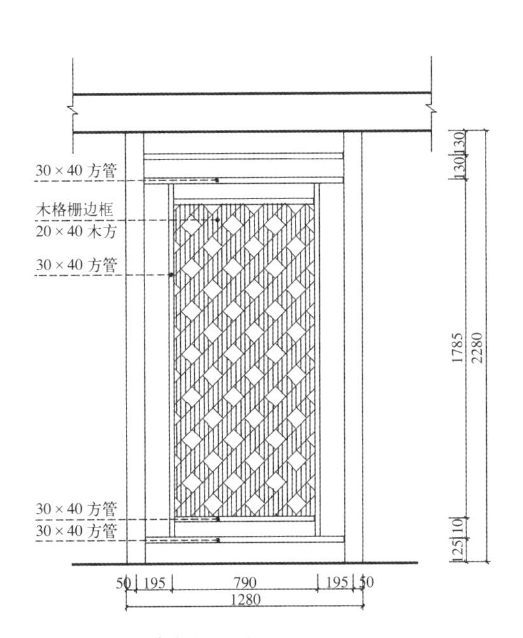

附图 8—16 木格栅大样图

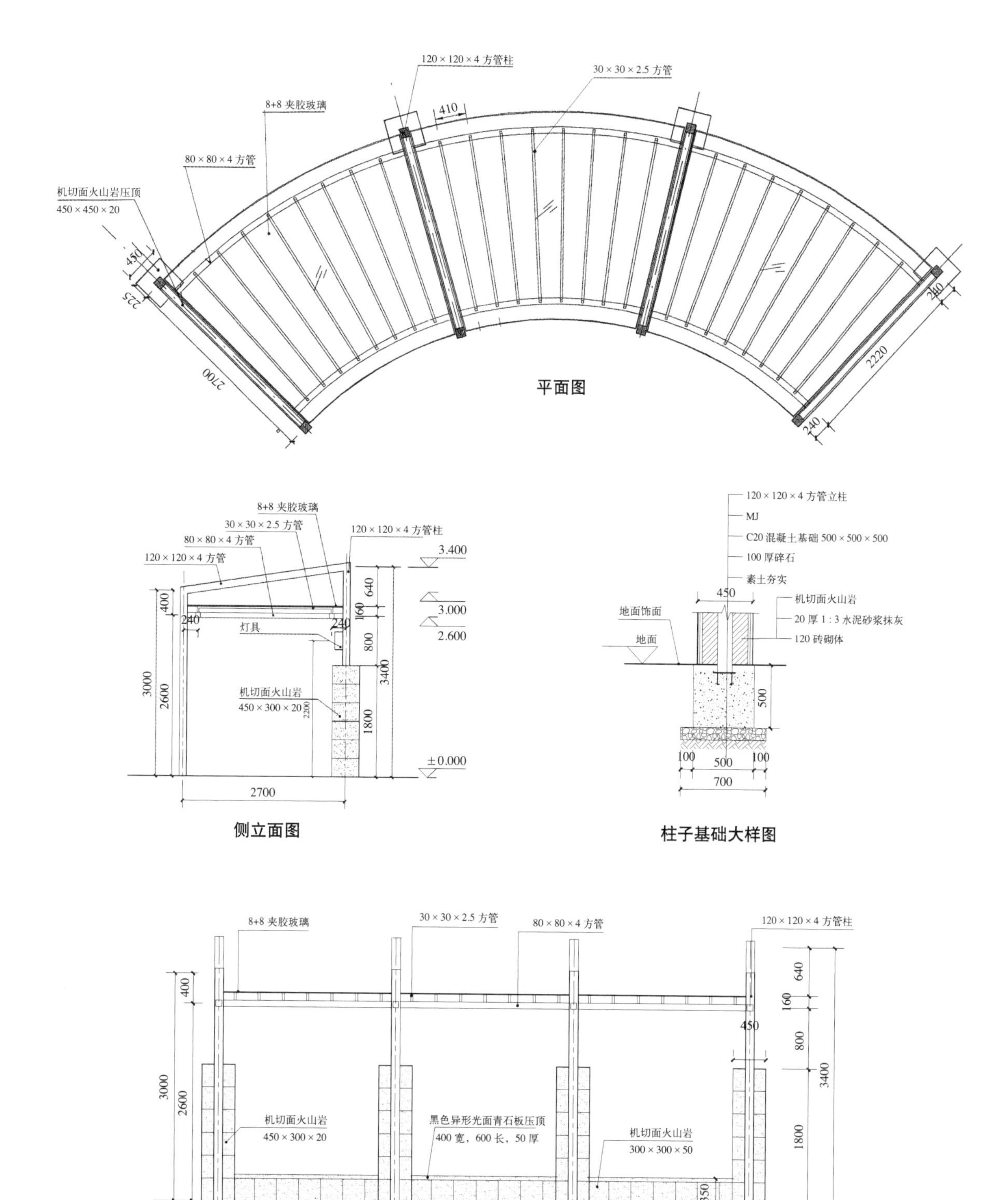

附图 8—17　轻钢构架廊施工详图

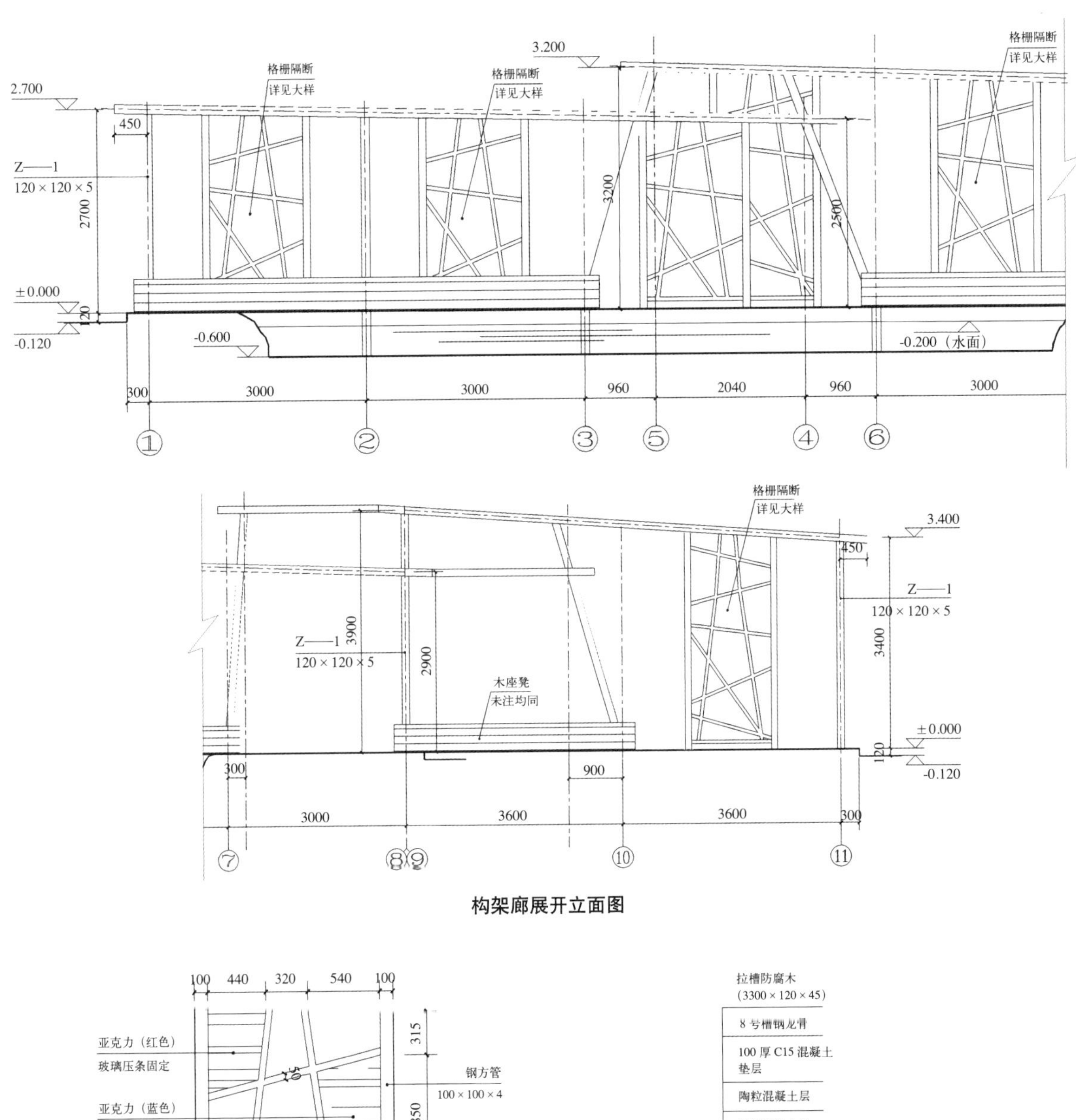

构架廊展开立面图

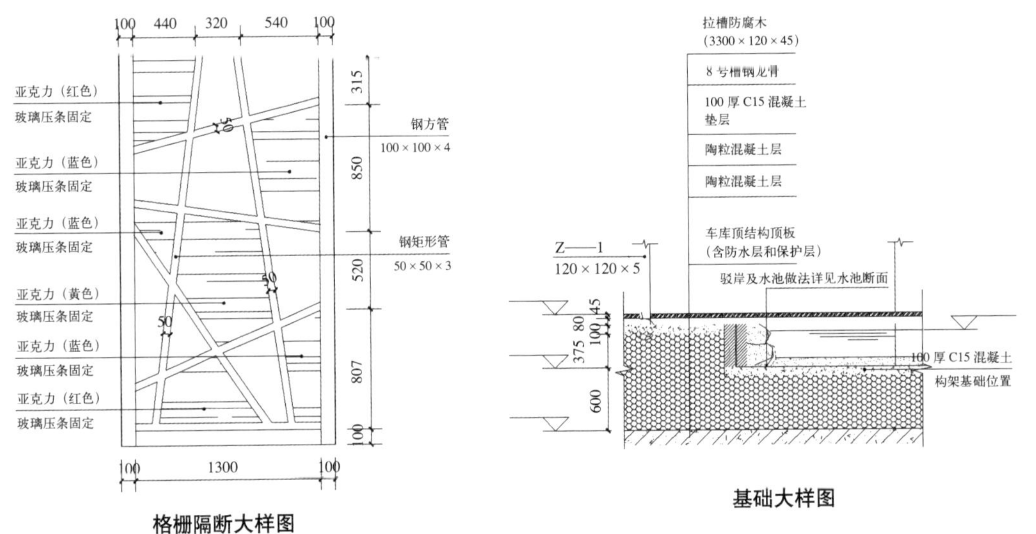

格栅隔断大样图

基础大样图

附图 8—18　轻钢构架廊施工详图

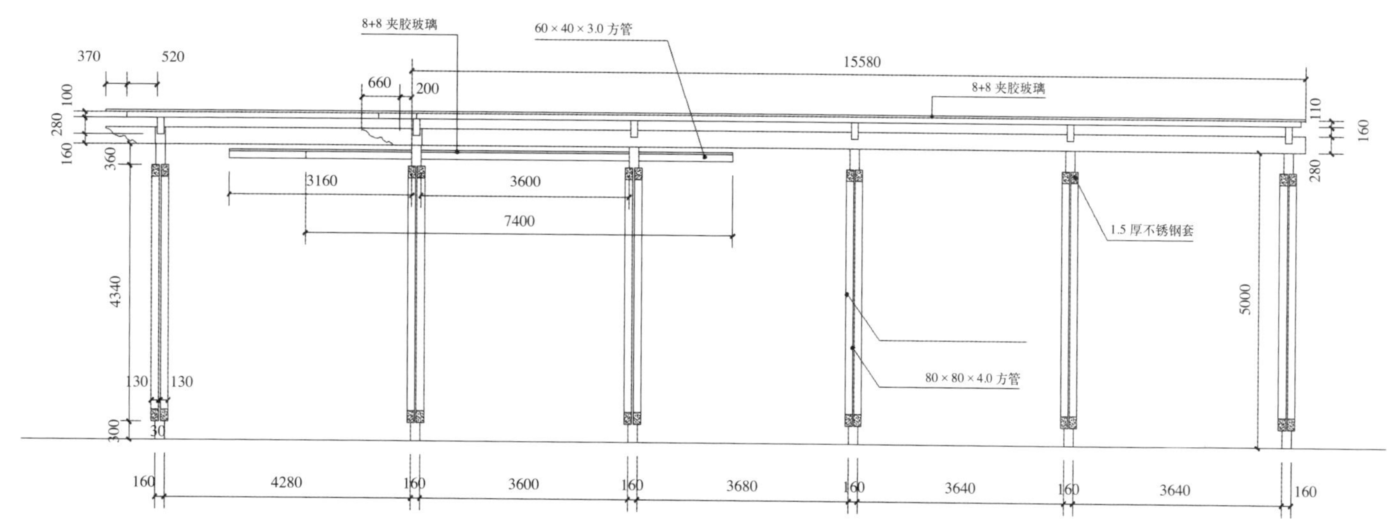

附图 8—19　型钢玻璃廊立面图

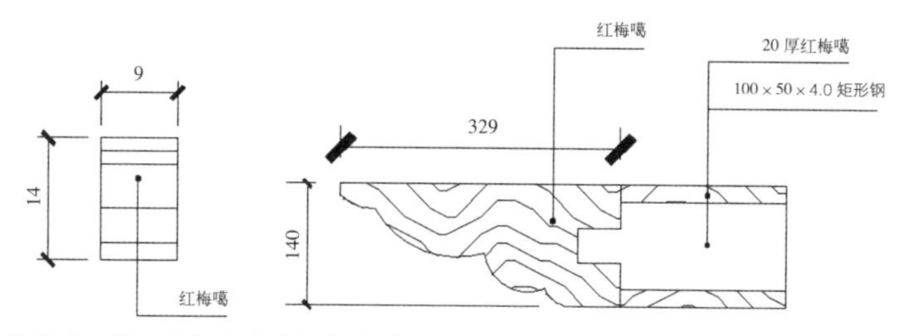

附图 8—20　型钢玻璃廊红梅噶详图

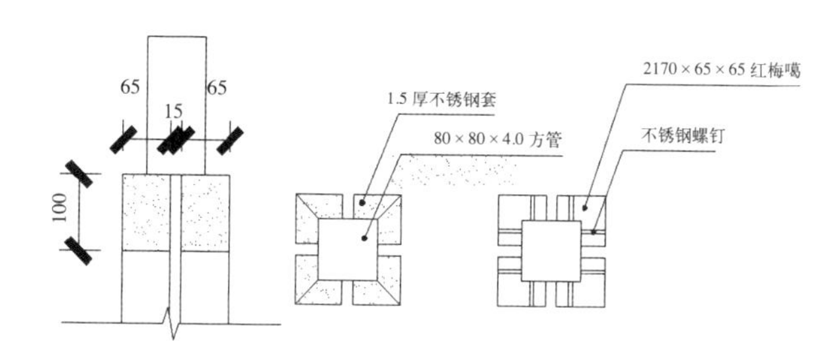

附图 8—21　型钢玻璃廊柱子详图

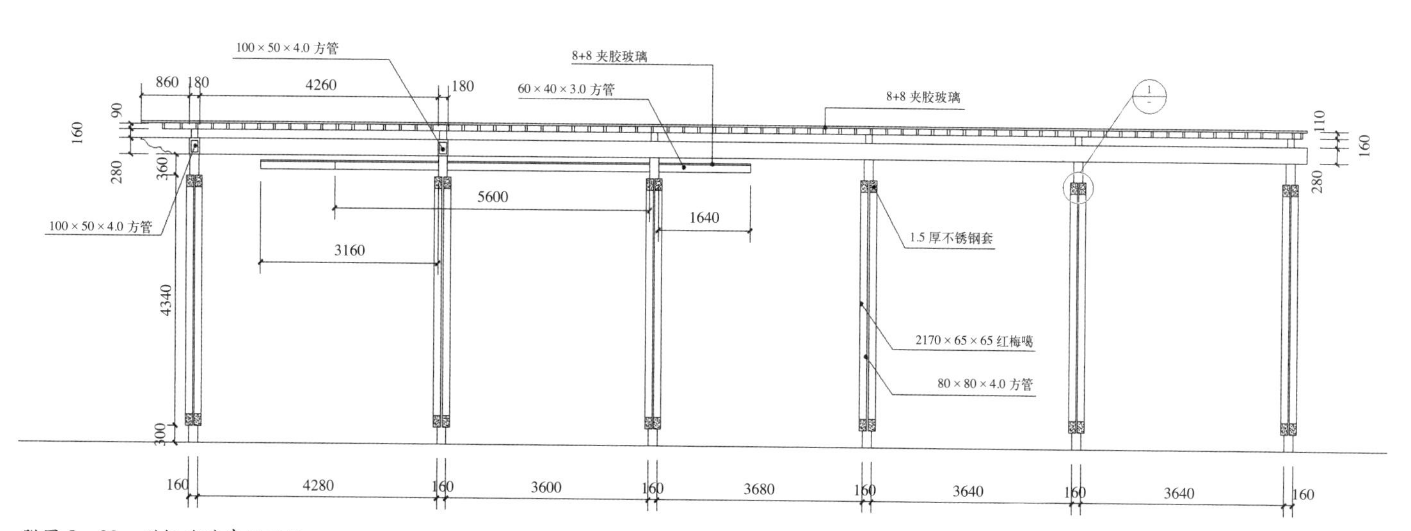

附图 8—22　型钢玻璃廊剖面图

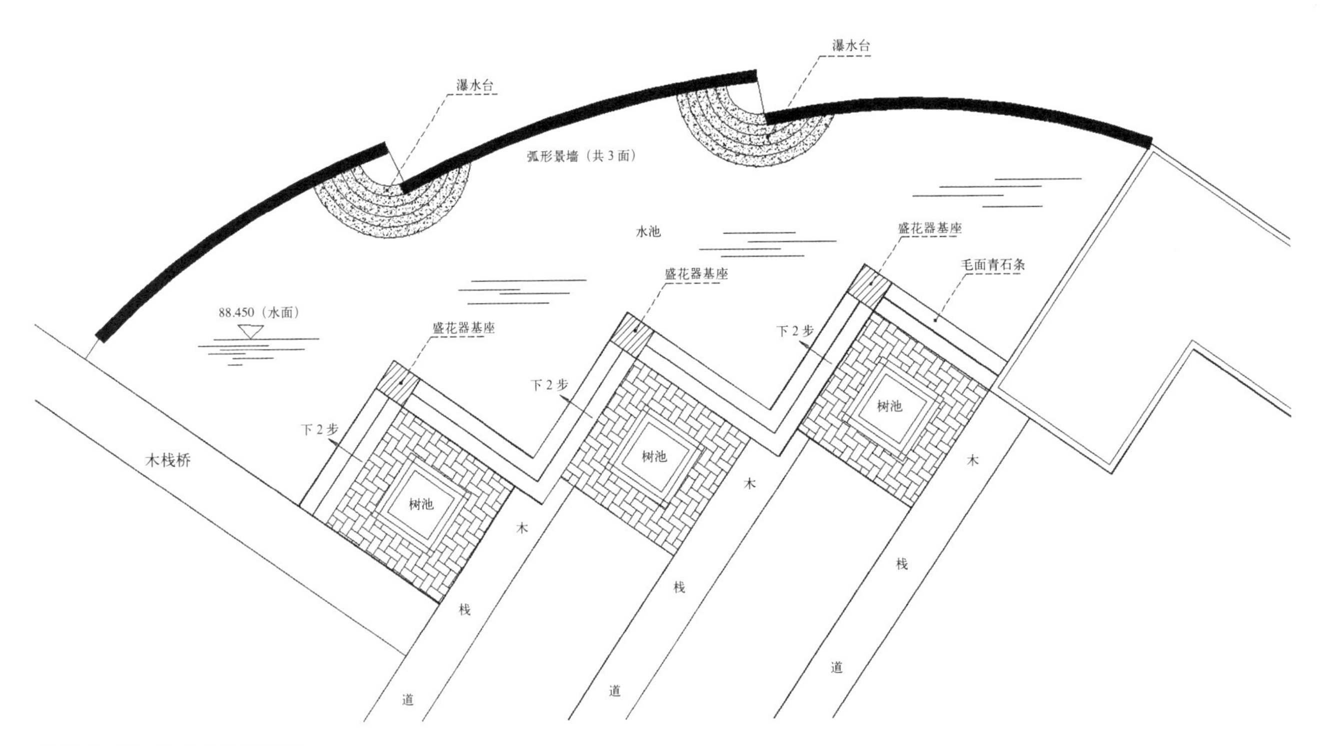

附图 8—23　组合景墙平面图

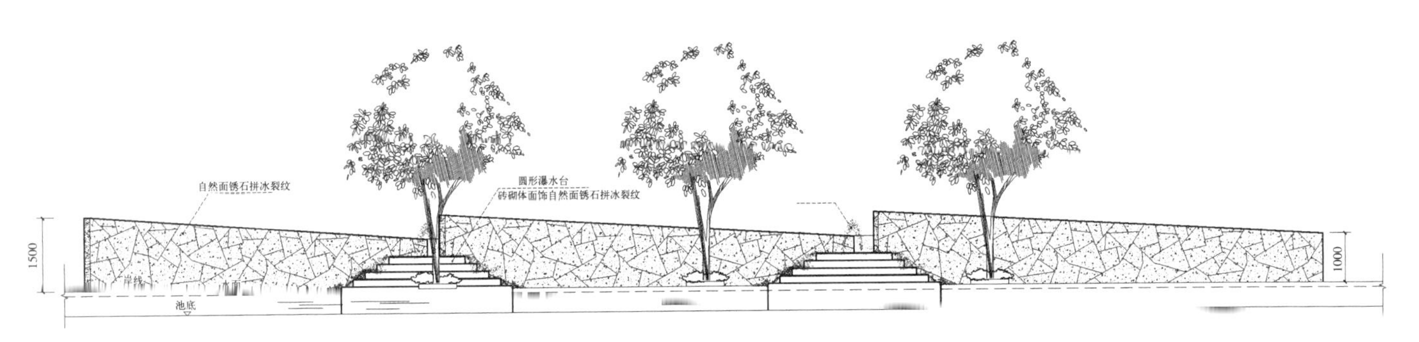

附图 8—24　组合景墙立面图

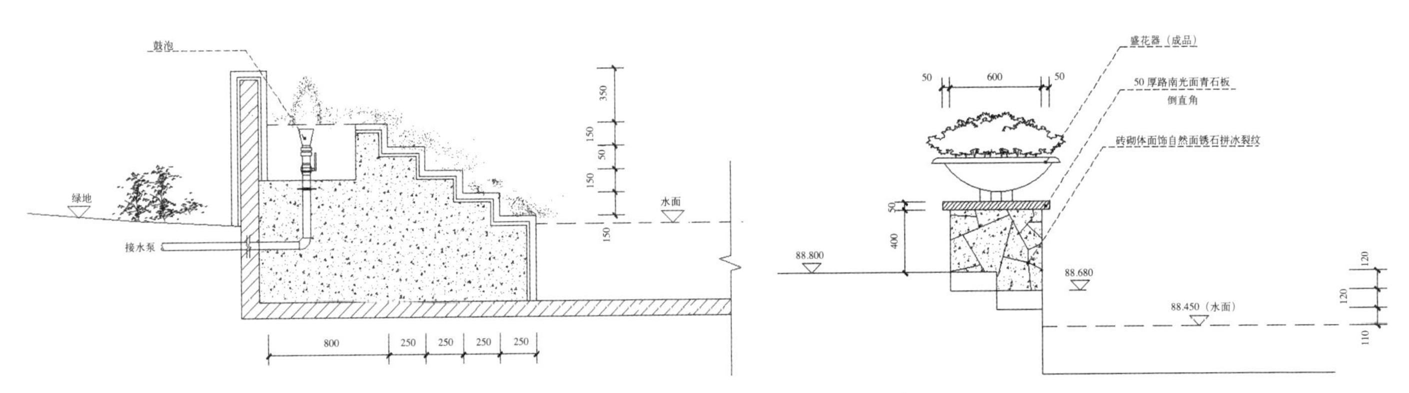

附图 8—25　组合景墙断面图

附图 8—26　花器立面

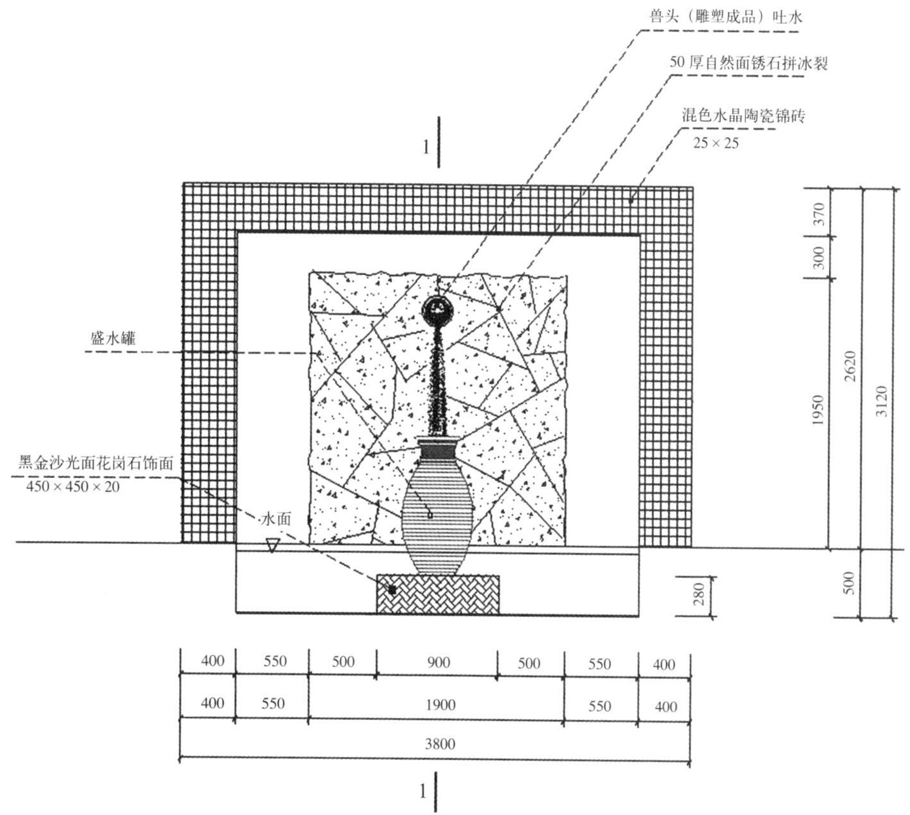

附图 8—27　小品景墙正立面

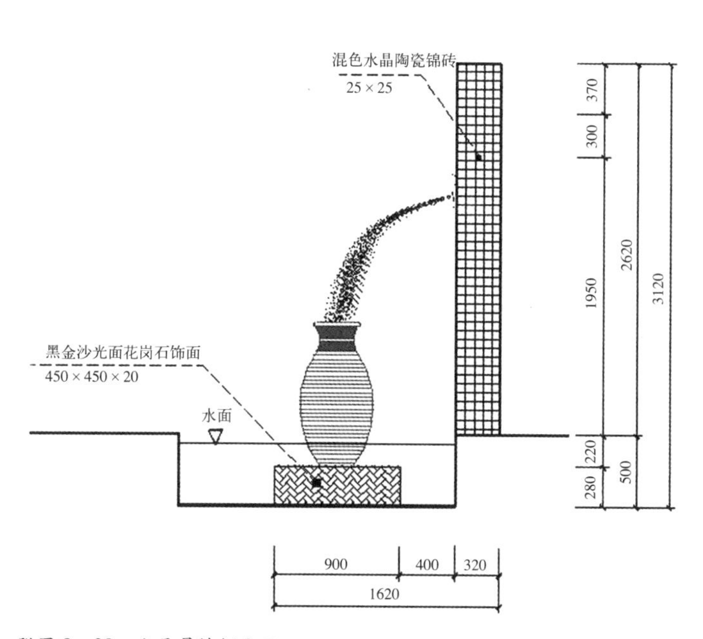

附图 8—28　小品景墙侧立面

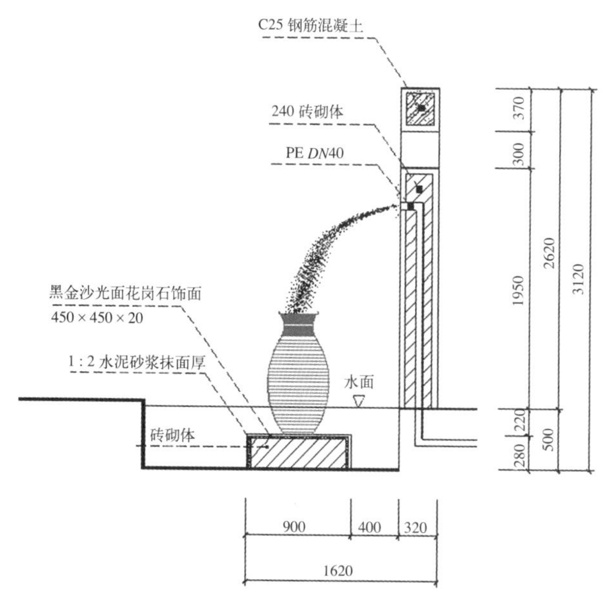

附图 8—29　小品景墙 1–1 剖面

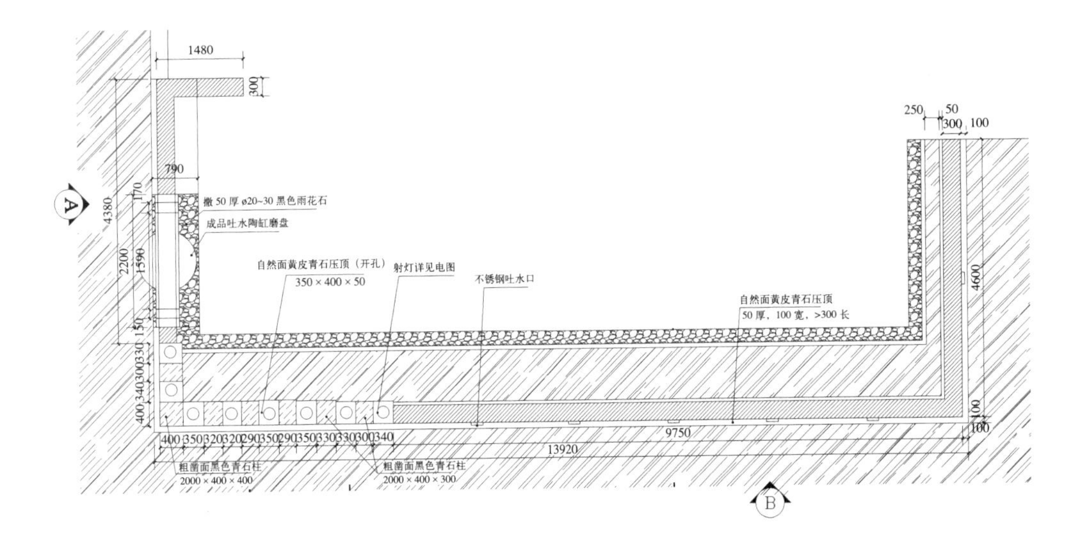

附图 8—30　景墙平面图

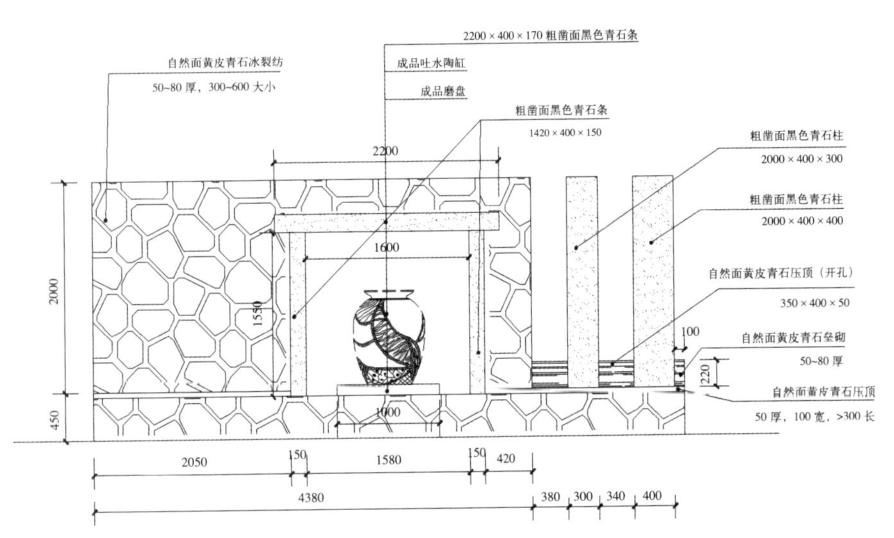

附图 8—31　景墙 A 立面图

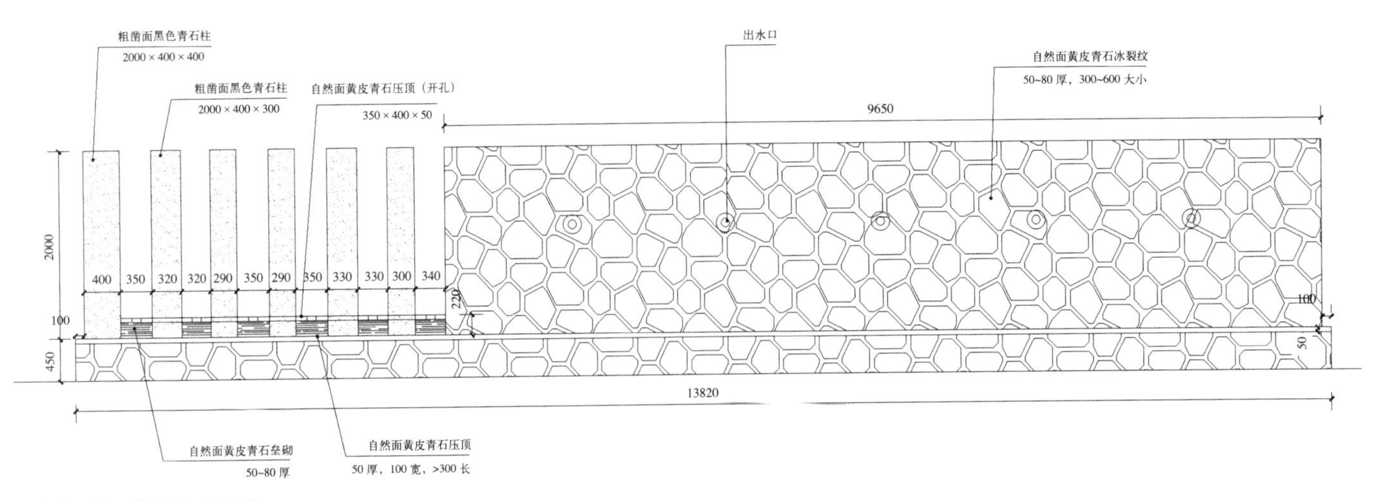

附图 8—32　景墙 B 立面图

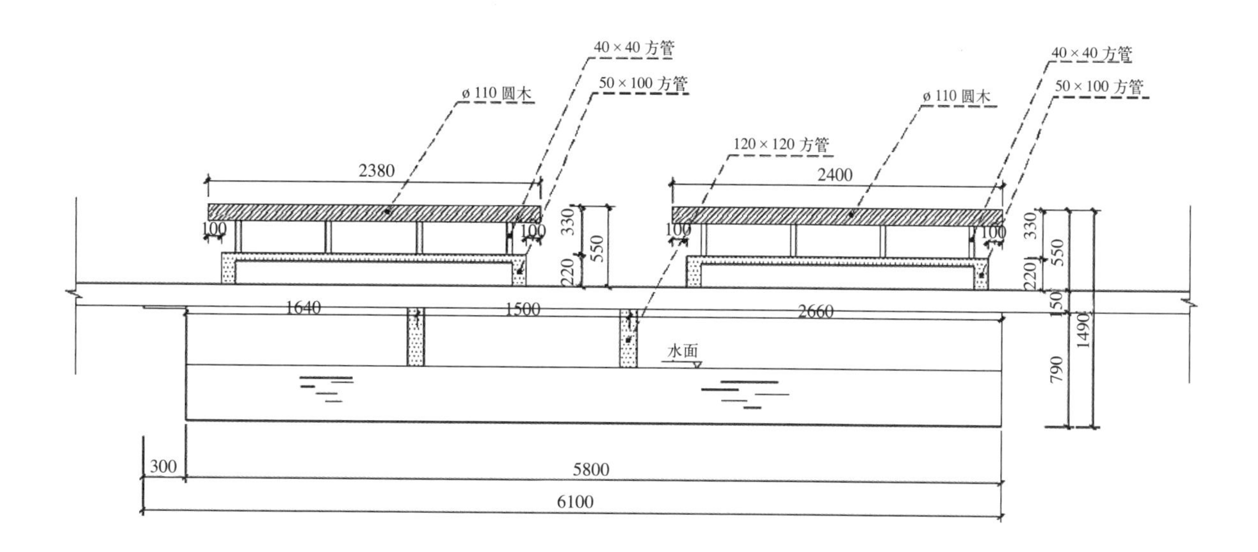

立面图

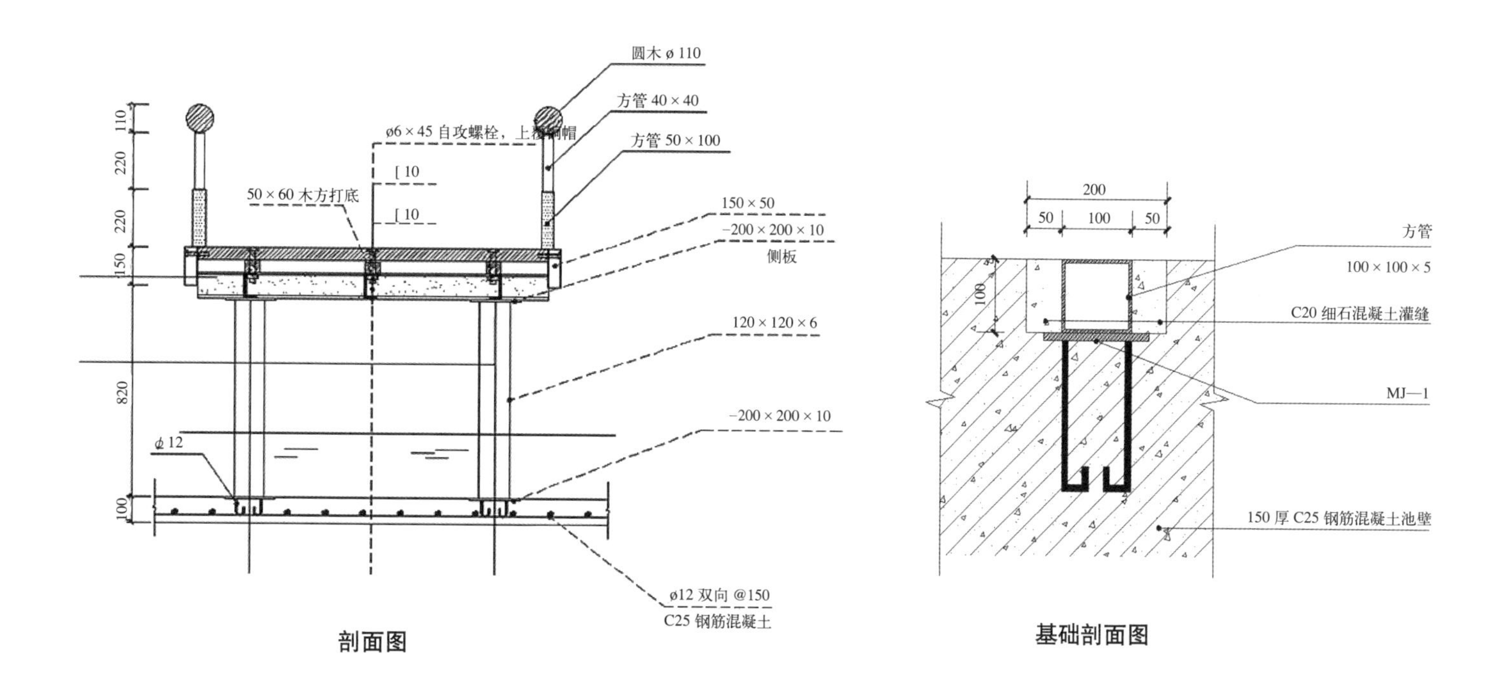

剖面图

基础剖面图

附图 8—33 钢梁木板景观桥做法大样图（一）

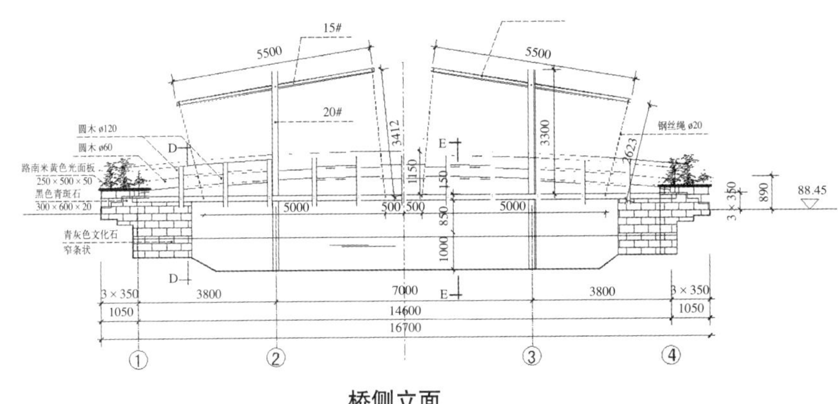

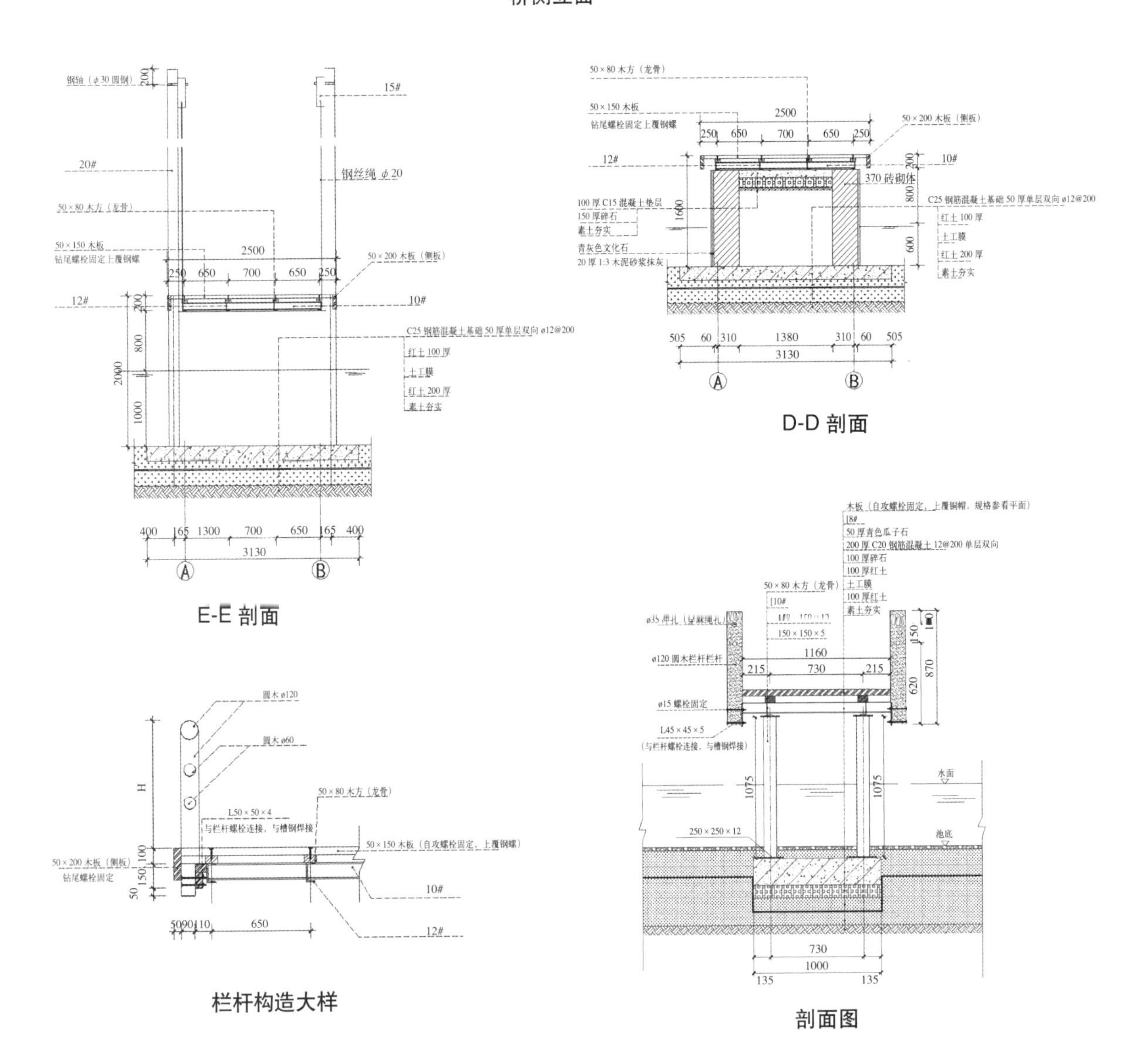

附图 8—34　钢梁木板景观桥做法大样图（二）

附图 8—36　木梁木板景观桥做法大样图

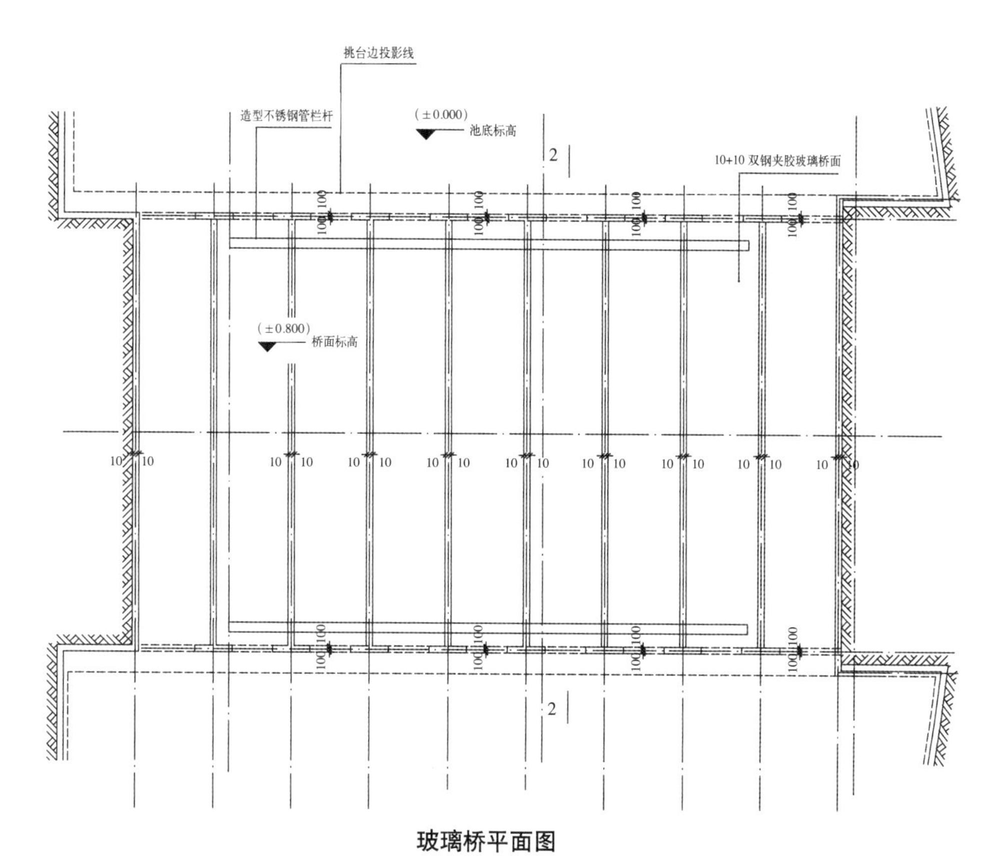

玻璃桥平面图

10+10 双钢夹胶玻璃
钢筋混凝土基础
10+10 双钢夹胶玻璃
造型不锈钢管栏杆
0.800
0.600
(水面标高)
±0.000
(池底标高)
池底
667
1333
2000

玻璃桥剖面图

箍筋 ø8@200
ϕ 12
C20 钢筋混凝土
ø8@200
C15 素混凝土垫层
400
200
100
110
90
200
200
100 150 200 150 100
500

基础剖面图

附图 8—35 钢梁玻璃景观桥做法大样图

图片来源

第一、二章

图 1–1 ～图 1–2 云南怡成建筑设计有限公司提供
图 1–2 云南怡成建筑设计有限公司提供
图 2–1 ～图 2–14 深圳尚林环境艺术设计有限公司提供

第三章

图 3–1 https://graph.baidu.com/pcpage/similar?originSign=106b9f9a7a9c7de8651a901549095000&srcp=crs_pc_wallpaper&tn=pc&idctag=gz&sids=10010_10125_10027_10002_10005_10103_10201_10040_10072_10063_10081_10191_10290_10390_10691_10704_10705_10302_10709_10800_10902_11006_10905_10912_11003_10013_10117_10016_10018_11011_9999&logid=0597089670&entrance=general&tpl_from=pc&image=https%3A%2F%2Fss1.baidu.com%2F6OZ1bjeh1BF3odCf%2Fit%2Fu%3D2373623851,1073430376%26fm%3D21%26gp%3D0.jpg&carousel=502&index=5&page=2
图 3–2 ～图 3–3 云南怡成建筑设计有限公司提供
图 3–4 ～图 3–6 自摄
图 3–7 ～图 3–11 云南木森景观规划设计有限公司提供
图 3–12 ～图 3–18 改绘
图 3–19 http://www.chla.com.cn/htm/2018/1012/269605.html

第四章

图 4–1 ～图 4–9 自摄
图 4–10 改绘
图 4–11 ～图 4–16 自摄
图 4–17 http://huaban.com/pins/2127040648/
图 4–18 自摄
图 4–19 自摄
图 4–20 自摄
图 4–21 http://huaban.com/pins/1930230314/
图 4–22 ～图 4–26 云南木森景观规划设计有限公司提供
图 4–27 http://huaban.com/pins/1953080124/
图 4–28 http://huaban.com/pins/2139787077/
图 4–29 自摄
图 4–30 ～图 4–34 云南木森景观规划设计有限公司提供
图 4–35 自摄
图 4–36 自摄
图 4–37 http://huaban.com/pins/1956132541/
图 4–38 http://huaban.com/pins/640253172/
图 4–39 http://huaban.com/pins/1230068459/
图 4–40 自摄
图 4–41 ～图 4–47 自摄
图 4–48 ～图 4–52 云南木森景观规划设计有限公司提供
图 4–53 ～图 4–56 自摄
图 4–57 深圳尚林环境艺术设计有限公司提供
图 4–58 http://bbs.zhulong.com/101020_group_201861/detail30979004/
图 4–59 ～图 4–60 自摄
图 4–61 深圳尚林环境艺术设计有限公司提供
图 4–62 http://huaban.com/pins/1953080124/
图 4–63 http://huaban.com/pins/1859369933/
图 4–64 ～图 4–68 改绘
图 4–69 自摄
图 4–70 自摄
图 4–71 http://huaban.com/pins/1297875056/
图 4–72 ～图 4–81 自摄
图 4–82 ～图 4–83 深圳尚林环境艺术设计有限公司提供
图 4–84 ～图 4–88 自摄
图 4–89 ～图 4–90 http://www.sohu.com/a/276880442_663589
图 4–91 奥雅设计
图 4–92 ～图 4–104 自摄

第五章

图 5–1 改绘
图 5–2 ～图 5–3 自摄
图 5–4 https://www.gooood.cn/reconstruction-of-urban-shelter-forest-landscape-beijing-beilin-landscape-architecture.htm
图 5–5 https://www.gooood.cn/reconstruction-of-urban-shelter-forest-landscape-beijing-beilin-landscape-architecture.htm
图 5–6 http://bbs.zhulong.com/101020_group_201861/detail30791650/
图 5–7 http://bbs.zhulong.com/101020_group_201861/detail10063732/p1.html?louzhu=0
图 5–8 http://bbs.zhulong.com/101020_group_687/detail32406397/
图 5–9 https://www.gooood.cn/reconstruction-of-urban-shelter-forest-landscape-beijing-beilin-landscape-architecture.htm
图 5–10 http://bbs.zhulong.com/101020_group_3007078/detail37991623/
图 5–11 https://www.gooood.cn/hushanyue-landscape-design-by-box-design.htm
图 5–12 深圳尚林环境艺术设计有限公司提供
图 5–13 http://img.mp.sohu.com/upload/20170626/fe16026cf3e64c43a2dd9aa08e192283_th.png
图 5–14 http://huaban.com/pins/1944969632/
图 5–15 ～ 图 5–17 http://blog.sina.com.cn/s/blog_

e802955b0102wtvm.html
图 5-18 http://jz.docin.com/buildingwechat/index.do?buildwechatId=7868
图 5-19 https://graph.baidu.com/api/proxy?mroute=redirect&sec=1549110426690&seckey=54a290ab2b&u=http%3A%2F%2Fhuaban.com%2Fboards%2F19540316%2F
图 5-20 http://blog.sina.cn/dpool/blog/s/blog_13c88ca1c0102wkft.html
图 5-21 http://huaban.com/pins/1757645191/
图 5-22 http://bbs.zhulong.com/101020_group_688/detail30512434/
图 5-23 http://huaban.com/pins/1948964350/
图 5-24 http://huaban.com/pins/1331653022/
图 5-25 http://huaban.com/pins/1488048114/
图 5-26 http://huaban.com/pins/1868077770/
图 5-27 https://www.pinterest.com/pin/491525746821871252/
图 5-28 http://www.360doc.com/content/18/0425/15/23036362_748646210.shtml
图 5-29 http://blog.sina.com.cn/s/blog_e802955b0102wtvm.html
图 5-30 http://huaban.com/pins/1687305330/
图 5-31 http://www.docin.com/touch/publishArticle.do?id=7985
图 5-32 ～图 5-33 深圳尚林环境艺术设计有限公司提供
图 5-34 http://huaban.com/pins/1544865451/
图 5-35 http://m.sohu.com/a/152270567_796243/?pvid=000115_3w_a
图 5-36 http://5b0988e595225.cdn.sohucs.com/images/20180709/061cae61935145dab3188a803a21972b.jpeg
图 5-37 http://5b0988e595225.cdn.sohucs.com/images/20180709/957f366e77324aab8f4aeb0c58ccfe42.jpeg
图 5-38 http://5b0988e595225.cdn.sohucs.com/images/20180709/3a6feda561a746c49e7e7f41d7a0fc10.jpeg
图 5-39 自摄
图 5-40 http://huaban.com/pins/2216925984/
图 5-41 http://huaban.com/pins/2173574487/
图 5-42 http://huaban.com/pins/1821344788/
图 5-43 自摄
图 5-44 http://huaban.com/pins/2180253412/
图 5-45 http://huaban.com/pins/1653218834/
图 5-46 http://www.docin.com/touch/publishArticle.do?id=7985
图 5-47 自摄
图 5-48 http://huaban.com/pins/2183323735/
图 5-49 http://5b0988e595225.cdn.sohucs.com/images/20170817/ea7d30db2852403a988e24df83155e38.jpeg
图 5-50 自摄

第六章

图 6-1 ～图 6-5 自摄
图 6-6 http://www.sohu.com/a/270160424_406804
图 6-7 http://huaban.com/pins/2234773686/
图 6-8 http://huaban.com/pins/2169201295/
图 6-9 云南木森景观规划设计有限公司提供
图 6-10 http://huaban.com/pins/1538467539
图 6-11 ～图 6-17 自摄
图 6-18 http://huaban.com/pins/841505316/
图 6-19 http://huaban.com/pins/2183448373/
图 6-20 http://huaban.com/pins/2182307195/
图 6-21 http://huaban.com/pins/1912650752/
图 6-22 https://i.pinimg.com/originals/6e/a5/d7/6ea5d73ac5a8dd67c8b96fda1d5cdf57.jpg
图 6-23 https://huaban.com/pins/339693580/
图 6-24 https://www.pinterest.com/pin/676948006323619 57/
图 6-25 https://www.pinterest.com/pin/AVP_dILScwxgKkAsovrEyW2wLxrZzFSMDxCPJy2FSsqjejYZqaLfc0s/
图 6-26 http://huaban.com/pins/1912533665/
图 6-27 http://huaban.com/pins/2185340922/
图 6-28 http://huaban.com/pins/1912505441/
图 6-29 http://huaban.com/pins/2235881034/
图 6-30：http://huaban.com/pins/2235836675/
图 6-31 ～图 6-34 自摄
图 6-35 ～图 6-36 http://www.iarch.cn/thread-39366-1-1.html
图 6-37 自摄
图 6-38 http://www.iarch.cn/thread-39366-1-1.html
图 6-39 ～图 6-45 自摄
图 6-46 http://f.zhulong.com/v1/tfs/T1ybETB4AT1RCvBVdK.jpg
图 6-47 自摄
图 6-48 http://www.sohu.com/a/143930314_247689
图 6-49 ～图 6-50 自摄
图 6-51 http://huaban.com/pins/1939021657/
图 6-52 ～图 6-53 自摄
图 6-54 http://www.sohu.com/a/249082182_693803
图 6-55 ～图 6-65 自摄
图 6-66 《无障碍设计规范》(GB50763—2012)
图 6-67 ～图 6-68 自摄
图 6-69 http://img.mp.sohu.com/upload/20170809/284d0fb1d72f4fe4b06ec43403f8d1c9_th.png
图 6-70 http://i0.sinaimg.cn/dy/o/2008-09-08/3fb503b1d9c2393109d801d721984353.jpg
图 6-71 http://spider.nosdn.127.net/1e3c2e40fe85f42a71be45a97bc12fe2.jpeg
图 6-72 https://img.chuansongme.com/mmbiz_jpg/4iaqAE3iaibmq2Hm4o6pkPGBUDibSUz9zStFXKyKMLYsCv3NfvnHW3bxyUDGgZ70QaJrenLZNQuWW0zgfIUZ7hBZrQ/640?wx_fmt=jpeg
图 6-73 http://bbs.zhulong.com/102020_group_3002266/detail33139367/
图 6-74 ～图 6-78 云南木森景观规划设计有限公司提供
图 6-79 ～图 6-80 自摄
图 6-81 https://huaban.com/pins/1180939977/
图 6-82 https://huaban.com/pins/1893958083/
图 6-83 ～图 6-84 http://www.sohu.com/a/213994409_721499
图 6-85 https://huaban.com/pins/1902604920/
图 6-86 https://huaban.com/pins/1230673340/

图 6-87 http://image.baidu.com/search/detail?ct=503316480&z=0&ipn=d&word=%E6%9D%A1%E7%9F%B3%E6%99%AF
图 6-88 http://huaban.com/pins/1946435623/
图 6-89 自摄
图 6-90 http://huaban.com/pins/2186203189/
图 6-91 资料来自公共环境设施设计，冯信群编
图 6-92 http://huaban.com/pins/1923845371/
图 6-93 http://huaban.com/pins/1711289372/
图 6-94 https://huaban.com/pins/1288796846/
图 6-95 http://image.baidu.com/search/detail?ct=503316480&z=0&ipn=d&word=%E5%88%9B%E6%84%8F%E6%8C%A1%E5%9C%9F
图 6-96 http://www.sohu.com/a/130801106_656548
图 6-97 http://huaban.com/pins/1695647804/
图 6-98 https://huaban.com/pins/1852528425/
图 6-99 http://huaban.com/pins/2205116226/
图 6-100 ～图 6-101 自摄
图 6-102 http://huaban.com/pins/1927433721/
图 6-103 http://image.baidu.com/search/detail?ct=503316480&z=0&ipn=d&word=%E5%88%9B%E6%84%8F%E6%B7%B7%E5%87%9D%E5%9C%9F%E5%87%B3%E6%99%AF
图 6-104 https://tieba.baidu.com/p/2676110749?red_tag=3120132817
图 6-105 北京建筑大学等．海绵城市建设技术指南——低影响开发雨水系统构建[R]. 北京：住房与城乡建设部，2014．
图 6-10 ～图 6-107 自摄
图 6-108 https://zhuanlan.zhihu.com/p/39407326
图 6-109 自摄
图 6-110 http://huaban.com/pins/1503834209/
图 6-111 http://huaban.com/pins/1958159807/
图 6-112 http://huaban.com/pins/1966107123/
图 6-113 http://mmbiz.qpic.cn/mmbiz/1Eo86IE01wIR1GGIibNtB5D9drc6OiaoTDn4gOTkeQ6unDXIicssFasiaDvwBI8bFd8SRpw2fdTT13gd7iaian4VtpkA/640?wx_fmt=jpeg&tp=webp&wxfrom=5&wx_lazy=1&wx_co=1
图 6-114 http://sucai.redocn.com/shenghuobaike_2790053.html
图 6-115 http://mmbiz.qpic.cn/mmbiz/1Eo86IE01wIR1GGIibNtB5D9drc6OiaoTDs6nkKKmiccRTvCLaKr9vypoTWMhvZce7z2jqIusJjvd0y8v7TxnPggg/640?wx_fmt=jpeg&tp=webp&wxfrom=5&wx_lazy=1&wx_co=1

第七章

图 7-1 ～图 7-3 自摄
图 7-4 深圳尚林环境艺术设计有限公司提供
图 7-5 山水景观工程图解与施工 陈祺编著
图 7-6 ～图 7-7 自摄
图 7-8 http://huaban.com/pins/1013833226/
图 7-9 ～图 7-10 自摄
图 7-11 http://huaban.com/pins/1150820279/
图 7-12 ～图 7-13 自摄
图 7-14 http://huaban.com/pins/1596816374/
图 7-15 自摄
图 7-16 http://huaban.com/pins/2188876517/
图 7-17 http://huaban.com/pins/1892625983/
图 7-18 http://huaban.com/pins/2154378588/
图 7-19 http://huaban.com/pins/1569380213/
图 7-20 http://huaban.com/pins/1576740621/
图 7-21 http://huaban.com/pins/2171751334/
图 7-22 http://huaban.com/pins/2164078192/
图 7-23 http://huaban.com/pins/2147402985/
图 7-24 http://huaban.com/pins/2170196034/
图 7-25 http://huaban.com/pins/2170200863/
图 7-26 http://huaban.com/pins/2222382730/
图 7-27 自摄
图 7-28 http://huaban.com/pins/2220730038/
图 7-29 ～图 7-31 深圳尚林环境艺术设计有限公司提供
图 7-32 http://huaban.com/pins/2149897223/
图 7-33 ～图 7-34 深圳尚林环境艺术设计有限公司提供
图 7-35 http://huaban.com/pins/2141330477/
图 7-36 ～图 7-40 深圳尚林环境艺术设计有限公司提供
图 7-41 http://huaban.com/pins/1846710763/
图 7-42 ～图 7-43 深圳尚林环境艺术设计有限公司提供
图 7-44 http://huaban.com/pins/1493403012/
图 7-45 ～图 7-48 深圳尚林环境艺术设计有限公司提供
图 7-49 http://huaban.com/pins/1879068850/
图 7-50 ～图 7-51 深圳尚林环境艺术设计有限公司提供
图 7-52 http://huaban.com/pins/1950808063/
图 7-53 深圳尚林环境艺术设计有限公司提供
图 7-54 http://huaban.com/pins/1744795956/
图 7-55 http://huaban.com/pins/1932031008/
图 7-56 http://huaban.com/pins/1531126995/
图 7-57 http://huaban.com/pins/1954854516/
图 7-58 ～图 7-65 深圳尚林环境艺术设计有限公司提供
图 7-66 http://huaban.com/pins/1408240901/
图 7-67 http://huaban.com/pins/336876985
图 7-68 ～图 7-71 深圳尚林环境艺术设计有限公司提供

第八章

图 8-1 ～图 8-3 自摄
图 8-4 http://huaban.com/pins/2230856723/
图 8-5 自摄
图 8-6 ～图 8-7 云南木森景观规划设计有限公司提供
图 8-8 http://huaban.com/pins/1667137205/
图 8-9 http://huaban.com/pins/915418363/
图 8-10 ～图 8-12 云南木森景观规划设计有限公司提供
图 8-13 自摄
图 8-14 ～图 8-17 深圳尚林环境艺术设计有限公司提供
图 8-18 http://huaban.com/pins/1170103526/
图 8-19 深圳尚林环境艺术设计有限公司提供
图 8-20 http://huaban.com/pins/1566771330/
图 8-21 自摄
图 8-22 ～图 8-24 自摄

图 8-25 http://huaban.com/pins/2122405527/
图 8-26 自摄
图 8-27 http://huaban.com/pins/808140321/
图 8-28 http://huaban.com/pins/2151622758/
图 8-29 http://huaban.com/pins/2145948746/
图 8-30 http://huaban.com/pins/1135427458/
图 8-31 ~图 8-33 自摄
图 8-34 ~图 8-40 http://www.iarch.cn/thread-39366-1-1.html
图 8-41 http://image.baidu.com/search/detail?ct=503316480&z=0&ipn=d&word=%E9%BE%99%E6%B9%96%E5%9C%B0%E4%BA%A7%E6%99%AF%E5%A2%99%E5%9B%BE
图 8-42 http://www.iarch.cn/thread-39366-1-1.html
图 8-43 ~图 8-44 自摄
图 8-45 http://www.iarch.cn/thread-39366-1-1.html
图 8-46 http://huaban.com/pins/1819133589/
图 8-47 http://www.iarch.cn/thread-39366-1-1.html
图 8-48 http://huaban.com/pins/1943772010/
图 8-49 ~图 8-51 自摄
图 8-52 http://huaban.com/pins/1943790636/
图 8-53 ~图 8-54 自摄
图 8-55 深圳尚林环境艺术设计有限公司提供
图 8-56 ~图 8-57 自摄
图 8-58 ~图 8-66 深圳尚林环境艺术设计有限公司提供
图 8-67 ~图 8-68 自摄
图 8-69 https://www.cool-de.com/forum.php?mod=viewthread&tid=1952082
图 8-70 http://huaban.com/pins/1196227009/
图 8-71 ~ 图 8-76 http://f.zhulong.com/v1/tfs/T1.UD_BXVT1RCvBVdK_0_0_760_0.jpg
图 8-77 ~ 图 8-79 http://static.zhulong.com/photo/small/200610/12/68906_1_0_0_760_w_0.jpg

第九章

图 9-1 ~图 9-4 自摄
图 9-5 改制
图 9-6 ~图 9-9 改绘
图 9-10 http://huaban.com/pins/2228126546/
图 9-11 http://huaban.com/pins/1939917374/
图 9-12 自摄
图 9-13 http://huaban.com/pins/1891992886/
图 9-14 http://huaban.com/pins/1116765039/
图 9-15 http://huaban.com/pins/2111748921/
图 9-16 http://huaban.com/pins/1899905013/
图 9-17 http://huaban.com/pins/1545095713/
图 9-18 自摄
图 9-19 http://huaban.com/pins/2151841581/
图 9-20 http://huaban.com/pins/1487673099/
图 9-21 http://www.114pifa.com/p1137/7244647.html
图 9-22 自摄
图 9-23 http://www.sohu.com/a/217139797_779664
图 9-24 http://huaban.com/pins/2138596534/
图 9-25 http://huaban.com/pins/1540038851/

第十章

图 10-1 https://tips.uhomes.com/2017-03-23/55231.html
图 10-2 ~图 10-4 自摄
图 10-5 http://www.sohu.com/a/247425979_763435
图 10-6 http://www.sohu.com/a/154415241_656548
图 10-7 http://www.sohu.com/a/216440369_669952
图 10-8 http://img.kinpan.com/Files/design/detailimages/20181022/636758242412580904954857б.jpg
图 10-9 http://house.365jia.cn/news/2013-09-05/0163E2956018D1FC.html
图 10-10 https://mp.weixin.qq.com/s?scene=23&mid=
图 10-11 https://www.gooood.cn/vanke-research-center-by-zt.htm/
图 10-12 http://bbs.zhulong.com/101020_group_688/detail32585912?f=bbsnew_YL_2
图 10-13 http://bbs.zhulong.com/101020_group_688/detail32585912?f=bbsnew_YL_2
图 10-14 https://www.gooood.cn
图 10-15 http://www.sohu.com/a/247425979_763435
图 10-16 http://www.archdaily.cn/cn/777505/xi-xi-shi-di-gong-yu-xiang-mu-david-chipperfield-architects
图 10-17 http://www.sohu.com/a/154415241_656548
图 10-18 https://m.baidu.com/tc?from=bd_graph_mm_tc&srd=1&dict=20&src=http%3A%2F%2Fwww.360doc.com%2Fcontent%2F16%2F1013%2F08%2F28833735_598028952.shtml&sec=1547712515&di=184946a475c68ff3&is_baidu=0
图 10-19 http://bbs.zhulong.com/101020_group_201861/detail10132922/p1.html?louzhu=0
图 10-20 http://bbs.zhulong.com/101020_group_688/detail32585912?f=bbsnew_YL_2
图 10-21 https://www.gooood.cn/Marcel-Sembat-High-School.htm
图 10-22 http://blog.sina.cn/dpool/blog/s/blog_3e1a87540100cldn.html?md=gd
图 10-23 http://www.idealfac.com/Home/Single?type=product&id=2093
图 10-24 http://www.duob.cn/cont/826/167449.html
图 10-25 http://blog.sina.cn/dpool/blog/s/blog_617ea5490102wnw3.html
图 10-26 Snohomish Conservation District
图 10-27 http://bbs.zhulong.com/101020_group_3007018/detail35718946/
图 10-28 北京建筑大学等．海绵城市建设技术指南——低影响开发雨水系统构建[R]．北京：住房与城乡建设部，2014．
图 10-29 https://www.gooood.cn/Zollhallen-Plaza-Atelier-D.htm?is_mobile=true
图 10-30 北京建筑大学等．海绵城市建设技术指南——低影响开发雨

水系统构建[R]. 北京：住房与城乡建设部，2014.
图 10–31 https://diyitui.com/content-1468873829.49029036.html
图 10–32 http://bbs.zhulong.com/101020_group_201861/detail31108187/
图 10–33 http://m.sohu.com/a/160834857_733829?_f=m–article_30_feeds_5
图 10–34 http://m.sohu.com/a/238159624_796243
图 10–35 http://www.sohu.com/a/194632622_625791
图 10–36 http://fairweathers.co.uk/patricks-patch/
图 10–37 http://wemedia.ifeng.com/34387000/wemedia.shtml
图 10–38 http://m.sohu.com/a/151688969_697365/?pvid=000115_3w_a
图 10–39 http://huaban.com/pins/2193028841/
图 10–40 http://www.huaban.com
图 10–41 http://www.huodongxing.com/event/2347430114900
图 10–42 http://bbs.zhulong.com/101020_group_687/detail9049280/
图 10–43 ～图 10–44 http://www.sohu.com/a/284191140_312179
图 10–45 http://mp.163.com/v2/article/detail/DS5S7CJ00516DUEV.html
图 10–46 自摄
图 10–47 自摄
图 10–48 https://chuansongme.com/n/2111879953313
图 10–49 奥雅设计
图 10–50 https://chuansongme.com/n/2111879953313
图 10–51 http://www.qbihui.com/view_news/1275.html
图 10–52 http://www.aoya-hk.com/html/2018/p1-1_0709/559.html
图 10–53 https://chuansongme.com/n/2111879953313
图 10–54 ～图 10–55 4http://www.iarch.cn/thread-39366-1-1.html
图 10–56 http://image.baidu.com
图 10–57 http://image.baidu.com
图 10–58 http://www.sohu.com/a/217223527_295623
图 10–59 http://www.aoya-hk.com/
图 10–60 https://www.archdaily.cn/cn/876226/dong-yuan-qian-xun–she-qu-zhong-xin-shan-shui-xiu-jian-zhu-she-ji-shi-wu-suo/5970b092b22e38e81f000252-dong-yuan-qian-xun-she-qu-zhong-xin-shan-shui-xiu-jian-zhu-she-ji-shi-wu-suo-zhao-pian

第十一章

图 11–1 ～图 11–22 云南木森城市景观规划设计工程有限公司
图 11–23 ～图 11–36 华夏阳光地产有限公司

参考文献

[1] Iand. Whyte. Landscape and History since 1500 [M]. London: Reaktion Books Ltd, 2002.

[2] （美）麦克哈格．设计结合自然 [M]. 芮经纬译．北京：中国建筑工业出版社，1992.

[3] （日）小形研三．园林设计——造园意匠论 [M]. 北京：中国建筑工业出版社，1984.

[4] 白的懋．居住区规划与环境设计 [M]. 北京：中国建筑工业出版社，2002.

[5] 金涛，杨永胜编．居住区环境景观设计与营建 [M]. 北京：中国城市出版社，2003.

[6] 章俊华．居住区景观设计 [M]. 北京：中国建筑工业出版社，2001.

[7] （日）涌井史郎．Landscaping Frontiers[M]. Aichi：Expo2005 Aichi. 2006，7.

[8] 陈建江．小区环境设计 [M]. 上海：上海人民美术出版社，2006.

[9] 肖敦宇，肖泉，于克俭．社区规划与设计 [M]. 天津：天津大学出版社，2003.

[10] 中华人民共和国建设部．绿色生态住宅小区建设要点与技术导则（试行）[S]. 北京：中国建筑工业出版社，2001，5.

[11] 陈易．自然之韵—生态居住社区设计 [M]. 上海：同济大学出版社 .2003.

[12] Jermy Dodd. Landscape Design Guide[M]. Volum 1, Soft Landscape, Great Britain: BPCC Wheatons Ltd, Exeter, 1999.

[13] Lachowski H.M & Johnson V. C. Remote Sensing Applied to Ecosystem Management [M]. New York: Springe, 2001.

[14] 李艳侠，于雷，陈雅君等．居住区景观设计分析 [J]. 安徽农业科学，2015，25：174–176，188.

[15] 穆铭中．中小城市居住区环境优化设计浅析 [J]. 住宅科技，2013，1：20–26.

[16] 朱钧珍．中国园林植物景观艺术 [M]. 北京：中国建筑工业出版社，2003.

[17] 郭淑芬，田霞．小区绿化与景观设计 [M]. 北京：清华大学出版社，2006.

[18] 卢建国．种植设计 [M]. 北京：中国建筑工业出版社，2008.

[19] （英）Brain Clouston. 风景园林植物配置 [M]. 陈自新，许慈安译．北京：中国建筑工业出版社，1992.

[20] （美）南希 .A. 莱斯辛斯基．植物景观设计．卓丽环译．北京：中国林业出版社 .2004.

[21] 彭应运．住宅区环境设计及景观细部构造图集 [M]. 北京：中国建材工业出版社，2005.

[22] 区伟耕．水景 · 桥 [M]. 昆明：百通集团云南科技出版社，2003.

[23] （美）詹姆士 · 埃里森．园林水景 [M]. 姜怡，姜欣译．大连：大连理工大学出版社，2002.

[24] 陈连富．城市雕塑环境艺术 [M]. 黑龙江：黑龙江美术出版社，1997.

[25] 屈海燕，吴琼．归属感下的慢生活适老性景观模式——铁岭市全生活社区环境景观设计初探 [J]. 华中建筑，2016，9：127–130.

[26] 中华人民共和国建设部．城市道路和建筑无障碍设计 [S]. 北京：中国建筑工业出版社，2001.8.1.

[27] 胡仁禄，马光．老年居住环境设计 [M]. 南京：东南大学出版社，1995.

[28] （日）芦原义信．外部空间设计 [M]. 尹培桐译．北京：中国建筑工业出版社 ,1985.

[29] （丹麦）扬 · 盖尔．交往与空间 [M]. 何人可译．北京：中国建筑工业出版社，2002.

[30] 李幼燕．理论符号学导论 [M]. 北京：社会科学文献出版社，1999.

[31] 黄晓莺．居住区环境设计 [M]. 北京：中国建筑工业出版社，2000.

[32] 冯信群，姚静．景观元素——环境设施与景观小品设计 [M]. 南昌：江西美术出版社，2008.

[33] 冯信群．公共环境设施设计 [M]. 上海：东华大学出版社，2006.

[34] （美）克莱尔 · 库珀 · 马库斯，卡罗琳 · 弗朗西斯．人性场所——城市开放空间设计导则 [M]. 北京：中国建筑工业出版社，2001.

[35] 路丹．儿童户外活动场地设计与研究 -- 以城市中的公园与居住区为例 [D]. 西安：西安建筑科技大学，2016.

[36] 邓述平，王仲岩．居住区规划设计资料集 [M]. 北京：中国建筑工业出版社，1996.

[37] 赵春仙，谢会成，贾宁．东源庄园小区环境规划设计 [J]. 安徽农业科学，2018，18：167–170，190.

[38] 俞孔坚，李迪华．景观设计：专业、学科与教育 [M]. 北京：中国建筑工业出版社，2003.

[39] 徐亚明. 现代居住区景观设计 [J]. 安徽农业科学，2018，13：122–124.

[40] 许悦，张玉春，李锡麟．英国家园地带——开放式街区“窄马路”改造与设计 [J]. 中国园林，2018，12：95–99.

[41] 陈祺，龚飞，杨斌. “人性化”高层住宅园林绿化设计探析——以陇南市天润嘉园为例 [J]. 住宅科技，2014，9：4–7.

[42] 中国城市规划学会. 住区规划 [M]. 北京：中国建筑工业出版社，2003.

[43] 乐嘉龙．住宅小区环境设计图集 [M]. 北京：中国水利水电出版社，2001.

[44] 建设部住宅产业化促进中心．居住区环境景观设计导则（2006 版）[S]. 北京：中国建筑工业出版社，2006，1.

[45] （日）三桥一夫．花园别墅造园实例图册 1——门 · 围墙 · 通道 · 车库 [M]. 张丽丽译．北京：中国建筑工业出版社，2002.

[46] （美）诺曼K · 布思．风景园林设计要素 [M]. 曹礼昆，曹德鲲译．北京：中国林业出版社，1989.

[47] 区伟耕．新编园林景观设计资料 5——园林铺地 [M]. 乌鲁木齐：新疆科学技术出版社，2007.

[48] 区伟耕．园林景观设计资料集——窗 · 墙垣 · 栏杆 [M]. 乌鲁木齐：新疆科学技术出版社，2002.

[49] 建筑设计资料集编．建筑设计资料集 3[M]. 北京：中国建筑工业出版社，2005.
[50] （德）赫伯特·德赖塞特尔，迪亚特·格劳．最新水景设计 [M]. 胡一可译．北京：中国建筑工业出版社，2008.
[51] 吕慧，赵红红，林广思． 居住区水景使用后评价 (POE) 及水景设计改进策略研究 [J]. 中国园林，2016，11：58–61.
[52] 李峰平，魏红阳，马喆等．人工湿地植物的选择及植物净化污水作用研究进展 [J]. 湿地科学，2017，6：849–854.
[53] 陆丽君，柯谨．生态住区的可持续建设——以九江满庭春 MOMΛ 为例 [J]. 北京林业大学学报（社会科学版），2017，2：56–63.
[54] 徐煜辉，韩浩．基于低影响开发的山地生态住区规划策略研究 [J]. 华中建筑，2015，12：126–130.
[55] 李晗杰．建筑小区中水回用环境费用效益分析模型研究 [D]. 徐州：中国矿业大学，2017.
[56] 陈祺．山水景观工程图解与施工 [M]. 北京：化学工业出版社，2008.
[57] （美）弗朗西斯科·阿森西奥·切沃．泳池设计精华 [M]. 胡慕辉译．贵阳：百通集团贵州科技出版社，2001.
[58] （澳）马德·维贾亚．热带庭园设计 [M]. 丁红霞译．合肥：百通集团安徽科学技术出版社，2004.
[59] 卢仁．园林析亭 [M]. 北京：中国林业出版社，2004.
[60] Juhani Pallasmaa. The Eyes of the skin：Architecture and Senses [M]. Great Britain，Wiley Academy，2005.
[61] 杜汝俭，李恩山，刘管平．园林建筑设计 [M]. 北京：中国建筑工业出版社，1986.
[62] 周静．城市新区居住区会所设计探析 [J]. 四川建筑科学研究，2013，06：324–326.
[63] 李子亮．北京市园林空间中景墙的应用研究 [D]. 哈尔滨：东北林业大学，2015.
[64] 刘子瑜，陈炜．中式元素在现代景墙中的运用 [J]. 建筑与文化，2018，1：142–143.
[65] 韦树伟．居住区植物景观人性化照明设计研究 [D]. 沈阳：沈阳航空航天大学，2016.
[66] 李铁楠．景观照明创意和设计 [M]. 北京：机械工业出版社，2005.
[67] 李农，周轶．封闭式小区开放改造中的道路照明设计研究 [J]. 照明工程学报，2018，2：69–73.
[68] 马宏宇，吴值栋．浅析照明在生态园林设计中的应用 [J]. 建材与装饰，2017，32：63–64.
[69] Forman，R.T.T.& Gordron M. Patches And Structural Components For Landscape Ecology[J].Bioscience，1981，(10)：733–740.
[70] （美）约翰·西蒙兹．景观设计学——场地规划与设计手册 [M]. 俞孔坚 王志芳 孙鹏译．北京：中国建筑工业出版社，2000.
[71] 吴正旺，单海楠，王岩慧．结合“绿视率”的高密度城市居住区视觉生态设计——以北京为例 [J]. 华中建筑，2016，4：57–60.
[72] 陈祺，龚飞，杨斌．“人性化”高层住宅园林绿化设计探析——以陇南市天润嘉园为例 [J]. 住宅科技，2014，9：4–7.
[73] 中华人民共和国住房和城乡建设部，国家市场监督管理总局 .GB 50180–2018. 城市居住区规划设计标准 [S]. 北京：中国建筑工业出版社，2018.
[74] 赵志，刚江辉．居住庭院绿化设计浅析 [J]. 住宅科技，2011，4：35–37.
[75] 姜云娇. 中国合院式居住空间解析与当代实践 [D]. 杭州：浙江大学，2013.
[76] 王欢．生态园林景观设计中植物配置分析 [J]. 住宅与房地产，2016(3)：49.
[77] H. 鲁道夫·谢弗著，王莉译．儿童心理学 [M]. 北京：电子工业出版社，2016.1：155
[78] 刘子粲．儿童友好型社区空间设计研究 [D]. 成都：西南交通大学，2014.
[79] 晏婷婷．基于心理学的儿童户外活动空间设计研究——以杭州地区为例 [D]. 杭州：浙江农林大学，2013.
[80] 许婷．基于环境心理体验的居住区外部空间设计——以天津“格调春天”居住区为例 [J]. 华中建筑，2012(8)：59 ~ 62.
[81] 刘婧．基于我国“在宅养老”模式下的城市老年人居住环境设计研究 [D]. 北京：北京交通大学，2011 年．
[82] 郑茹．儿童体验式休闲农业园景观设计 [D]. 西安：西安理工大学，2017.
[83] 司修平．基于体验式的儿童公共活动空间环境设计研究 [D]. 天津：天津工业大学，2017.
[84] 郑悦．开放街区式住区规划设计策略探析 [D]. 北京：北京建筑大学，2016.
[85] 李亚星．居住区慢行交通景观设计研究——以北京市为例 [D]. 北京：北方工业大学，2018.
[86] 周密．居住区慢跑步道设计研究——以青岛市为例 [D]. 青岛：青岛理工大学，2016.
[87] 北京建筑大学等．海绵城市建设技术指南——低影响开发雨水系统构建 [R]. 北京：住房与城乡建设部，2014.
[88] 仇保兴．海绵城市 (LID) 的内涵、途径与展望 [J]. 建设科技，2015，1：11–18.
[89] 景天奕．海绵城市目标下的居住区低影响开发系统模型设计——以南京江心洲洲岛家园为例 [D]. 南京：南京大学，2016.
[90] 王岩．南方城市屋顶花园设计研究——以苏州圆融星座屋顶花园为例 [D]. 天津：天津大学，2015.
[91] 蔡霖，李朝阳，廖金源．新加坡屋顶花园规划设计简析及启示 [J]. 华中建筑，2013，2：87–91.
[92] 刘悦来，尹科娈，魏闽等，高密度城市社区花园实施机制探索——以上海创智农园为例 [J]. 上海城市规划，2017，2：29–33.
[93] 侯婕．城市居住区中生产性景观的可行性分析与设计研究 [D]. 西安：西安建筑科技大学，2017.
[94] 唐志环．居住区绿地田园景观运用研究 [D]. 福州：福建农林大学，2012.
[95] 刘圆圆，刘声远．城市居住区景观五感体验式设计研究 [J]. 四川建筑科学研究，2013，39（2）：322–324.
[96] 彭静．传统文化在园林景观设计中的应用 [J]. 现代园艺，2016，6：106–107.
[97] 陆炳燕，毛亚玲，夏昱等．基于开放式居住小区的景观视线研究 [J]. 住宅与房地产，2017，35：45–47.
[98] 张力，黄国林，曾斌等． 开放式居住区植物景观营造模式研究 [J]. 安徽农业科学，2018，46（8）：110–112，128.